기계 · 컴퓨터제도 실습

박계향 著

머 리 말

　기계제도란 설계자가 구상한 것을 이해하기 쉽게 도면으로 나타내는 기술의 언어로 점과 선, 문자, 각종 기호를 사용하여 생산과 조립 또는 수리에 필요한 부품들을 각기 그 나라의 공업규격에 맞추어 기계나 구조물에 대한 제품의 크기와 모양을 나타내는 것이다.

　설계자와 생산자, 소비자들의 기술상호 교류로 의사소통을 위해 복사나 컴퓨터 파일에 저장하여 장시간 사용 할 수 있다. 오늘날에는 손으로 물체의 모양을 그리지 않고 컴퓨터를 이용한 제도를 하여 직접 공작기계에 입력시켜 CAM 가공작업이 진행되기도 한다. 기계제도규격은 ISO 규격이 공통으로 사용되지만 우리나라에서는 기계제도가 KSB 0001로 분류되어 있다.

　이 책에서는 ISO 공업 규격에 대한 기본적인 제도의 원칙과 방법 그리고 간단한 표준기계 요소들과 실용적인 기계부품설계에 대한 기초자료들을 간결하게 정리 설명하였고, 특히 오랜 현장 및 교육생활의 경험을 토대로 대학교육에서 현장감 있는 응용에 도움이 되도록 하였다. 특히 오늘날 급속도로 발전하고 있는 AutoCAD 초보자들을 위하여 알기 쉽게 간결히 차례대로 설명 하였다. 누구나 컴퓨터를 다룰 수 있다면 혼자 스스로 이 책의 도움을 받아 완숙하게 작업할 수 있도록 편찬되었다.

　특히, 정확하고 빠른 CAD 작업을 위한 기계제도 규격 및 컴퓨터제도 기술이 연마되도록 목적을 두었고 컴퓨터제도를 배우기 앞서 사물을 표현하는 각종 규정을 배우는 좋은 교재가 될 것이다.

　끝으로 본서 출간을 위해 적극적으로 힘써 주신 도서출판 미광에 깊이 감사드립니다.

저자 씀

Chapter 01 기계제도를 위한 AutoCAD의 개요

- 01. 제도의 개요 ······ 15
  - 1.1. 제도의 목적 및 기능 ······ 15
  - 1.2. 제도 규격 ······ 16
  - 1.3. AutoCAD 2004 Power Pack에서의 부품 라이브러 ······ 17

- 02. CAD/CAM의 개요 ······ 18
- 03. CAD의 필요성 ······ 20
- 04. 설계와 컴퓨터 ······ 20
  - 4.1. 수작업에 의한 설계과정 ······ 20
  - 4.2. CAD에 의한 설계과정 ······ 21

- 05. CAD용 소프트웨어의 기능 ······ 22
  - 5.1. 기본 기능 ······ 22
  - 5.2. 옵션기능 ······ 23

06. CAD시스템에 의한 도형처리 — 24

   6.1. 도형의 작성(Create of geometry) — 24

   6.2. 도형의 편집 — 31

   6.3. 도형의 변환 — 31

   6.4. 도형의 인식(도형의 지시) — 33

   6.5. 도형의 겹침 — 33

   6.6. 도형의 해칭 — 34

   6.7. 치수기입 — 34

Chapter 02 AutoCAD의 기초

01. AutoCAD를 내맘대로 — 37

   1.1. AutoCAD의 작동 — 38

   1.2. AutoCAD의 화면구성 — 39

02. 좌표계 — 42

   2.1. 좌표계 사용하기 — 42

   2.2. 절대좌표 — 42

   2.3. 상대좌표 — 43

   2.4. 상대 극좌표 — 44

   2.5. 최종좌표 — 44

03. 파일 메뉴 — 44

   3.1. 새로 만들기 — 45

   3.2. 열기 — 45

   3.3. 저장하기 — 46

   3.4. 도면 보내기 — 47

3.5. 종료하기 ··· 48

04. 나만의 환경만들기 — 48
4.1. 모눈(Grid)과 스냅(Snap) ··· 48
4.2. Ortho와 기능키 ·· 49
4.3. 도면의 크기와 단위설정 ·· 50
4.4. Style, Color, Ltscale ··· 52

05. 그리기 — 53
5.1. 선 그리기 ··· 54
5.2. 원 그리기 ··· 56
5.3. 호 그리기 ··· 58

06. 편집 — 66
6.1. 지우고 되살리기 ·· 67
6.2. 기존객체 위에 특정점 선택하기 ······························· 67
6.3. 화면 조절하기 ·· 70
6.4. 도면요소 선택하기 ··· 72

07. 편집 — 82
7.1. 다각형 그리기 ·· 82
7.2. 타원과 도넛 그리기 ·· 84
7.3. 곡선그리기 ·· 86
7.4. 직선과 곡선을 동시에 그리기 ··································· 88
7.5. 문자 쓰기 ·· 101
7.6. 해칭하기 ·· 105
☑ 도면실습 — 177

Chapter 03 AutoCAD의 치수기입

01. 치수기입의 개념 ——————————————————— 185

　1.1. 치수기입의 개념 ·································· 185

　1.2. 치수기입 유형 설정 ······························ 188

　1.3. 치수 변수를 이용한 치수 환경설정 ············ 202

　1.4. 치수 편집명령 ···································· 207

　1.5. 치수 기입하기 ···································· 208

　1.6. AutoCAD의 치수기입 툴바 ····················· 218

　1.7. 도면연습 ·· 218

Chapter 04 제도기초와 CAD의 적용

01. 도면의 형식과 규격 ——————————————————— 219

　1.1. 도면의 크기 ······································ 220

　1.2. 척도의 표시 ······································ 220

　1.3. AutoCAD에 적용하기(1) ························ 221

02. 선의 굵기와 용도 ——————————————————— 224

　2.1. 제도에서 선의 종류와 용도 ····················· 224

　2.2. AutoCAD에 적용하기(2) ························ 227

03. 나만의 원형도면 만들기 ——————————————————— 232

　3.1. 원형도면 만들기 ································· 232

　3.2. 템플릿을 이용한 새로운 도면의 작성 ·········· 240

　　☑ 도면실습 ——————————————————— 241

Chapter 05 도형의 표시방법

1. 물체의 표현 ———————————————————— 243
    1.1. 투상법 ··· 243
    1.2. 투상도의 배치(3각법) ··· 244
    1.3. AutoCAD로 등각투상도 만들기 ································· 255

2. 투상도 순서 정하기 ———————————————— 263
    2.1. 투상도의 선택방법 ·· 263
    2.2. 투상도의 배치 및 방향 ··· 270
    2.3. 단면도법 ··· 270
    2.4. 특수한 경우의 도시 ··· 279

3. AutoCAD 따라하기 ————————————————— 289
    3.1. 도면에 의한 등각 투상도 그리기 ································ 289
    3.2. 도면작업 ··· 295
    ☑ 도면실습 ·· 309

Chapter 06 치수기입법

1. 도면의 형식과 규격 ———————————————— 321
    1.1. 치수기입의 원칙 ·· 321
    1.2. 치수 기입시 유의사항 ·· 321
    1.3. 단위의 표시방법 ·· 322
    1.4. 치수기입의 요소 ·· 322

2. 치수선, 치수 보조선의 기입 — 323

- 2.1. 치수선, 치수 보조선의 기입 … 323
- 2.2. 각도 기입법 … 324
- 2.3. 치수 수치 기입법 … 325
- 2.4. 좁은 곳의 치수기입법 … 326
- 2.5. 치수의 배치 … 327
- 2.6. 지름의 표시방법 … 330
- 2.7. 반지름의 표시방법 … 331
- 2.8. 두께의 표시방법 … 332
- 2.9. 현 및 원호의 길이의 표시방법 … 332
- 2.10. 곡선의 표시방법 … 333
- 2.11. 모따기의 표시방법 … 333
- 2.12. 구멍의 표시방법 … 334
- 2.13. 키홈의 표시방법 … 336
- 2.14. 테이퍼, 기울기의 표시방법 … 336
- 2.15. 얇은 두께부분의 표시방법 … 337
- 2.16. 강 구조물 등의 치수 표시 … 337
- 2.17. 기타 일반 주의사항 … 338

3. AutoCAD를 이용한 치수의 기입 — 339

- 3.1. AutoCAD를 이용한 치수의 기입 … 339

Chapter 07
끼워 맞춤과 공차

1. 끼워 맞춤과 틈새, 죔새 — 347

- 1.1. 끼워 맞춤, 틈새, 죔새 … 347
- 1.2. 헐거운 끼워 맞춤, 억지 끼워 맞춤, 중간 끼워 맞춤 … 348
- 1.3. 최소 틈새, 최대 틈새, 최대 죔새, 최소 죔새 … 349

    1.4. 위 치수허용차, 아래 치수 허용차 ·· 349
    1.5. 500mm 이하의 치수에 대한 공차와 치수허용차 및 끼워맞춤 ········ 350
    1.6. 기본 공차의 수치, 공차계열 및 구멍과 축의 등급 ························ 352
    1.7. 치수차에 의해 불한 구멍과 축의 종류 및 분류 ····························· 354
    1.8. 상용하는 끼워맞춤의 적용 ··· 357

2. 기하공차 ─────────────────────────────── 361
    2.1. 기하공차 ·· 361

3. 표면 거칠기 ─────────────────────────── 381
    3.1. 표면 거칠기의 개요 ·· 381
    3.2. 표면 거칠기 기호의 표시방법 ··· 381

기계제도를 위한 AutoCAD의 개요

01 >>> 제도의 개요

1.1. 제도의 목적 및 기능
도면을 작성하는 목적은 작성자의 의도를 사용자(제작자, 설계자)에게 확실하고 쉽게 전달하는데 있다. 제도의 목적 달성을 위해 도면은 다음의 요건들을 갖추어야 한다.

1.1.1. 제도의 요건
① 대상물의 도형과 함께 필요로 하는 크기, 모양, 자세, 위치의 정보를 포함하여야 하며, 필요에 따라 표면, 재료, 가공방법 등의 정보를 포함하고 있어야 한다.
② 정보를 이해하기 쉬운 방법으로 표현하고 있어야 한다.
③ 모호한 해석이 생기지 않도록 표현상 명확한 뜻을 가져야 한다.
④ 도면의 보존, 검색, 이용이 쉽도록 내용과 양식을 구비하여야 한다.
위의 요건을 갖춘 도면은 다음과 같은 기능을 담당하게 된다.

1.1.2. 제도의 기능
① 정보의 전달
② 정보의 보존

1.2. 제도 규격

도면을 통해 제작을 하는 경우, 설계자의 특별한 설명 없이도 작업자가 의문이나 오독함이 없이 완전히 이해하기 위해서는 제도에 대한 특별한 규약이 필요하다. 다음은 각국의 주요 공업규격과 KS 규격에 대한 표이다.

[표 1] 각국의 주요공업규격

국 별	규격기호	설정년도
영국공업규격	BS	1901
독일공업규격	DIN	1917
스위스공업규격	VSM	1918
미국공업규격	ANSI	1918
미국공업규격	ANSI	1918
일본공업규격	JIS	1921
국제표준화기구	ISO	1928
한국공업규격	KS	1966

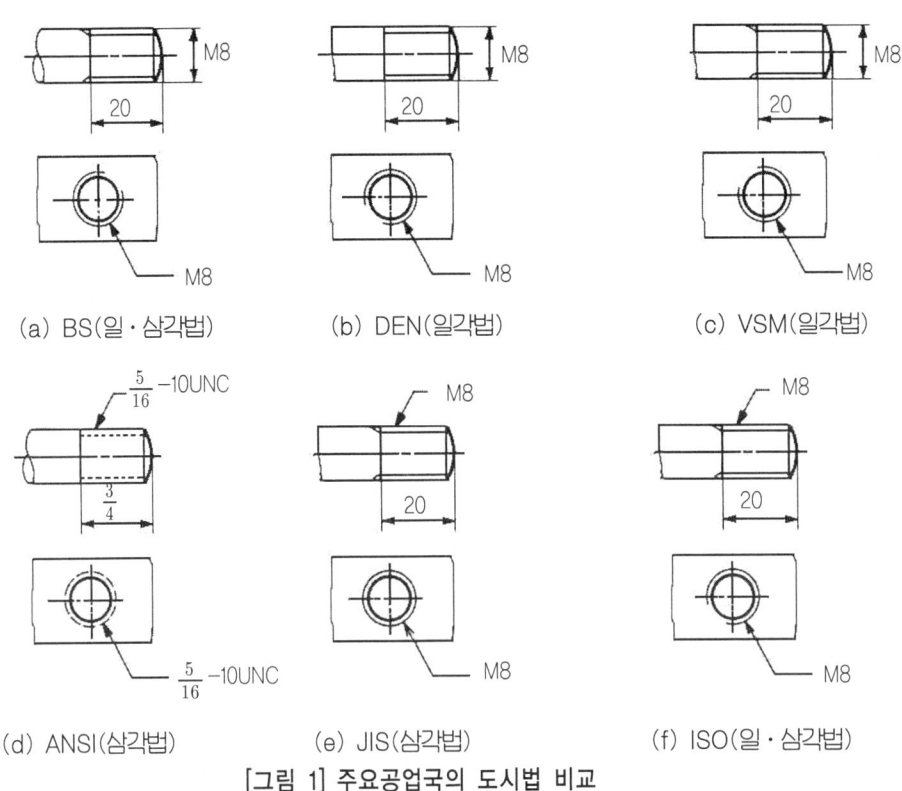

(a) BS(일·삼각법)　　(b) DEN(일각법)　　(c) VSM(일각법)

(d) ANSI(삼각법)　　(e) JIS(삼각법)　　(f) ISO(일·삼각법)

[그림 1] 주요공업국의 도시법 비교

[표 2] KS 부문별 기호

분류기호	부 문	분류기호	부 문
KS A	기본 부문	KS G	일용품 부문
KS B	기계 부문	KS K	섬유 부문
KS C	전기 부문	KS L	요업 부문
KS D	부속 부문	KS V	조선 부문
KS E	광산 부문	KS W	항공 부문
KS F	토건 부문	KS R	수송 기계

[표 3] KS 기계부문의 분류

KS 규격번호	분 류	KS 규격번호	분 류
B 0001~0904	기계 기본	B 5201~5629	측정계산용 기계공구
B 1001~2809	기계요소	B 6001~6701	일반기계
B 3001~4000	공구	B 7001~7905	산업기계, 농업기계
B 4001~4912	공작 기계	B 8101~8158	철도 용품

1.3. AutoCAD 2004 Power Pack에서의 부품 라이브러

AutoCAD의 경우 표준 부품 라이브러리를 포함한 버전을 Power Pack이라는 이름으로 출시하였으며 AutoCAD 2004가 아닌 AutoCAD Mechanical 2004로 부른다. 이는 Mechanical DeskTop 제품군과 함께 사용되고 있다.

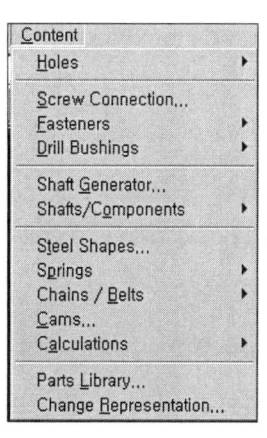
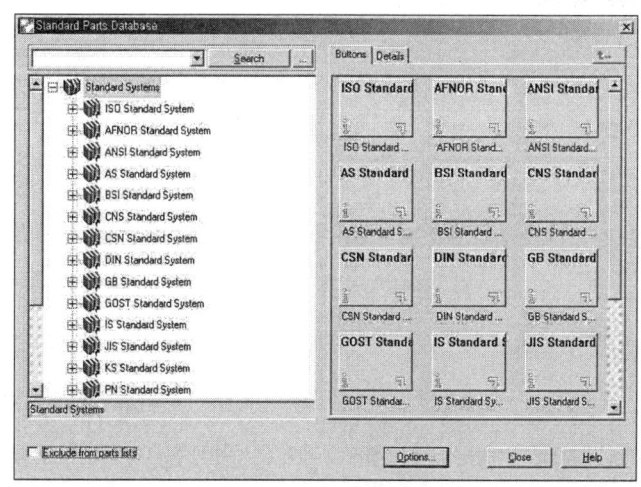

AutoCAD Mechanical 2004를 사용하는 User라면 다음과 같은 부품 라이브러리를 가지고 있다.

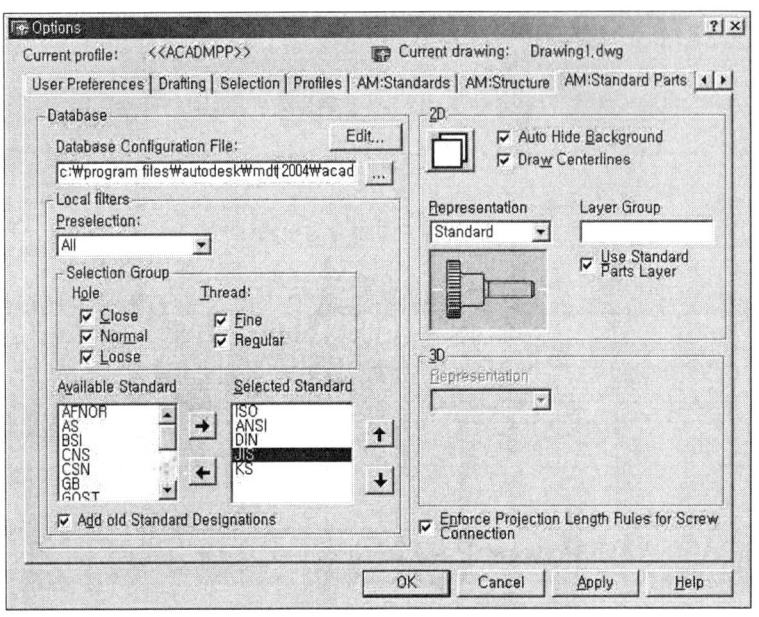

02>>> CAD/CAM의 개요

CAD/CAM이란 Computer Aided Design/Computer Aided Manufacturing의 약어로 컴퓨터를 이용한 설계 및 제조를 뜻한다. CAD는 제도, 설계, 최적설계 등 설계의 기본개념에서부터 최종 마무리 단계까지의 전 과정에 걸쳐서 컴퓨터의 여러 가지 능력이나 활용기술을 이용하는 창작적인 설계방식으로 설계시방을 컴퓨터에 입력하여 공학해석(Engineering Analysis)을 병행하거나 자동으로 도면을 작성해 내는 DA(Design Automation)의 개념을 포함하기도 한다.

CAD가 Computer Aided Drafting의 약어로 창작적인 작업을 의미하지 않고 강력한 데이터 처리 기능을 사용하여 설계에 필요한 자료를 그림으로 표현하기도 하는데 어느 의미로 쓰이든 간에 설계에 필요한 자료나 도형정보는 설계자에 의해 모델링 된 다음 데이터베이스 형태로 컴퓨터 내에 보관되게 된다.

이렇게 컴퓨터에 의해 구체화되고 형상화된 모델을 이용하여 가공단계에서 그 설계도나 제작도 등을 직접 참조하거나 공작기계의 작동을 지정하는 NC(Numerical Control) 프로그램의 작성, 공정설계(Process Planning), 생산관리와 MRP(Material Requirements Planning), 작업기준의 결정(절삭 및 가공의 순서, NC 프로그램), 검사 및 조립의 제품제조 전 과정에서 컴퓨터의 능력을 활용하는 기술을 총칭하여 CAM이라 부른다.

CAD/CAM System은 크게 세 가지 부분으로 나눌 수가 있으며 첫째, 소프트웨어(software)로 CAD/CAM을 운용하는 지식으로 핵심적인 개발부분이며, 둘째는 하드웨어(hardware)로 시스템을 도입할 때, 또는 현재 보유 중인 시스템을 확대 또는 증설하려고 할 때 필요한 기기 부분이다. 마지막으로 휴먼웨어(human ware)로 인간의 지식, 능력, 소질, 협동심, 적극적인 의지 등 인간에 대한 부분이다.

이상에서 보는 바와 같이, CAD/CAM은 단순한 대화형의 도형처리 시스템이나 NC Tape 작성 시스템이 아니라 설계에서 제조에 이르기까지의 다양한 기술 활동이나 그 기술정보의 흐름을 컴퓨터를 이용하여 종합적으로 처리하는 통합적 기술이라 할 수 있다. CAD의 개발은 1952년 미국 MIT에서 착수한 NC 연구를 효시로 하여 1950년대 Batch 처리에서 도형처리의 한계를 극복하기 위해 Graphic Display가 출현하였으며 이를 이용한 간단한 도형정보의 출력과 Light Pen 개념을 이용한 Interactive Computer Graphics의 연구개발이 시도되었다.

1959년 MIT의 CAD프로젝트에서 설계자와 컴퓨터의 대화, 도형을 통한 대화, 컴퓨터에 의한 시뮬레이션을 제안하면서부터 시작되어 1963년 도형처리를 하는 소프트웨어인 SKETCH PAD를 발표하였다. 이것은 대화방식에 의한 도형처리의 시초라 할 수 있으며 컴퓨터 그래픽의 실질적인 시작이라 하겠다.

1967년 록히드사가 항공기 제조용으로 CADAM(Computer Graphics Augmented Design And Manufacturing)을 개발·실용시판 하였고, 본격적인 CAD시스템의 효시라 할 수 있는 것으로는 Applicon사의 AGS, Computer Version사의 CADDS 등이 있다. 1980년대에는 DB(Data Base)를 이용하여 설계에서 가공까지 일괄된 처리가 가능한 CAD/CAM시스템이 주된 것이었으나, 점차 3차원 데이터를 취급하는 것이 많아지게 되었다. 한국에서는 1970년대에 들어와 미니 컴퓨터를 호스트로 한 단독형에 턴키베이스의 CAD/CAM시스템이 도입되면서부터 급격하게 확산되었다.

03 >>> CAD의 개요

현대 산업사회에서 CAD/CAM이 각광을 받게 되는 이유는 CAD/CAM이 산업사회에서 성력화, 합리화, 표준화에 의한 획기적인 생산성 향상의 계기가 되었기 때문이다. CAD/CAM의 필요성을 항목별로 세분화하면 다음 표와 같이 나타낼 수 있다.

[표 4] 항목별 CAD/CAM의 필요성

시장환경의 변화	• 소비자 요구의 다양화 • 가격경쟁의 격화 • 국제경쟁의 격화 • 제품지식의 집약화 • 제품의 Life cycle의 단축
설계환경의 변화	• 신제품 개발경쟁의 격화 • 고품질, 저가격화 설계의 필요성 증대 • 설계납기의 단축 • 제품사양의 다양화로 인한 설계 작업량의 증대 • 부품의 표준화
제조환경의 변화	• 다품종 소량생산 • 생산자동화의 비율 증대 • 설계기계의 가동률 향상의 필요성
인적환경의 변화	• 고학력화 • 고령화 • 잔업 및 야간작업 등의 회피 • 창조적 작업으로서의 지향 • 숙련된 기능인력의 부족

04 >>> 설계와 컴퓨터

4.1. 수작업에 의한 설계과정

수작업에 의한 설계과정은 Shigley에 의하면 일반적으로 다음의 6단계의 반복과정으로 구분할 수 있다.

① 필요성 인식 : 개선점을 찾거나 새로운 상품의 필요성을 인식한다.

② 문제점 파악 : 설계할 상품 사양을 결정하는 일로 특성, 가격, 질, 작동 방법 등
③ 종합
④ 해석 및 분석과 최적화
⑤ 평가 : 요구된 사양에 맞게 설계되었는지에 관한 판단
⑥ 제출 또는 표현 : 도면, 재료의 사양, 전체의 목록작성 등 문서화 설계를 의미

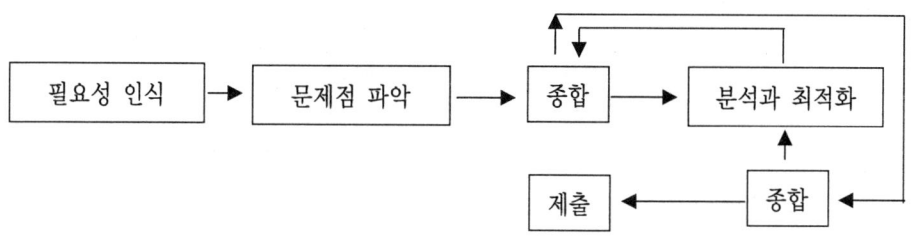

4.2. CAD에 의한 설계과정

컴퓨터에 의한 CAD 시스템에서 수행되는 설계업무는 크게 4가지로 구분할 수 있다.

4.2.1. 기하학적 모델링(Geometric Modeling)

기하학적인 대상물을 컴퓨터에 맞도록 수학적인 표현을 사용한 것으로 CAD시스템의 CPU로부터 신호를 받아 디스플레이 장치에 대상물을 표현한다. 모델링시 설계자는 세 가지의 명령을 통해 CAD 시스템의 화면에 대상물을 나타낸다.

첫째, 점(point), 선(line), 원(circle)과 같은 기본적인 기하학적 요소들을 만드는 명령을 사용하고 둘째, 기본적인 요소들의 크기를 조정(scale), 회전(rotate), 이동(translate)하는 데 사용하는 명령어이며 세 번째는 여러 요소들을 원하는 대상물의 형태로 만들기 위해 사용되는 명령어이다. 이들 명령어들에 의해 기하학적 도형이 처리되는 동안 수학적 도형으로 바뀌고 내부에 저장한 후 화면에 결과를 보여줌으로써 차후 해석을 수행하거나 수정을 하는데 사용된다.

4.2.2. 공학적인 해석(Engineering Analysis)

설계에서는 어떤 형태이든 간에 해석이 필요하게 되며 설계자들은 컴퓨터를 이용하여 자체 개발하든지 아니면 적합한 팩키지를 구입하여 이를 수행하게 된다.

이러한 프로그램의 예로는 대상물의 모든 성질을 해석하는 것과 유한 요소법에 의한 해석이 있다.

4.2.3. 설계검사와 평가(Design review and Evaluation)

화면에 대상물이 나타남으로서 쉽게 설계의 정확도를 확인할 수 있고 상세도면을 확대하여 정확한 치수는 뿐만 아니라 절단된 부분의 도면도 쉽게 작성하고 확인할 수 있다. 도면이 복잡할 경우 색(color)이나 층(layer)의 개념을 도입함으로써 비교 검토가 가능하다. 시뮬레이션(simulation) 등을 통해 운동부위에 대해서도 평가가 가능하다.

4.2.4. 자동 제도(Automated Drafting)

CAD 도입 초기에는 CAD를 데이터베이스에서 각종 도면을 자동으로 그리는 쪽으로 비중을 두어 작업을 하게 되므로 초기에는 많은 시간이 소모될지라도 수작업 보다는 많은 생산성 향상을 가지고 왔다. 특히 치수기입이나 도면 크기의 조정, 단면도 작성 등을 쉽게 할 수 있다. 화면을 여러 개로 분할하여 제도가 가능하며 동시에 여러 방향에서 그려지는 물체를 볼 수 있어 작업이 수월하게 된다.

05 >>> CAD용 소프트웨어의 기능

하드웨어가 눈에 보이는 도구라면 소프트웨어는 눈에 보이지 않는 도구라고 말할 수 있다. 소프트웨어는 CAD시스템 중에서 입력 데이터의 해석, 연산, 출력의 제어라는 중추적 역할을 하는 중요한 부분으로 인간의 두뇌에 해당한다. CAD용 소프트웨어는 어떤 소프트웨어든지 반드시 가지고 있는 기본 기능과 사용자의 편의에 따라 선택하게 되는 옵션 기능으로 나누게 되며 이를 명확하게 나누는 각 시스템마다 차이가 있으므로 어렵다.

5.1. 기본기능

① 요소 작성기능 : 점, 선, 원, 원호, 곡선, 곡면 등 CAD시스템에서 에서 형상을 구성하는 최소 단위를 요소(element), 요소가 모여 구성된 형상을 모델(model)이라 부른다.

② 요소 편집기능 : 작성한 요소의 부분적 삭제, 반대되는 원호를 찾거나 시작점과 끝점의 방향을 전환 또는 모깎기, 모따기, 3차원 모델의 수정 등을 하는 기능이다.

③ 요소 변환기능 : 작성한 요소를 이동, 회전, 대칭, 복사, 유사, 상사, 변형 등 요소의 변환에 관한 기능이다.

④ 도면화기능 : 만들어진 모델을 도면이 될 수 있도록 하는 기능으로 치수 기입, 주서 기입, 마무리 기호 기입, 용접 기호 기입 등이 있다.

⑤ 디스플레이 제어기능 : 디스플레이 되는 도형을 전체 또는 부분만 확대 축소하거나, 표시부분의 이동(shift), 그리드. 은선 처리 등을 하는 기능이다.

⑥ 데이터 관리 기능 : 작성 모델의 등록, 삭제, 복사, 검색, 이름을 변경하는 등의 기능

⑦ 물리적 특성 해석기능 : 작성한 모델의 면적, 길이, 도심, 체적, 관성 모멘트 등을 계산하는 기능이다.

⑧ 플로팅기능 : 도면화 된 데이터를 플로터에 출력하는 기능이다.

5.2. 옵션기능

① 비도형 정보처리기능 : 도형의 산의 종류, 도형의 계층, 도형에 부여하는 재질, 밀도, 주기 등의 정보를 입출력하여 계산이나 표를 만드는데 이용하는 기능이다.

② 파라메트릭 도형기능 : 형상은 같으나 치수가 다른 도형 등을 작성할 때 가변되는 기본 도형을 작성하여 놓고 필요에 따라 치수를 입력하여 비례되는 도형을 작성하는 기능이다.

③ 도형처리 언어 : 형상 및 치수가 변경되는 가변 도형 처리나 해석, 판정처리, 반복처리 등을 조합한 전용 명령어를 작성할 수 있는 CAD전용 언어이다.

④ 메뉴관리 기능 : 매크로화 가능이나 도형 처리 전용 언어를 이용하여 작성한 전용 명령어를 메뉴에 배치해서 이용할 수 있도록 하는 기능이다.

⑤ 데이터 호환기능 : CAD시스템간의 모델 데이터(model data)를 서로 주고받기 위한 기능이다.

⑥ NC정보기능 : CAD에 의한 모델링을 포스트 프로세서를 통하여 NC 가공 정보 데이터를 출력하는 기능이다.

06 >>> CAD시스템에 의한 도형처리

6.1. 도형의 작성(Create of geometry)

6.1.1. 점의 작성(creat of point)

점을 작성하는 방법은 CAD시스템에 따라 다르나 공통적인 방법을 요약하면 다음과 같다.

① 절대 좌표값 입력에 의한 값(x = , y = ,P(x, y, z))
② 증분 좌표값 입력에 의한 값(dx =, dy =, P(x, y, z))
③ 스크린 상의 임의의 위치 지정에 의한 점(P)
④ 요소의 끝점 인식에 의한 점
⑤ 요소의 중간점 인식에 의한 점
⑥ 2요소의 교차점 인식에 의한 점
⑦ 요소상의 존재하는 점 인식에 의한 점
⑧ 요소상의 투영점 지정에 의한 점
⑨ 극좌표값 입력에 의한 점

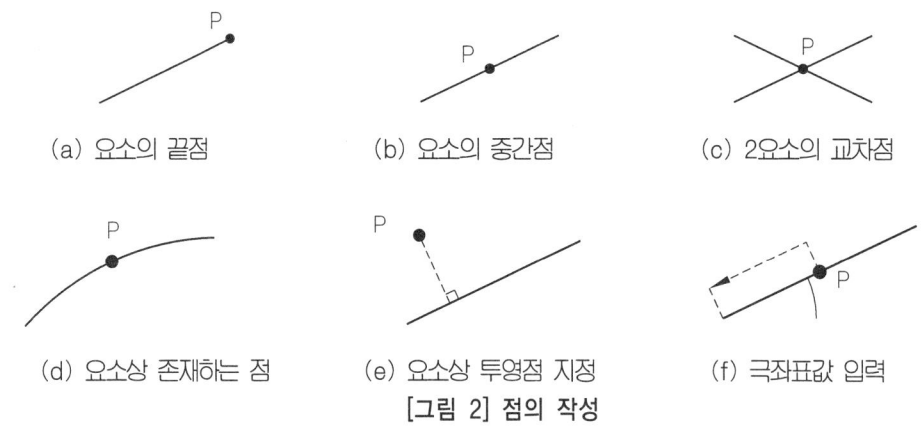

(a) 요소의 끝점　　(b) 요소의 중간점　　(c) 2요소의 교차점
(d) 요소상 존재하는 점　(e) 요소상 투영점 지정　(f) 극좌표값 입력

[그림 2] 점의 작성

6.1.2. 직선의 작성(create of lines)

기계제도에서 사용되는 통상적인 도면은 수많은 직선으로 그려져 있듯이, 직선은 가장 많이 사용되는 요소이다.

① 화면상 임의의 두 점 지정에 의한 직선
② 절대 좌표값 입력에 의한 직선($x_1 =$, $y_1 =$, $z_1 = x_2 =$, $y_2 =$, $z_2 =$)
③ 증분(상대) 좌표값 입력에 의한 직선
④ 1점을 지나는 수평 및 수직선
⑤ 간격 지정에 의한 평행한 직선
⑥ 극좌표 값(길이, 각도) 지정에 의한 직선
⑦ 2 요소의 접선
⑧ 임의 두 요소의 끝점을 연결하는 직선
⑨ 수평면 교차로 이루어지는 직선
⑩ 모따기(chamfer) 선

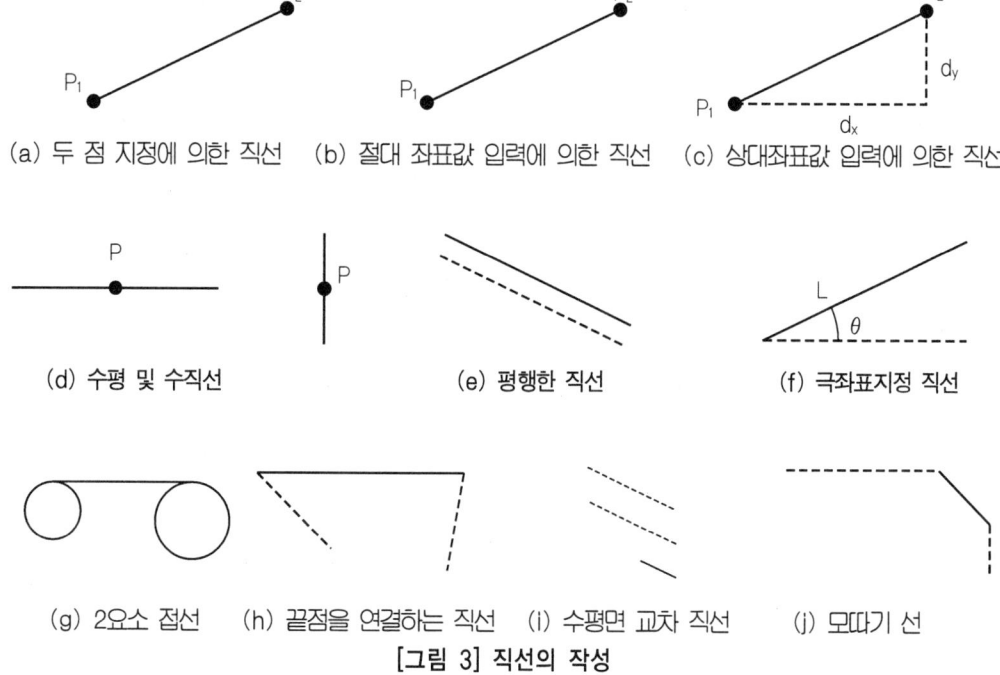

[그림 3] 직선의 작성

6.1.3. 원의 작성(create of circles)

CAD시스템에서 원은 CIRCLE명령에 의하여 작성할 수 있으며 각 시스템에 따라 제공되는 방법이 약간씩 다르다.

① 중심점과 반지름 지정에 의한 원

② 2점 지정에 의한 원(반지름)
③ 2점 지정에 의한 원(지름)
④ 3점 지정에 의한 원
⑤ 중심점과 1 요소의 접선 지정
⑥ 2요소의 접선과 반지름 지정에 의한 원

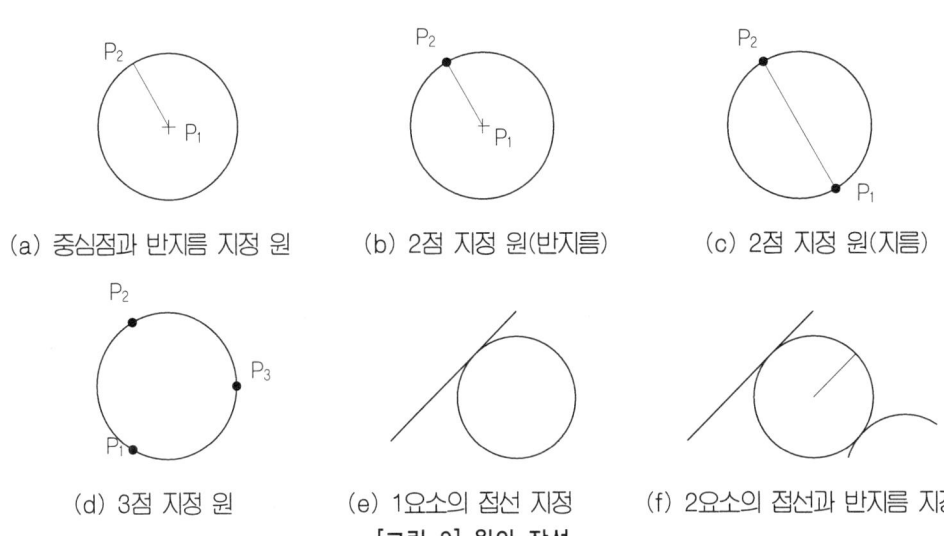

[그림 3] 원의 작성

6.1.4. 원호의 작성(create of arcs)

CAD시스템으로 원호를 작성하는 방법은 다음과 같다.

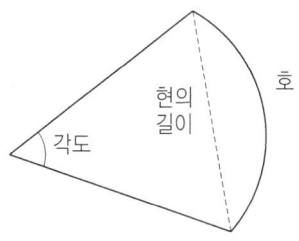

① 3점(3P) : 원의 "3P"와 비슷하게 세 점에 의한 호를 그린다.

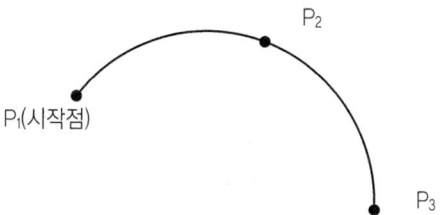

② 중심선을 기준으로 시작점에서 끝점까지 반시계방향으로 호를 그린다.

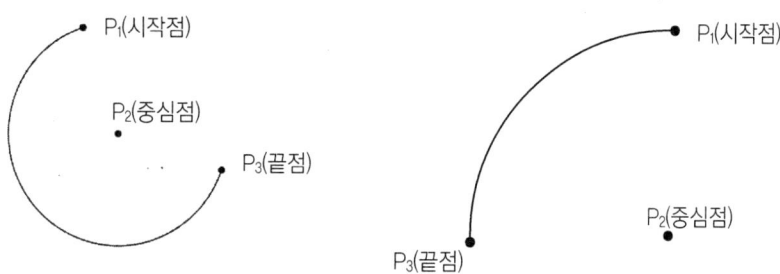

③ 시작점에서 중심점까지를 주어진 각도만큼 호를 그리게 하는데, 각을 마이너스로 지정하면 시계방향으로 호를 그린다.

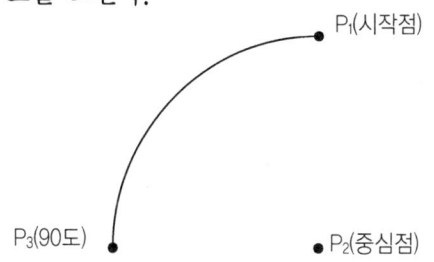

④ 중심점을 기준으로 시작점에서 현의 길이에 의해 호를 반시계 방향으로 그린다. 양수이면 180도 보다 작은 호가 그려지고 음수이면 180도 보다 큰 호가 그려진다.

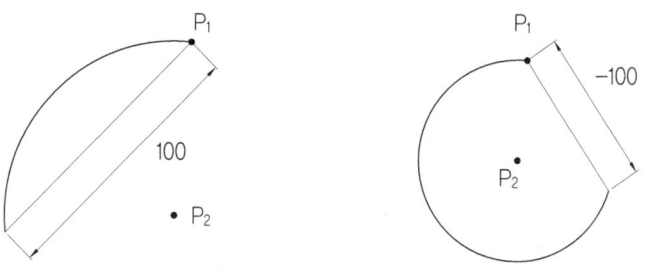

⑤ 시작점과 끝점 사이를 반경에 의해서 그리는데, 반경이 양수이면 180도보다 작은 호가 그려지고 음수이면 180도 보다 큰 호가 그려진다.

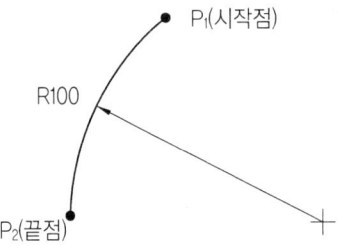

⑥ 시작점으로부터 반 시계방향으로 호를 그리는데, 이 경우 각이 음수이면 시계방향으로 그려진다.

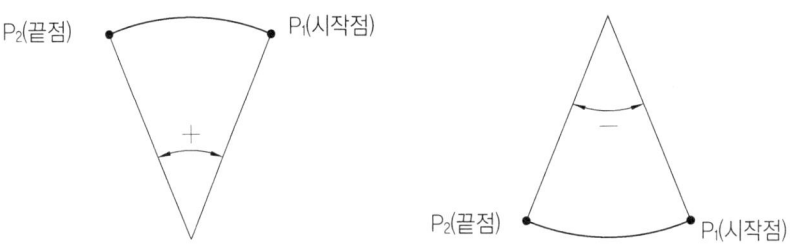

⑦ 시작점에서 끝점까지의 호를 그릴 때 사용하며 각이 180도보다 크거나 작은 호를 그릴 수 있다. 시계방향, 반시계방향으로 호를 그릴 수 있다.

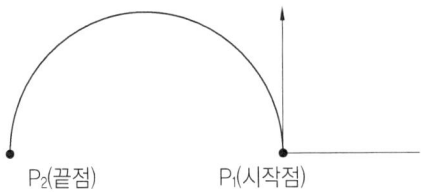

⑧ 중심점에서 시작점을 기준으로 반시계방향의 호 끝을 그린다.

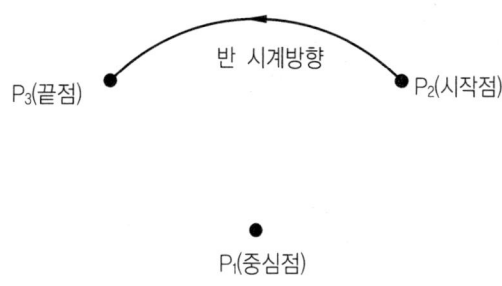

⑨ 중심점, 시작, 각도(C,S,A)

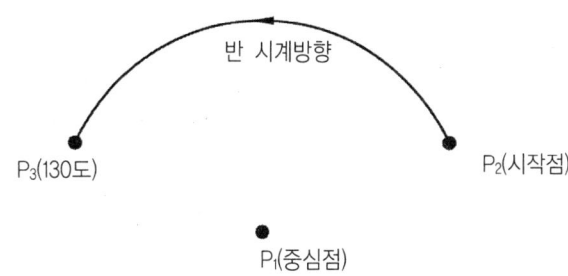

⑩ 중심점, 시작, 길이

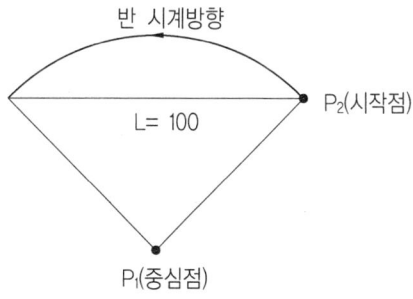

⑪ 연속해서 선이나 호의 끝점을 시작점으로 하여 호를 그릴 때 사용하는 방법이다.

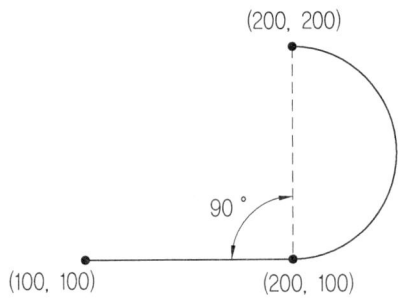

6.1.5. 문자(string)의 작성

하나의 스트링은 여러 개의 세그먼트(segment)가 모여 하나의 윤곽선(contour lines)을 구성한다. 문자는 내부가 채워진 형태가 될 수도 있으며 외곽선만 존재하는 형태가 될 수도 있다.

6.1.6. 원추곡선의 작성
6.1.7. 기하학적 도형의 기초적인 작성
6.1.8. 자유곡선의 작성

스플라인(spline), 베지어 곡선(bezier curve), B-스플라인 곡선(B-spline curve)

6.1.9. 평면(plain)의 작성
6.1.10. 곡면(surface)의 작성
6.1.11. 3차원 모델(솔리드 모델)의 작성

완전한 3차원 형상을 취급하려면 솔리드 모델로 표현하여야 하며 그 응용범위가 넓어지면서 보나 간편한 방법으로 조작하고 처리할 수 있도록 발전하고 있으며 시스템에 따라 작성방법은 차이가 있다.

6.1.12. Boolean 연산

기하학적 형상의 Boolean연산에는 합(union= fusion), 적(product= intersection= common) 및 차(cut= difference)가 있다. 3차원 시스템에서 오브젝트의 내부 구조가 복잡하여 충분히 이해를 못하는 경우 부분적으로 절단하여 단면을 표시할 수 있다. 시스템에 따라 오브젝트의 절단과 동시에 단면에 자동적으로 해칭이 되는 시스템도 있으나, 없는 경우는 오브젝트의 절단 후 매뉴얼 방식으로 단면에 해칭을 하여야 한다. 이 기능은 내부 구조에 따라 에러가 발생할 수 있다.

6.2. 도형의 편집(editing)

시스템에 따라 편집기능은 다양하여 원호를 찾거나, 점의 좌표를 변위, 삭제, 추가, 삽입을 할 수 있으며 부분적인 선을 연결 할 수도 있다. 또 산의 방향을 역으로 바꾸거나 3차원 모델링의 수정 등도 할 수 있다. 단면의 해칭을 위해서는 교차되는 선을 끊어(break) 주어야 하며 삭제(delete) 는 지정한 요소를 소거하는 기능이다. 이것은 디스플레이된 형상과 동시에 그 요소가 갖고 있는 데이터도 모두 소거되므로 주의하여야 한다.

한 번 소거된 도형 데이터의 복원은 불가능하므로 이 명령어를 시행시키기 전에 대상으로 하는 요소를 다시 한 번 확인하여 이용하도록 하여야 한다. 시스템에 따라 가장 마지막 삭제한 도형 데이터를 복원하여 디스플레이 하여 주는 기능이 있는 것도 있다.

6.3. 도형의 변환(transformation)

CAD시스템에는 도형의 이동, 회전, 대칭(반전), 확대 및 축소, 복사, 유사, 상사, 변형, 배치, 등 도형의 조작을 용이하게 하는 기능이 있다. 또 여기에는 하나의 오브젝트만 이동, 회전하거나(simple기능)배수로 이동, 회전시키는 기능(multiple 기능)이 있다. 이동, 회전, 대칭(반전)등 에는 원래의 요소를 복사하지 않고 변환하는 기능과 원래의 요소를 복사하여 변환시키는 가능이 있다. 이는 즉 2개 이상의 요소를 얻고자 할 때 사용하게 된다.

6.3.1. 이동(translation)

지정하는 도형을 지정 양만큼 지정방향으로 움직이는 기능으로 수직 이동, 수평 이동, 벡터 이동의 3가지가 있다.

배수 이동은 이동하고자 하는 오브젝트의 개수와 벡터지정, 행과 열 및 간격지정, 그래픽 디스플레이 상에 직접 위치 지정에 의하여 가능하게 된다. 도형 요소의 지정은 하나 하나의 entity(segment)를 인식시키거나 윈도를 통하여 내부 또는 외부를 인식시킬 수 있다.

6.3.2. 회전(rotation)

회전은 회전축과 회전각 지정에 의하여 도형 요소를 움직인다. 여기에서는 또한 단순 회전과 배수 회전이 가능하도록 되어 있다. 회전 각도는 축의 중심점(0, 0, 0점)을 향하여 반시계 방향은 +값을, 시계 방향은 -값을 입력한다.

6.3.3. 반전(대칭, mirror = symmetry)

반전은 지정된 도형을 점(1점 입력), 선(2점 입력), 면(3점 입력)을 기준으로 도형을 대칭되는 위치로 옮기는 기능이다. 이 기능의 원하는 도형을 점, 선, 면을 기준으로 180°회전하는 것을 의미한다. 이 기능은 원래의 오브젝트가 반전되게 되므로 2개의 대칭되는 오브젝트를 원하는 경우에는 먼저 복사(copy)를 하거나 복사와 동시에 반전하는 기능을 선택한다.

6.3.4. 복사(copy)

복사는 지정한 도형요소를 복사하여 원래의 오브젝트와 새로운 오브젝트(복사한 오브젝트) 즉, 같은 2개의 도형 요소를 갖게 된다. 이 기능은 같은 도형 요소를 여러 개 만들어 임의의 위치에 배치하고자 하는 경우에 필요하다.

6.3.5. 기타

이외에도 지정한 오브젝트를 점을 기준으로 확대 또는 축소하는 기능(similarity)이나 지정한 오브젝트를 하나의 선이나 면에 대하여 유사한 오브젝트로 변경시키는 기능(affinity) 등이 있다.

6. 4. 도형의 인식(도형의 지시)

도형의 인식(identity, select)은 컴퓨터 그래픽 디스플레이 상에 표시된 도형이 다음과 같은 경우에 필요하다.
① 하나의 오브젝트를 변환시키는 경우
② 하나의 오브젝트에 치수를 기입하는 경우
③ 하나의 오브젝트에 해칭을 하는 경우
④ 선이나 원 등을 삭제하는 경우
⑤ 하나의 선이 길이, 면적, 체적 등을 계산하고자 하는 경우 등

이는 화면상의 도형을 커서(cursor) 또는 십자선(crosshair)으로 지시함으로서 인식되며 도형요소에 인식 마크(□△○)가 표시된다. 따라서 이 인식 마크가 표시된 도형에 대해서 변환, 편집, 연산, 측정(measurement) 등 이 가능하게 된다. 시스템에 따라서는 마지막 번째 작업한 오브젝트가 현재 오브젝트(액티브 오브젝트, current object= active object)가 되어 변환, 측정 등을 할 수 있다.

6.4.1. 도형의 지시방법
① 하나 하나의 도형 요소를 지시하는 방법
② 〈WINDOW〉명령을 통하여 윈도 영역 안을 지시하는 방법
③ 〈EXTERNAL〉명령을 통하여 윈도 영역 밖을 지시하는 방법

6. 5. 도형의 겹침(Layer, Level)

CAD시스템은 도형을 구성하는 데이터를 몇 개의 층으로 구별하여 저장하거나 출도하는 기능을 갖고 있다. 이 기능을 사용하면 복잡한 도면을 간소화하여 표시하거나 각각 다른 부품을 그려서 이들을 동시에 표시하여 조립도로 하는 등 유용하게 사용할 수 있는 기능 중의 하나이다.

예를 들면 1층에 테두리선이나 표제란, 2층에 외형도, 3층에 치수기입 등을 작성하여 놓고 계층별로 몇 개를 조합함으로써 원하는 도면을 쉽게 출력하게 된다. 또 매우 복잡하고 많은 양의 데이터 도형을 수정하는 경우에 몇 개의 층으로 분류하여 도형 작성을 함으로써 도형의 수정시 잘못될 수 있는 문제를 피할 수 있다.

6.6. 도형의 해칭(hatching)

해칭선은 기본 중심선 또는 기선에 대하여 45°의 가는 실선으로 등 간격(2~4mm)이 되게 하고 동일 부품의 해칭은 동일하게 한다. 해칭을 한 부분에는 가능한 한 은선의 기입은 피하며 치수 기입의 치수 숫자에는 해칭 하지 않는다.

CAD시스템에서는 해칭을 하여야 할 도형(단면 등)에 대하여 영역을 지장하고 해칭이 된 후에도 편집(edit)기능을 통하여 해칭의 종류, 해칭각도, 해칭 간격은 수정할 수 있다. 시스템에 따라 두선이 교차되는 부분은 반드시 끊어서 교점을 찾아야 되는 경우가 있다. 해칭에서의 에러 발생은 윤곽선의 인식(지시)이 잘못된 경우(2선이 동시에 인식된 경우), 교차되는 선에 교차점을 작성하지 않은 경우, 3차원 공간상에 해칭할 면이 놓인 경우 등이다.

6.7. 치수기입

치수기입은 물체의 크기나 오차 등을 표시하는 것으로 치수선, 치수 보조선, 지시선, 화살표, 치수숫자 등으로 구성된다.

6.7.1. 치수형상과 파라미터 설정

[1] 치수선 형상의 파라미터

화살표의 형(type of arrow ; 화살표, 사선, 원 등)과 도형에서 치수 보조선까지의 거리, 화살표 방향, 화살표의 각도 및 길이 등을 설정한다.

[2] 치수숫자 형상 파라미터

문자의 크기, 표시하는 위치, 표시하는 행이나 치수숫자의 소수점 이하의 표시 자리수 등을 설정한다.

[3] 치수숫자 형상 보조 파라미터

단위(mm, cm, mm 등), 치수 숫자의 척도(scale), 치수숫자 소수점 이하의 표시 유무, 각도 표시 숫자의 표시 모드 등을 설정한다.

6.7.2. 치수선의 기입

치수선의 형상 파라미터는 길이, 각도, 지름의 치수기입으로 분류된다.

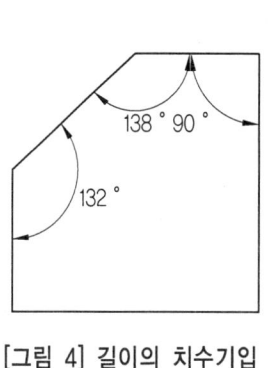

[그림 4] 길이의 치수기입

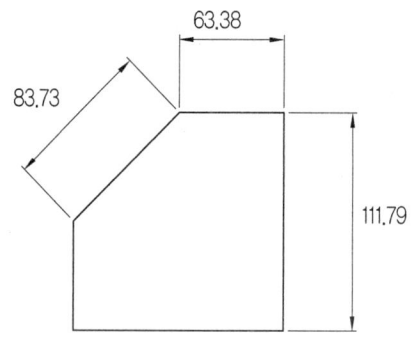

[그림 5] 각도 치수기입

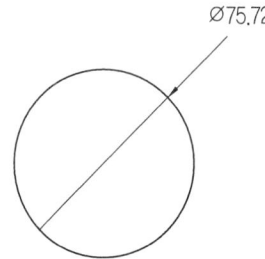

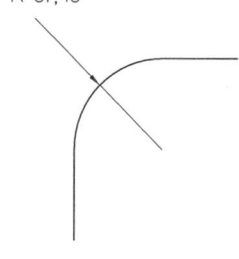

[그림 6] 지름, 반지름 치수기입

AutoCAD의 기초

01 >>> AutoCAD를 내 맘대로

　AutoCAD가 사용자의 하드 디스크에 설치가 되어 있다면 "시작 아이콘"의 "프로그램" 그룹 내에 "Autodesk"라는 그룹이 생성되었을 것이다. 이 그룹 내에서 "AutoCAD2005"를 마우스로 클릭함으로써 프로그램을 실행시킬 수 있다.

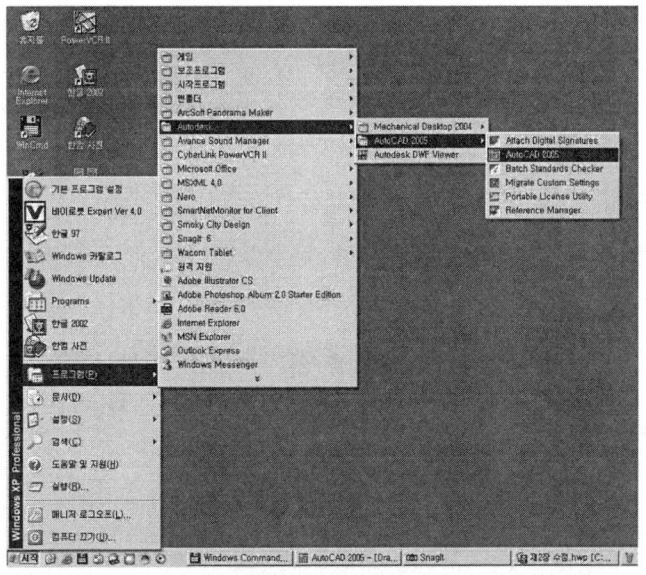

[그림 1] AutoCAD의 실행

〈Note〉 바탕화면에 프로그램에 대한 단축 아이콘( )이 생성되어 있는 상태라면 이 단축 아이콘을 더블클릭 해서도 실행이 가능하다.

1.1. AutoCAD의 작동

AutoCAD를 시작하면 다음과 같은 실행화면이 나타난다. 이 화면에서 원하는 형태의 작업을 선택할 수 있다.

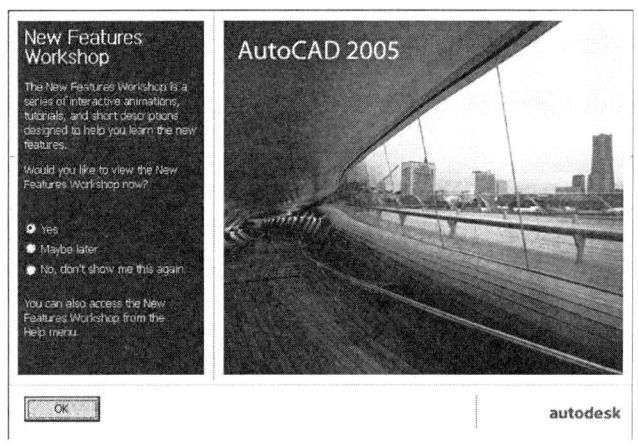

[그림 2] AutoCAD의 실행

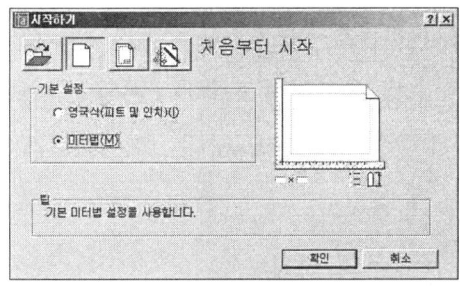 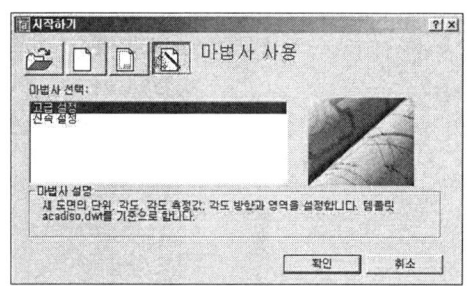

(a) 기본설정　　　　　　　　　　　　　　(b) 마법사

[그림 3] AutoCAD2005의 시작화면

AutoCAD2005는 2004와 마찬가지로 "Start up" 화면을 나타내지 않고 기본포맷을 사용해 새로운 도면을 생성할 수 있는 형태로 시작하게 된다. AutoCAD 2005의 경우 가장 먼저 화면에 보여지는 "시작하기" 화면은 4개의 선택 버튼으로 이루어져 있으며 이 버튼의 선택에 따라 각기 다른 방식으로 시작이 가능하다.

1.2. AutoCAD의 화면구성

AutoCAD의 윈도우 화면은 크게 풀다운 메뉴(Pull Down Menu), 상태막대(Status Line), 도면창(Drawing Area), 스크린 메뉴(Screen Menu), 명령 프롬프트 영역(Command Prompt Area)와 여러 개의 도구막대(Toolbar)를 포함하고 있다.

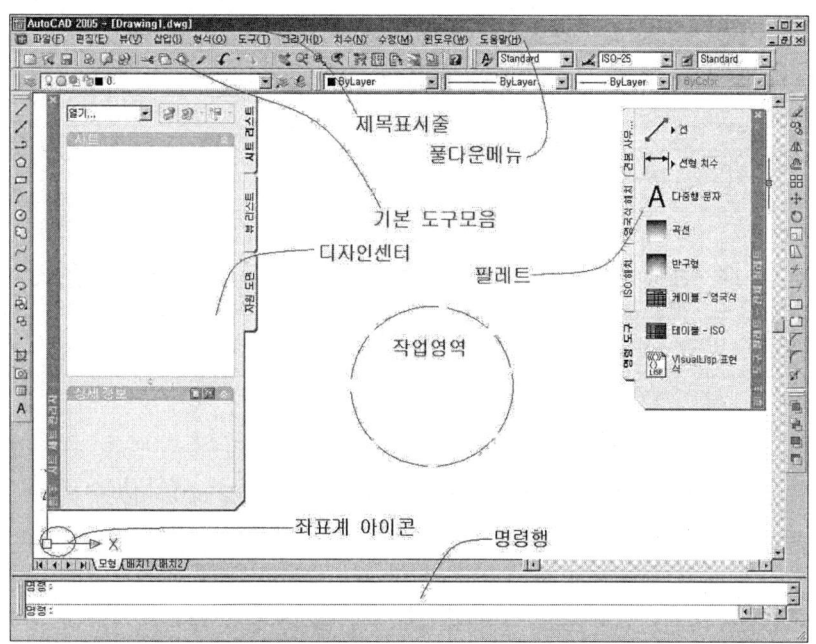

[그림 4] AutoCAD2005의 화면구성(사용자 인터페이스)

각각의 구성요소의 기능은 다음과 같다.

[1] 풀다운 메뉴(Pull-Down Menu)

명령어들이 분류별로 나뉘어 포함되어 있으며 키보드로 입력되는 명령어들을 마우스나 디지타이저를 사용해 선택할 수 있도록 만들어진 영역

[2] 표준명령 도구막대(Standard Menu Bar)

AutoCAD Windows의 기본 명령어와 주요 명령어, 그리고 화면조정 명령을 포함하는 아이콘들로 이루어졌다.

[3] 개체성질 도구막대(Object Properties Tool Bar)

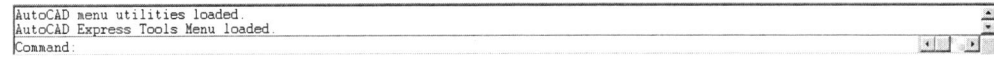

그려진 개체들의 층(Layer), 색(Color), 선의 종류(Line type), 선의 색을 설정하고 나타내는 아이콘으로 구성되어져 있다.

[4] TM크롤 바(Scroll Bar)
화면의 오른쪽과 아래쪽에 위치하며 마우스로 화면을 이동(Pan)시킬 수 있다.

[5] 명령 프롬프트 영역(Command Prompt Area)

명령어의 입력이 이루어지며 항상 주시해야 할 영역이다. 키를 사용하여 텍스트 모드와 그래픽 모드로의 전환이 가능하다.

[6] 상태막대(Status Line)

커서의 좌표값, 모눈(Grid) 및 스냅(Snap)모드의 상태 표시, 현재 사용 중인 공간(Space)의 표시등의 정보를 보여주는 영역. 각 모드로의 전환은 모드 버튼을 더블 클릭함으로써 가능해진다.

[7] 도면창(Drawing Area), 작업영역
   실제 도면을 그리는 영역

[8] 팔레트(Screen Menu)
   화면의 오른쪽에 세로로 보여지는 영역으로 명령어들을 모아 두었으며 마우스나 디지타이저를 사용하여 명령 입력이 가능해 지도록 한 영역

[9] 도구막대(Toolbar)

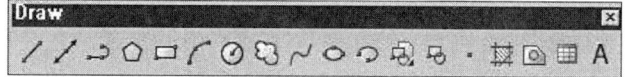

위의 그림은 도구막대 중 하나를 보여주고 있으며 이 도구막대는 마우스로 이동이 가능하고 보이지 않도록 할 수 있으며 다시 보이게 하기 위해서는 풀다운 메뉴의 "View" 메뉴 내의 "Toolbar"를 선택하여 가능하다.

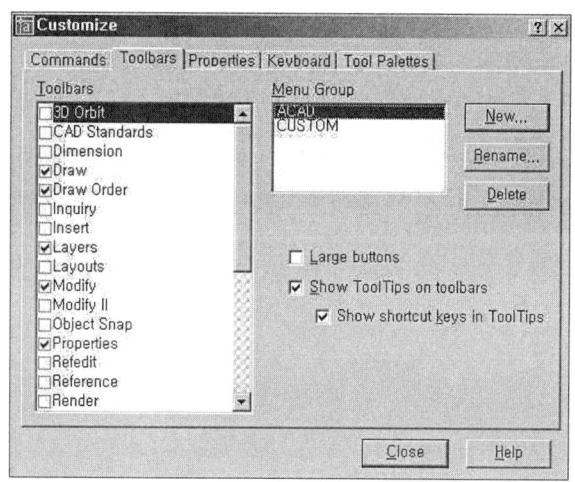

AutoCAD에서는 유사 명령들을 모아 아이콘으로 표시해 두었으며 자신이 원하는 아이콘을 모아 새로운 툴바를 만들 수 있도록 하고 있다. 처음 AutoCAD를 시작하는 사용자라면 아이콘의 사용보다는 시간이 조금 더 걸릴지라도 명령어의 숙지를 우선하였으면 한다. 그 이유는 릴리즈 또는 버전이 바뀔지라도 명령들은 거의 그대로 유지되기 때문이다.

02 >>> 좌표계

2차원 또는 3차원 공간상에 존재하는 물체는 자신의 눈으로 직접 보이는 것이라 할지라도 타인에게 설명하기 위해서는 상태나 위치를 정확히 설명하여야 한다. 특히 물체를 도면 위에 그림의 형태로 표현하려고 한다면 어느 위치에 어떠한 형태로 존재하는지를 표시하여야 한다.

이러한 표시방법의 하나로서 투상법이 존재하며 또, 물체의 배치 상태를 나타내기 위해 치수가 필요하다. 그렇다면 컴퓨터를 통해 자신이 그리고자 하는 물체를 표현하려면 어느 기준 점으로부터 각각의 특정 점에 대한 정보를 알려주어야 한다. 이러한 특정 점에 대한 정보의 표시방법이 좌표를 이용하는 것이다.

2.1. 좌표 사용하기

이쯤에서 반드시 알고 지나가야 하는 부분이 좌표의 사용에 관한 것이다. 앞부분에서 Line 명령을 이용하여 선을 그릴 때 우리는 기호(@)를 사용하여 선을 그렸다. 이것은 상대좌표라는 개념을 이용한 것이다. 좌표를 자세히 살펴보도록 하자.

2.2. 절대좌표

도면의 원점(0,0)을 기준으로 하여 콤마에 의해 분리된 X, Y, Z축 값으로 지정한다. 예를 들어 "60, 70"은 원점으로부터 X축으로 60만큼, Y축으로 70만큼 떨어진 좌표를 말한다.

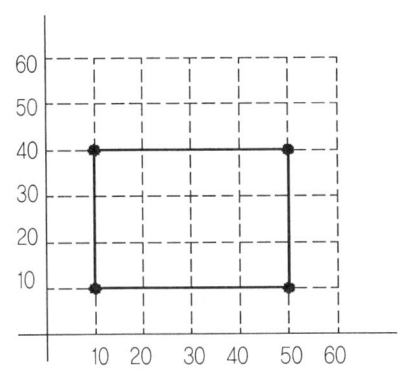

위 그림을 AutoCAD에서 그리기 위해서는

    Command : Line
    From point : 10,10
    Next point : 10,40
    Next point : 40,40
    Next point : 40,10
    Next point : 10,10

2.3. 상대좌표

자신이 작업하던 최종점으로부터 상대적인 좌표값(X), (Y)를 지정할 때 X좌표값 앞에 @를 붙여 사용한다. 현재의 좌표점으로부터 각 방향으로의 증분을 표시하는 방법이다. 예를 들면 현재의 좌표가 (10, 10)이라면 "@30, 30"은 절대 좌표값 (40, 40)과 같고 (10, 10)으로부터 각 방향으로 각각 30씩 증분한 값을 나타낸다.

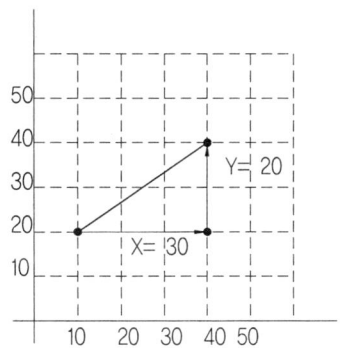

위 그림은

    Command : LINE
    First point : 10,20
    Next point : @30,20
    Next point :

2.4. 상대 극좌표

상대좌표와 비슷한 방법이지만 이 방법은 최종 작업점으로부터 거리값과 각도를 사용하여 다음 점을 지정하는 방법이다. 좌표의 입력은 "@거리값<각도"의 형태로 한다.

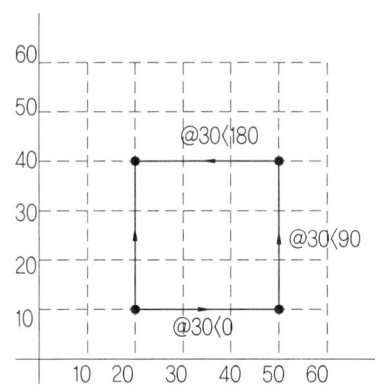

```
Command : Line
First point : 20,10
Next point : @30<0
Next point : @30<90
Next point : @30<180
Next point : c
```

2.5. 최종좌표

최후에 사용한 좌표를 지정하는 방법을 말하며 명령어 다음에 위치를 물어오면 단지 "@"만 입력하면 된다.

03>>> 파일 메뉴

이 장의 시작부분에서 우리는 AutoCAD의 화면 구성에 대해 살펴본 적이 있다. 이 부분에서 풀다운(Pull-Down) 메뉴를 기억할 것이다. 이 메뉴의 첫 번째가 파일메뉴이다.

이 파일메뉴에는 우리가 작업하거나 작업한 파일을 저장하고 불러오고 다른 형태의 파일로 내보내고 출력하는 등의 작업을 수행하는 부분이다. 이 부분에 대해 하나씩 살펴보도록 하자.

3.1. 새로 만들기

ⓐ NEW

새로운 도면의 작성을 위한 명령( ).

Command : New

또는 풀다운 메뉴의 File 메뉴에서 New를 선택

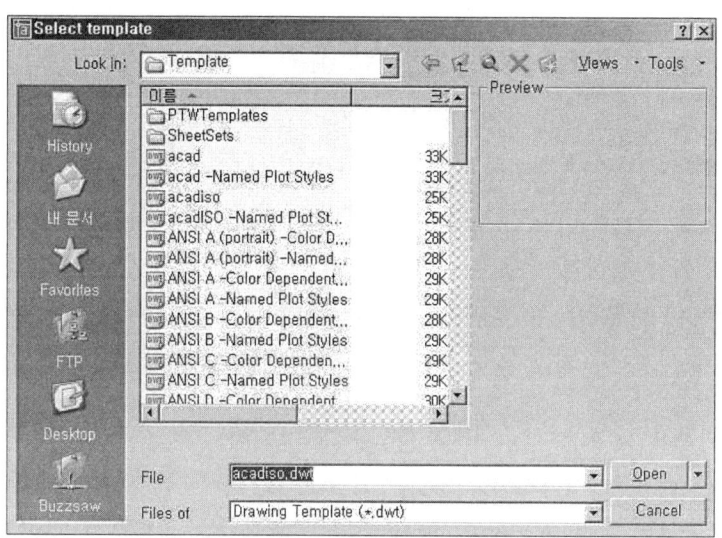

[그림 5] AutoCAD2005 새파일

3.2. 열기

ⓐ OPEN

기존의 저장된 파일을 불러오는 명령( ).

Command : OPEN

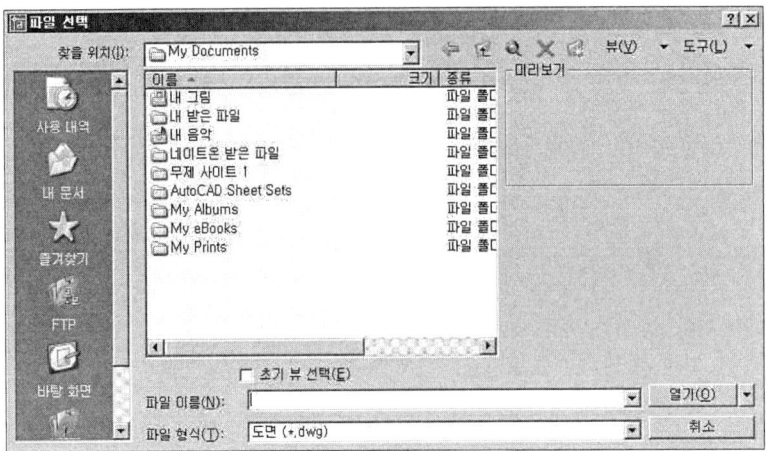

[그림 6] 기존 도면 불러오기

3.3. 저장하기

🔺 SAVE

작업중이거나 작업된 도면을 저장시키는 명령(💾).

    Command : SAVE

작업하던 도면이나 완성된 도면을 저장하고자 할 때 사용한다.
- SAVE : 파일명을 물어보고 도면의 이름을 저장한다.
- SAVEAS : SAVE와 같지만 현재 도면의 이름을 다른 파일명으로 설정한다.

그리고 이전 버전의 형식으로 저장할 수 있다. 그러면 AutoCAD는 사용자가 지정하는 파일명에 현재의 도면이 저장된다. 이때 파일명을 입력하거나 선택할 때 그 이름을 가진 도면명이 이미 존재하고 있으면 AutoCAD는 경고 메시지를 나타내고 파일을 중복으로 입력하거나 중복입력을 원치 않을 경우 다른 이름을 입력할 기회를 준다.

File menu와 Standard Toolbar의 Save는 Qsave가 적용된다.

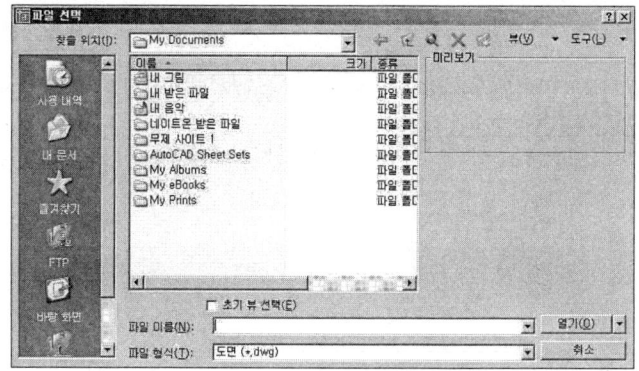

[그림 7] 작업도면 저장하기

◉ QSAVE

작업중이거나 작업된 도면을 저장시키는 명령으로 파일명을 요구하지 않고 현재의 파일명으로 저장(파일명이 입력되어 있지 않으면 SAVE AS의 대화상자가 나타난다)

Command : QSAVE

3.4. 도면 보내기

작업한 도면을 E-mail 주소를 가진 다른 사람에게 보내고자 할 경우 풀다운 메뉴의 파일 메뉴에서 전송(Send)를 선택하면 아래의 화면이 나타나고 방법은 전자우편을 보내는 것과 동일하다.

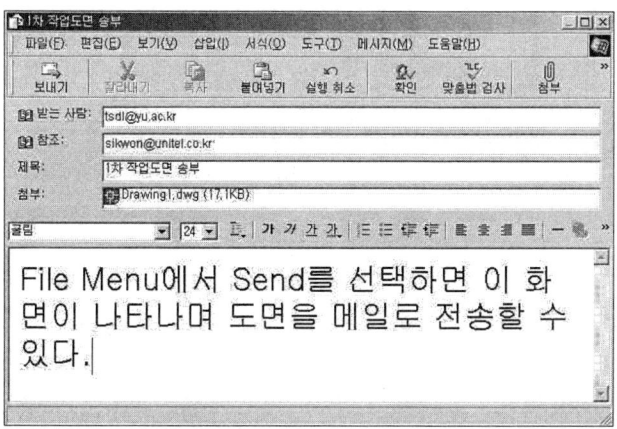

3.5. 종료하기

AutoCAD를 종료하려면 File 메뉴에서 Exit를 선택하면 종료가 가능하다. 단, 작업한 도면을 저장하지 않았을 경우 저장의 여부를 묻는 메시지가 출력된다.

04 >>> 나만의 환경만들기

4.1. 모눈(Grid)과 스냅(Snap)

4.1.1. 모눈(GRID)

화면에 일정한 점을 표시하는 명령

> Command : GRID
> Grid spacing(X) or ON/OFF/Snap/Aspect 〈0.0000〉 :10 → 간격크기 입력

☞ GRID ON/OFF는 F7을 누르면 된다.

4.1.2. 스냅(SNAP)

일정한 간격으로 커서의 움직임을 제어

> Command : SNAP
> Snap spacing or ON/OFF/Aspect/Rotate/Style〈1.0000〉 :10→ 간격크기를 입력한다.

☞ SNAP ON/OFF는 F9를 누르면 된다.
※ GRID와 SNAP을 활용하면 좌표입력 없이도 쉽게 도면을 그릴 수 있다. 풀다운 메뉴에서 "도구 → 제도설정값"을 선택하면 다음의 창이 나타나며 이 창에서도 설정이 가능하다.

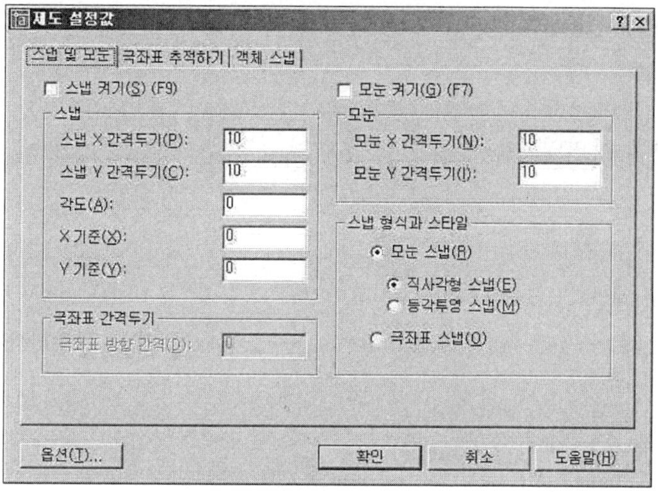

[그림 8] 모눈 및 스냅 설정

> 2005 : 풀-다운 메뉴 도구(Tools) → 제도설정값(Drawing Aids...)

4.2. Ortho와 기능키(Function Key)

ⓐ ORTHO
커서를 수평, 수직으로만 이동

```
Command : ORTHO
ON/OFF<OFF> :     → ON이나 OFF 입력
```

☞ ORTHO ON/OFF는 F8을 누르면 된다.

[표 1] 자주 쓰는 Function Key 일람

구 분	기 능	비 고
F2	Text Screen을 나타나게 한다.	
F6	커서의 좌표값을 표시 또는 고정	
F7	Grid ON/OFF	
F8	커서를 수직, 수평으로만 움직이게 한다.	
F9	커서를 일정간격으로 움직이게 한다.	

4.3. 도면의 크기와 단위설정

4.3.1. LIMITS

도면 용지에 맞게 화면영역을 설정

```
Command : LIMITS
ON/OFF〈Low left corner〉〈0.0000,0.0000〉 :
Upper right corner 〈12.000,9.000〉 :  → 도면의 크기를 지정한다.
EX〉 A0 : 1189,841
     A1 : 841,594
     A2 : 594,420
     A3 : 420,297
     A4 : 297,210


Command : ZOOM  or Z
All/Center/Dynamic/Extents/Left/Previos/Vmax/Windows/〈Scale(X/XP)〉:A
LIMITS 지정 후에는 반드시 Zoom All을 해주어야 한다.
```

4.3.2. UNITS

길이 및 각도 등에 대한 단위의 설정

```
Command : UNITS
Report formats:   (Examples) 숫자의 표시 방법
  1. Scientific       1.55E+01
  2. Decimal          15.50
  3. Engineering      1'-3.50"
  4. Architectural    1'-3 1/2"
  5. Fractional       15 1/2
```
With the exception of Engineering and Architectural formats, these formats can be used with any basic unit of measurement. For example, Decimal mode is perfect for metric units as well as decimal English units.

Enter choice, 1 to 5 〈2〉: 2

Number of digits to right of decimal point (0 to 8) 〈4〉: 2

Systems of angle measure:　　　(Examples)　각도의 설정
   1. Decimal degrees   45.0000
   2. Degrees/minutes/seconds   45d0'0"
   3. Grads   50.0000g
   4. Radians   0.7854r
   5. Surveyor's units   N 45d0'0" E

Enter choice, 1 to 5 〈1〉: 1

Number of fractional places for display of angles (0 to 8) 〈0〉: 2

Direction for angle 0.00:
    East   3 o'clock = 0.00
    North 12 o'clock = 90.00
    West   9 o'clock = 180.00
    South 6 o'clock = 270.00

Enter direction for angle 0.00 〈0.00〉:

Do you want angles measured clockwise? 〈N〉

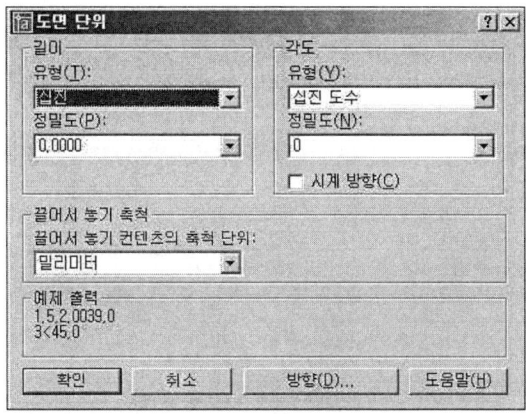

[그림 9] R14 및 2002 단위설정을 위한 대화상자

풀다운 메뉴 "형식" → 도면한계

4.4. Style, Color, Ltscale

[1] STYLE

문자(TEXT 또는 DTEXT)의 폰트를 설정

풀다운 메뉴 : 형식 → 문자 스타일

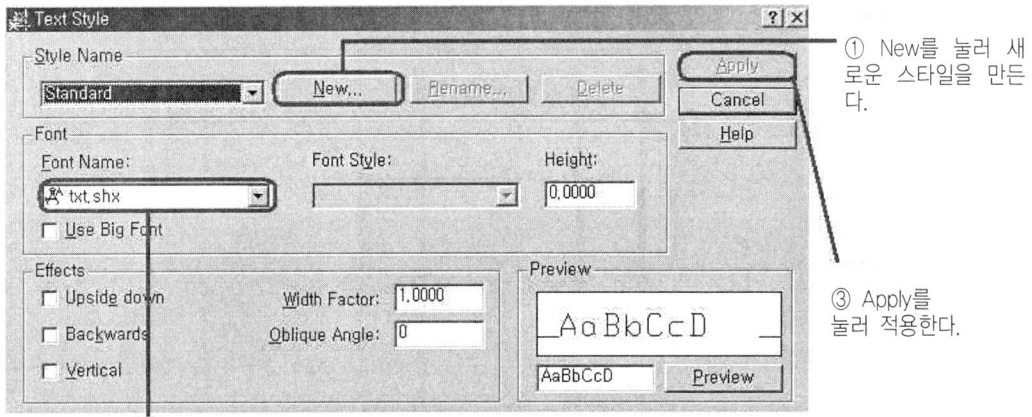

① New를 눌러 새로운 스타일을 만든다.

② 폰트의 종류를 선택한다.

③ Apply를 눌러 적용한다.

[2] COLOR

색깔을 지정

```
Command : COLOR
New entity color〈BYLAYER〉 :    → 칼라를 지정한다.
```
  1(RAD) : 붉은색 2(YELLOW) : 노랑색
  3(GREEN) : 녹색 4(CYAN) : 하늘색
  5(BLUE) : 파란색 6(MEGENTA) : 자수색
  7(WHITE) : 흰색

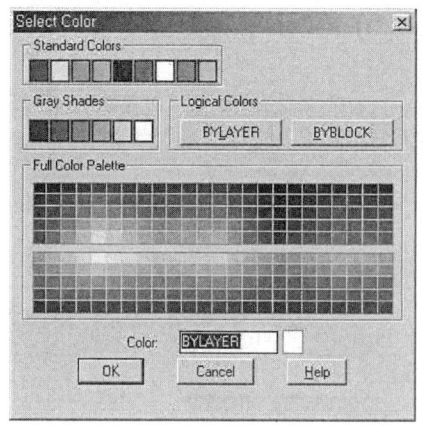

그림 색상 설정을 위한 대화상자

풀다운 메뉴 : 형식 → 색상

[3] LTSCALE

선의 스케일(LINETYPE SCALE)을 지정

```
Command : LTSCALE
New scale factor<1.00> : → DISPLAY할 비율값 지정
```

☞ 도면을 작업하다가 선 형태를 바꾸었는데도 보이지 않을 경우에 사용.
☞ 이 현상은 LIMITS 값과 관계되므로 값을 크게 주면 줄수록 확대 비율 커짐.

05 >>> 그리기

선 그리기는 가장 기본적인 작업으로 AutoCAD에서는 여러 가지 방법들을 제공하고 있으며 이 절에서는 그 방법들을 설명하고 있다. 명령을 사용하거나 아이콘을 사용할 수 있으며 이 두 방법 중 어느 정도 숙달될 수 있을 때까지는 명령어 사용을 권장한다.

5.1. 선 그리기

▲ LINE

선을 그리는 데에는 여러 좌표가 쓰이는데 가장 많이 쓰이는 상대 극좌표를 쓰도록 한다.

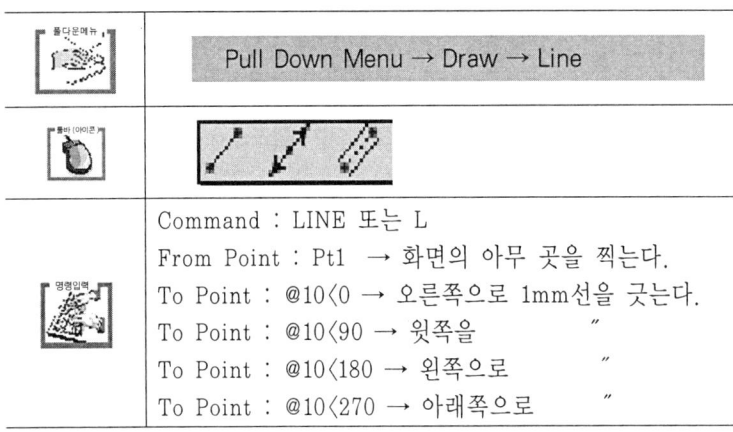

▲ XLINE

수평, 수직, 기울어진 무한직선을 그린다.

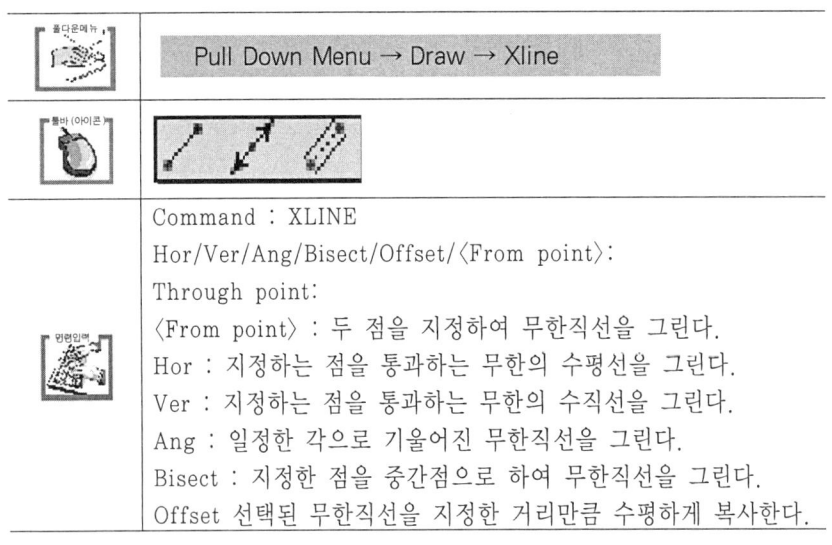

ⓐ RAY

시작점에서 다른 점을 통과하는 무한직선을 그린다.

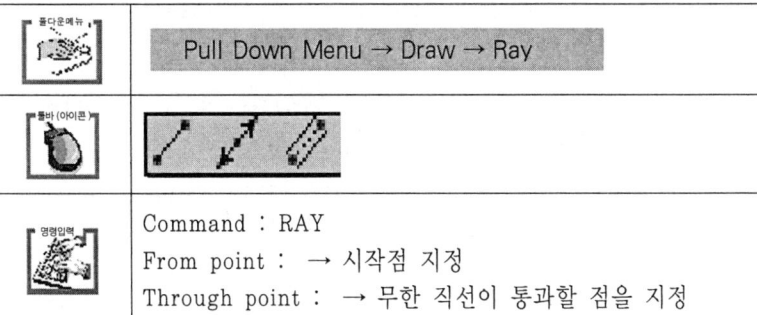

ⓐ MLINE

다중 평행선 그린다.

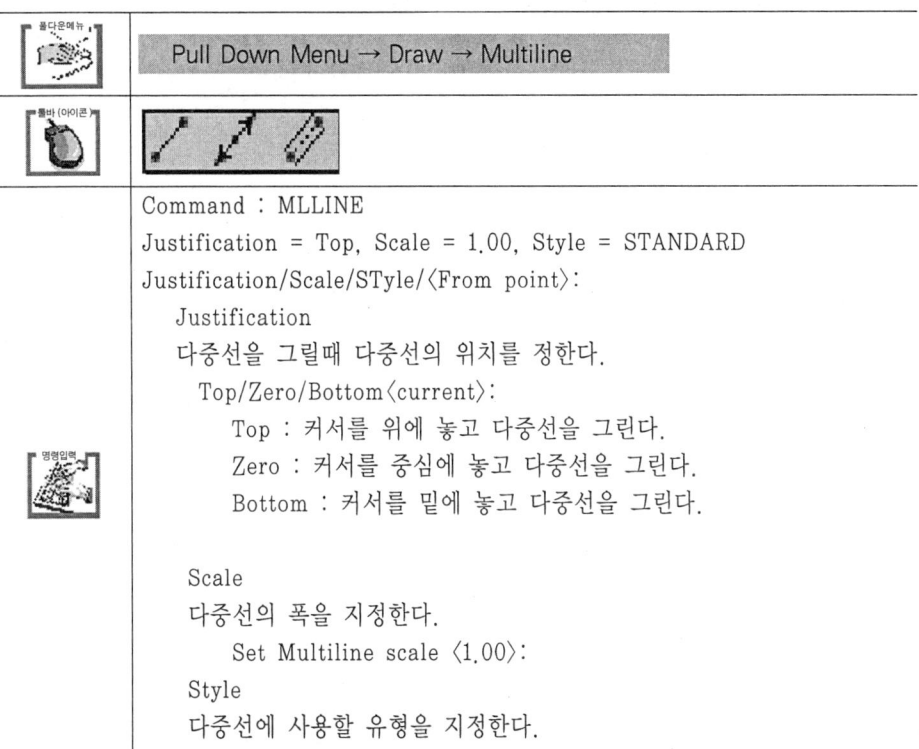

5.2. 원 그리기

◉ CIRCLE

원을 그리기(◎)

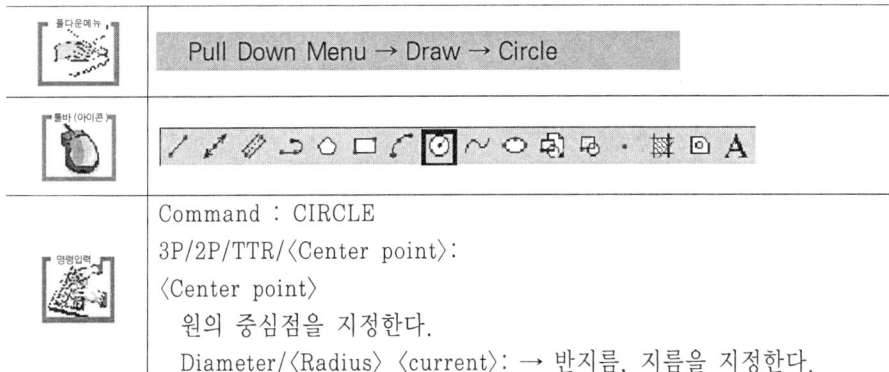

기본 값을 이용한 그리기(중심과 반지름 또는 지름 사용)

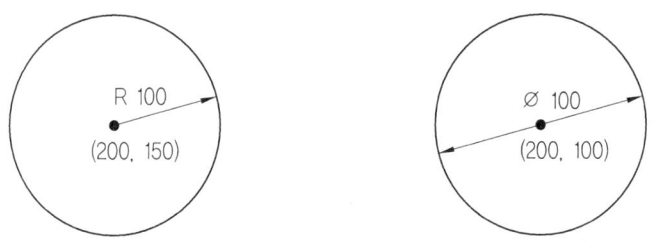

◉ 3P

세 점을 지정하여 원을 그린다.

First point :
Second point :
Third point :

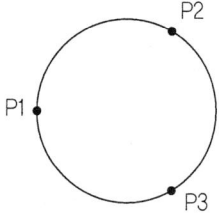

▲ 2P

두 점을 지정하여 원을 그린다. 두 점간의 거리는 그려질 원의 지름 값이다.

First point on diameter:
Second point on diameter:

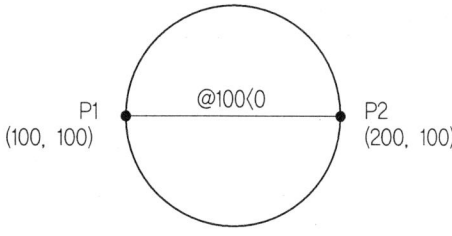

▲ TTR

두 개의 도면요소에 외접하면서 임의의 반지름 값을 갖는 원을 그린다.

Enter Tangent spec:
Enter second Tangent spec:
Radius 〈current〉:

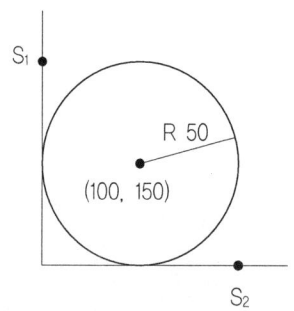 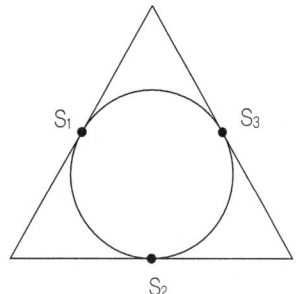

5.3. 호 그리기

ⓐ ARC

호를 그리기( )

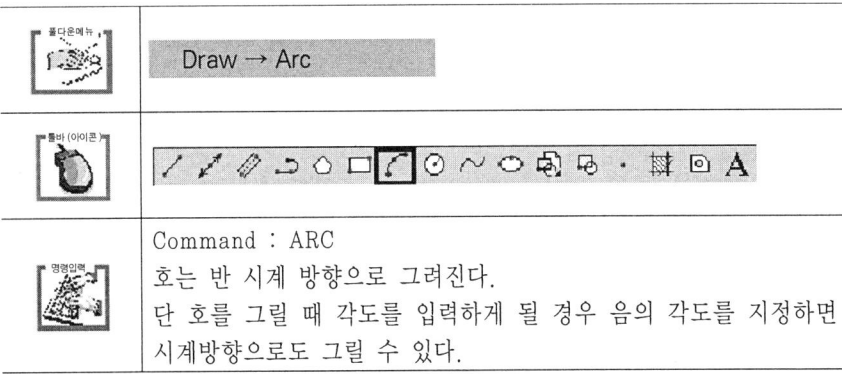

명 칭

S(Start point) : 호의 시작점

E(End point) : 호의 끝점

A(Angle) : 호의 내각(호의 시작점, 중심점, 끝점이 이루는 내각)

L(Length) : 현의 길이(원의 시작점, 끝점간의 직선거리)

R(Radius) : 호의 반지름

D(Direction) : 방향

C(Center point) : 호의 중심점

    Center/⟨Start point⟩:
   Center
     Center: → 중심점 지정
     Start point: → 시작점 지정
     Angle/Length of chord/⟨End point⟩:
       Angle : 각도 지정
       Length of chord : 현의 길이 지정
       ⟨End point⟩ : 끝점을 지정한다.

⟨Start point⟩
먼저 시작점을 지정한다.

Center/End/⟨Second point⟩:
 Center
  Center: → 중심점 지정
  Angle/Length of chord/⟨End point⟩:
   Angle : 각도 지정
   Length of chord : 현의 길이 지정
   ⟨End point⟩ : 끝점을 지정한다.
 End
  End point : → 끝점 지정

  Angle/Direction/Radius/⟨Center point⟩:
   Angle : 각도 지정
   Direction : 그려질 호와 접선의 방향을 각도로 지정
   Radius : 반지름 지정
   ⟨Center point⟩ : 중심점 지정
⟨Second point⟩
 먼저 두번째 점을 지정한다.
 End point : → 끝점 지정

추가 명령어

1. 3점(P) : 호의 3점을 지정
2. 시작, 중심점, 끝(S) : 호의 시작, 중심, 끝 순으로 지정
3. 시작, 중심점, 각도(T) : 호의 시작, 중심, 각도(내부) 순으로 지정
4. 시작, 중심점, 길이(A) : 호의 시작, 중심, 현의 길이 순으로 지정
5. 시작, 끝, 각도(N) : 호의 시작, 끝, 각도(내부) 순으로 지정
6. 시작, 끝, 방향(D) : 호의 시작, 끝, 접선의 방향 순으로 지정
7. 시작, 끝, 반지름(R) : 호의 시작, 끝, 반지름 순으로 지정
8. 중심점, 시작, 끝(C) : 호의 중심, 시작, 끝 순으로 지정

9. 중심점, 시작, 각도(E) : 호의 중심, 시작, 각도(내부) 순으로 지정
10. 중심점, 시작, 길이(L) : 호의 중심, 시작, 현의 길이 순으로 지정
11. 계속(O) : 가까운 시점에서 지정된 지점에서 연속된 호를 그린다

- A : 내부각(Include Angle)
- D : 시작방향(Starting Direction)
- S : 시작점(Start point)
- R : 반지름(Radius)
- C : 중심점(Cetner)
- E : 끝점(End point)
- L : 현의 길이(Length of chord)

예]
　　명 령 : ARC
　　중심점(C)/〈시작점〉:　　　→ 호의 시작점(고정값), 중심점(추가명령어) 지정
　　중심점(C)/끝(E)/〈두번째점〉:　→ 호의 두번째 점(고정값), 추가명령어 지정
　　끝점 :　　　　　　　　　　→ 호의 끝점 지정

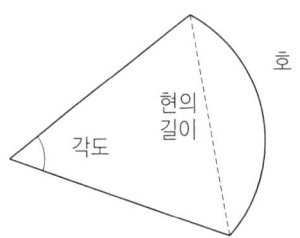

[1] 3점(3P)

원의 "3P"와 비슷하게 세 점에 의한 호를 그린다.

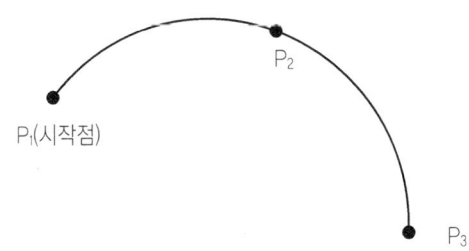

명 령: Arc
　　중심점(C)/〈시작점〉: P₁　　→ 시작점 P₁ 지정
　　중심점(C)/끝(E)/〈두번째점〉: P₂　→ 두번째점 P₂ 지정
　　끝점: P3　　　　　　　　　→ 끝점 P₃ 지정

[2] 시작, 중심점, 끝(S,C,E)
중심선을 기준으로 시작점에서 끝점까지 반시계 방향으로 호를 그린다.

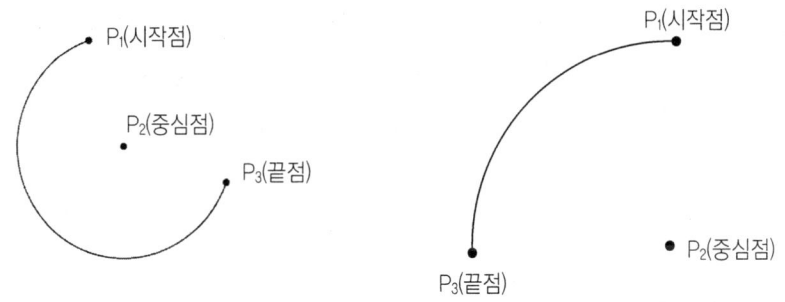

　　명 령: Arc
　　중심점(C)/〈시작점〉: P1　　　→ 시작점 지정
　　중심점(C)/끝(E)/〈두번째점〉: C　→ 추가 명령어 중심점(C) 선택
　　중심점: P₂　　　　　　　　　→ 중심점 지정
　　각도(A)/현의 길이(L)/〈끝점〉: P₃　→ 끝점 지정

[3] 시작, 중심점, 각도(S,C,A)
　시작점에서 중심점까지를 주어진 각도만큼 호를 그리게 하는데, 각을 마이너스로 지정하면 시계 방향으로 호를 그린다.

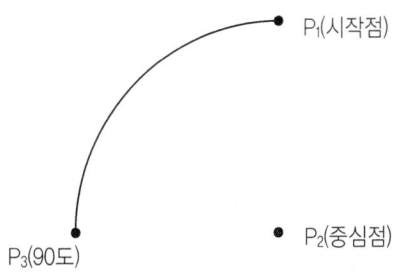

명 령 : Arc
중심점(C)/〈시작점〉: P₁   → 시작점 지정
중심점(C)/끝(E)/〈두번째점〉: C   → 추가 명령어 중심점(C) 선택
중심점 : P₂   → 중심점 지정
각도(A)/현의 길이(L)/〈끝점〉: A → 추가 명령어 각도(A) 선택
사이각 : (90 or -90 or -270)   → 각도 입력

[4] 시작, 중심점, 길이

중심점을 기준으로 시작점에서 현의 길이에 의해 호를 반 시계 방향으로 그린다.
양수이면 180도 보다 작은 호가 그려지고 음수이면 180도 보다 큰 호가 그려진다.

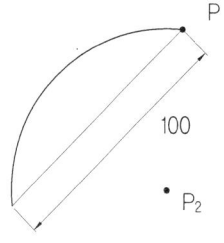 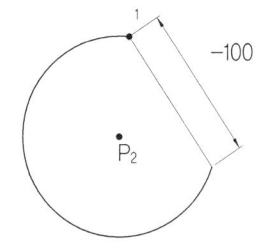

명 령 : Arc
중심점(C)/〈시작점〉: P₁   → 시작점 지정
중심점(C)/끝(E)/〈두번째점〉: C   → 추가 명령어 중심점(C) 선택
중심점 : P₂   → 중심점 지정
각도(A)/현의 길이(L)/〈끝점〉: L → 추가 명령어 현의 길이(L) 선택
현의 길이 : (100 or -100)   → 현의 길이 입력

[5] 시작, 끝, 반지름(S,E,R)

시작점과 끝점 사이를 반경에 의해서 그리는데, 반경이 양수이면 180도보다 작은 호가 그려지고 음수이면 180도 보다 큰 호가 그려진다.

명 령 : Arc
중심점(C)/〈시작점〉: P₁   → 시 작점 지정
중심점(C)/끝(E)/〈두번째점〉: E   → 추가명령어 끝점(E) 선택

```
끝점: P2                                    → 끝점 지정
각도(A)/방향(D)/반지름(R)/〈중심점〉: R    → 추가명령어 반지름(R)
                                              선택
반지름: (100 or -100)                       → 반지름 입력
```

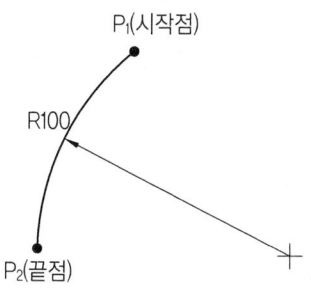

[6] 시작, 끝, 각도

시작점으로부터 반 시계방향으로 호를 그리는데, 이 경우 각이 음수이면 시계방향으로 그려진다.

```
명 령: ARC
중심점(C)/〈시작점〉: P1                     → 시작점 지정
중심점(C)/끝(E)/〈두번째점〉: E              → 추가명령어 끝점(E) 선택
끝점: P2                                    → 끝점 지정
각도(A)/방향(D)/반지름(R)/〈중심점〉: A     → 추가 명령어 각도(A)
                                              선택
사이각: (45 or -45)                         → 사이각 입력
```

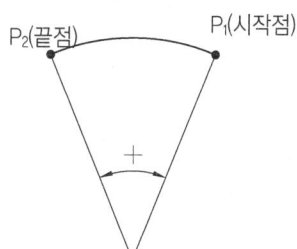 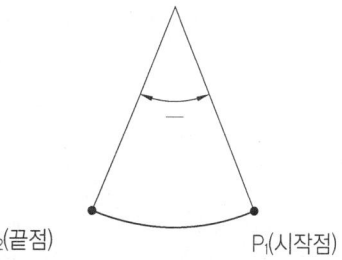

[7] 시작, 끝, 방향(S,E,D)
　시작점에서 끝점까지의 호를 그릴 때 사용하며 각이 180도보다 크거나 작은 호를 그릴 수 있다. 시계방향, 반시계방향으로 호를 그릴 수 있다.

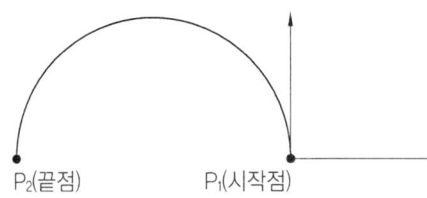

　　명 령 : Arc
　　중심점(C)/〈시작점〉 : P_1　　　　　→ 시작점 지정
　　중심점(C)/끝(E)/〈두번째점〉 : E　　→ 추가명령어 끝점(E) 선택
　　끝점 : P_2　　　　　　　　　　　　→ 끝점 지정
　　각도(A)/방향(D)/반지름(R)/〈중심점〉 : D　→ 추가 명령어 방향(D) 선택
　　시작점에서의 방향 : 90　　　　　　→ 방향

[8] 중심점, 시작, 끝(C,S,E)
중심점에서 시작점을 기준으로 반시계방향의 호 끝을 그린다.

　　명 령 : Arc
　　중심점(C)/〈시작점〉 : C　　　　　→ 추가명령어 중심점(C) 선택
　　중심점(C) : P_1　　　　　　　　　→ 중심점 지정
　　시 작 점 : P_2　　　　　　　　　　→ 시작점 지정
　　각도(A)/현의 길이(L)/〈끝점〉 : P_3　→ 끝점 지정

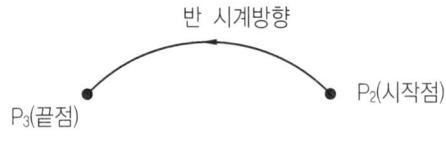

[9] 중심점, 시작, 각도(C,S,A)

    명 령 : Arc
    중심점(C)/〈시작점〉: C   → 추가 명령어 중심점(C) 선택
    중심점(C) : P_1 → 중심점 지정
    시작 점 : P_2 → 시작점 지정
    각도(A)/현의 길이(L)/〈끝점〉: A   → 추가 명령어 각도(A) 선택
    사이각 : 130   → 사이각 입력

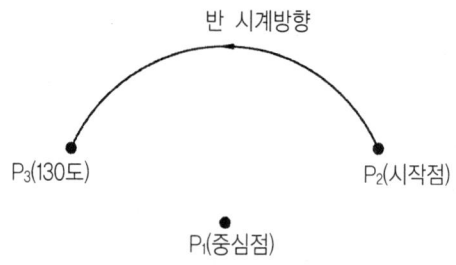

[10] 중심점, 시작, 길이

    명 령 : Arc
    중심점(C)/〈시작점〉: C   → 추가 명령어 중심점(C) 선택
    중심점(C) : P_1 → 중심점 지정
    시작 점 : P_2 → 시작점 지정
    각도(A)/현의 길이(L)/〈끝점〉: L   → 추가 명령어 현의 길이(L) 선택
    현의 길이 : 100   → 현의 길이 입력

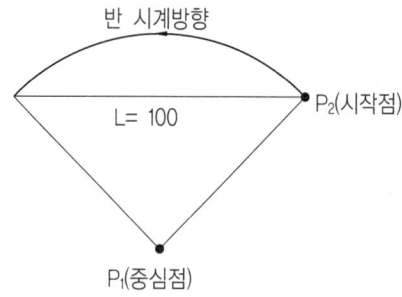

[11] 선이나 호에서 연속하여 그린다.

연속해서 선이나 호의 끝점을 시작점으로 하여 호를 그릴 때 사용하는 방법이다.

　　명 령 : Line
　　시작 점 : 100,100
　　다음 점 : @100〈0
　　다음 점 : enter

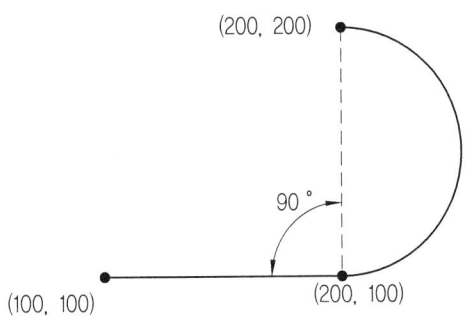

　　명 령 : Arc
　　시심점(C)/〈시작점〉 :　　　　　　　→ 선의 끝점에서 연속 그린다.
　　끝점 : @100〈90

06 >>> 편집

　　AutoCAD에서 어떤 작업을 수행하였거나 수행할 예정이라면 그와 관련하여 그리는 것 이외에 수정을 할 수 있어야 한다. 이 수정에 관련된 명령이 편집이다. 편집에 관련한 명령은 매우 많고 또 사용자에 따라서 사용빈도가 서로 다르지만 이 교재에서는 일반적으로 많이 쓰이는 명령들을 기준으로 설명을 하며 우선적으로 필요한 부분을 실었다.

6.1. 지우고 되살리기

ⓐ Erase
도면에서 선택된 객체를 삭제

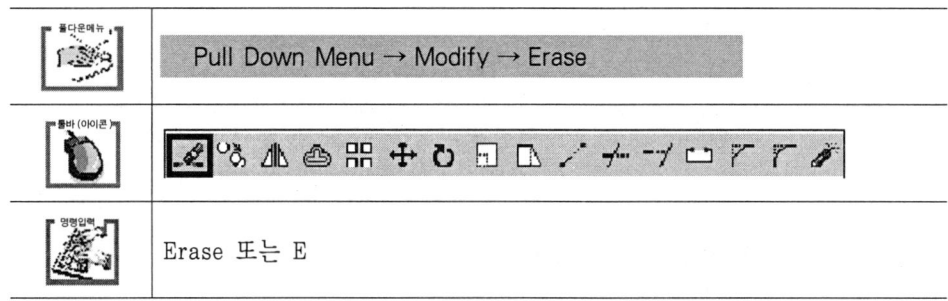

필요 없는 객체나 잘못 그린 도면 요소를 지우는 방법으로 여러 개의 옵션을 이용해서 명령어를 사용할 수 있지만 여기서는 먼저 사용자가 하나의 엔티티를 지정하여 지우는 방법을 익혀보도록 하고 뒤에 가서는 여러 가지 옵션을 같이 이용해 보도록 한다. 또한 복구 명령은 지워진 도면요소를 다시 복구시키는 명령어이다.

【사용 방법】

　　　명 령: ERASE 또는 E
　　　객체선택:　　　　　　→ 지우고자 하는 도면요소 선택.

　　　명 령: OOPS　　　　→ 지운 도면요소를 복구.

객체를 선택할 때는 커서의 모양이 사각형으로 변하는데 크기를 변경하려면 Pickbox를 이용하여 크기를 설정한다.
Redo(R)을 사용하면 지금까지의 명령을 한 단계씩 취소가 가능하다.

6.2. 기존객체 위에 특정점 선택하기

ⓐ OSNAP(Object Snap)
특정점 선택하기

	Tool → Object Snap Settings
	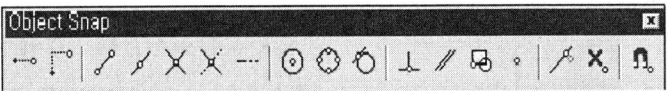
	Command : OSNAP Object snap mode 대화상자가 나타난다. 사각형 박스에 클릭을 하여 "x"를 표시하면 사용할 수 있다. 해제를 할 때는 다시 클릭을 하거나 Clear All를 클릭 하면 된다.

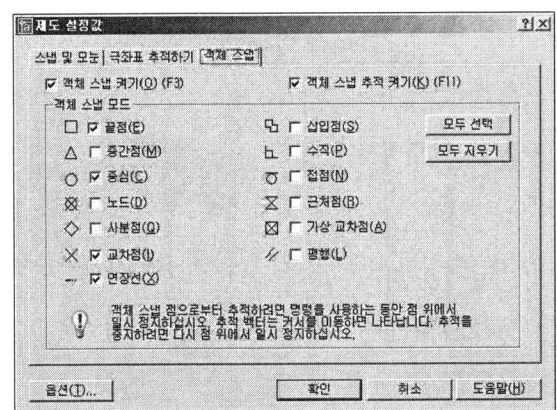

• Object Snap Mode

    ENDPoing : 선, 호의 끝점을 찾아간다.

    MIDpoint : 선, 호의 가운데 점을 찾아간다.

    CENter : 호, 원의 중심점을 찾아간다.

    NODe : point을 찾아간다.

    QUAdrant : 원, 호의 사분점(0, 90, 180, 270)을 찾아간다.

    INTersection : 객체간 서로 교차한 점을 찾아간다.

    INSertion : 문자, 도면에 삽입된 block의 삽입점을 찾아간다.

    PERpendicular : 객체에 대한 수직점을 찾아간다.

    TANgent : 원, 호에 외접하는 점을 찾아간다.

    NEArest : 커서가 클릭하는 위치에서 가장 가까운 점을 찾아간다.

    APParent Intersection : 두 객체가 교차하지는 않지만 먼저 선택한 객체를 가상으로
                                연장하여 두 번째 선택한 도면 요소와의 교차점을 찾아간다.

QUIck : 하나 이상의 Osnap을 표시한다.

NONe : command line에서 설정한 Osnap mode를 해제한다.

ⓐ Clear All

대화상자에서 설정한 Osnap mode를 해제한다.

ⓐ Aperture Size

Osnap Target Box의 크기를 조절한다. 또는 시스템 변수 Aperture를 이용할 수도 있다.

```
command line에서 입력하려면
command : -osnap
Object snap modes : snap mode를 지정
한번에 ","로 구분하여 여러 개를 설정할 수 있다.
예) Object snap modes:endp, mid, cen
```

Object Snap mode는 Osnap명령으로 미리 사용할 기능을 설정할 수도 있지만 점을 지정할 때마다 필요한 기능을 지정하는 방법도 있다.

예) 두 원의 중심점을 선으로 연결한다.

```
command : line
From point : cen      → 원을 선택한다.
                        선택한 원의 중심점에 노란색 표시가 나타난다.
to point : cen        → 원을 선택한다.
```

Shift와 마우스의 오른쪽 버튼을 누르면 Osnap popup menu가오는데 사용할 기능에 클릭을 해도 위와 같은 효과가 있다.

AutoCAD R14부터는 Object snap mode를 지정하면 찾게 될 점을 미리 노란색 표시로 보여준다. 위의 내용을 정리하면 다음과 같다.

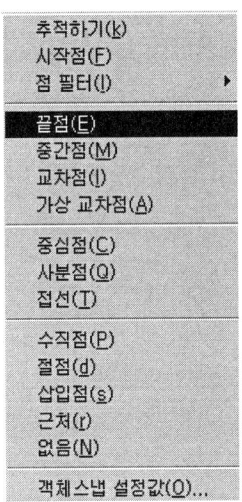

객체 스냅	도구막대	명령행	스냅 위치
끝점		END	객체의 끝점
중간점		MID	객체의 중간점
교차점		INT	객체의 교차점
가상 교차점		APP	객체의 가상 교차점
치수보조선		EXT	객체의 치수보조선 경로
중심점		CEN	원, 호 또는 타원의 중심점
노드		NOD	POINT 명령으로 그려진 점 객체
사분점		QUA	가장 가까운 호, 원 또는 타원의 사분점
삽입점		INS	블록, 쉐이프, 문자, 속성 또는 속성 정의의 삽입점
수직점		PER	수직(법선) 정렬을 이루는 객체 점
평행		PAR	선택된 객체에 평행인 정렬 경로 위의 점
접점		TAN	원 또는 호에서 마지막 점에 연결될 때 객체에 대해 접선을 형성하는 점
근처점		NEA	선택점에 가장 가까운 객체 스냅점
없음		NON	다음 점 선택을 위해 객체 스냅을 끕니다

6.3. 화면 조절하기

ⓐ Zoom

현재화면의 물체를 축소, 확대하여 나타낸다.

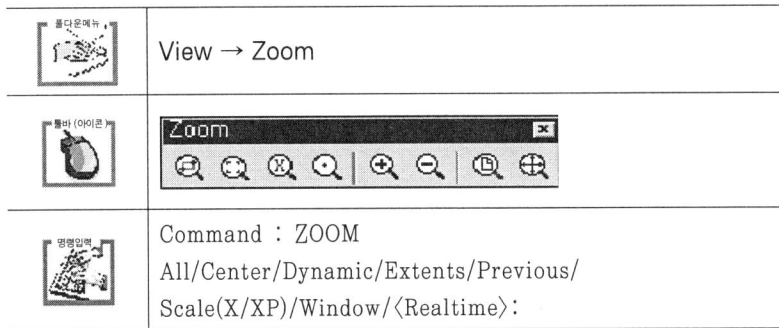

휠 마우스의 경우 휠을 회전시키면 확대 및 축소가 실행된다.

ⓐ All

도면영역 전체를 나타낸다.

ⓐ Center

중심점을 지정하고 바라보는 거리를 지정한다.

중심점은 현재의 화면의 중앙이 되고 거리만큼 확대, 축소한다.

    Center point:
    Magnification or Height 〈current〉:

⦿ Dynamic
Zoom/All과 Pan를 합친 형태이다.
도면의 전체를 보여주고 커서를 사용하여 나타낼 부분을 지정한다.

⦿ Extend
현재화면 안에서 제일 크게 도면 전체를 나타낸다.

⦿ Previews
이전 상태의 화면으로 복귀한다.

⦿ Scale
비율을 지정하여 축소, 확대한다.
비율을 지정하는 방법은 다음과 같다.
숫자만 지정 : 도면영역이 기준되어 축소, 확대한다. 예를 들어 2배 축소를 한다면 0.5
          라고 입력한다.
숫자와 X : 현재화면이 기준되어 축소, 확대한다. 따라서 현재화면에 따라 같은 비율이
         라도 "X"를 지정여부에 따라 다르게 나타난다.
숫자와 XP : 도면공간에서 모델공간의 화면을 축소, 확대하여 나타낸다.

⦿ Window
두개의 대각선 방향의 점을 지정하여 그 부분을 확대한다.

    First corner:
    Other corner:

⦿ Realtime
커서키 돋보기 형태로 바뀐다.
마우스 왼쪽버튼을 누른 상태에서 마우스를 움직이면 화면이 축소, 확대된다.

종료하려면 ESC나 ENTER를 누르거나 마우스의 오른쪽 버튼을 누르면 PopUp Menu 가 나타나는데 Exit를 선택한다.

◉ Pan
현재화면의 초점이동

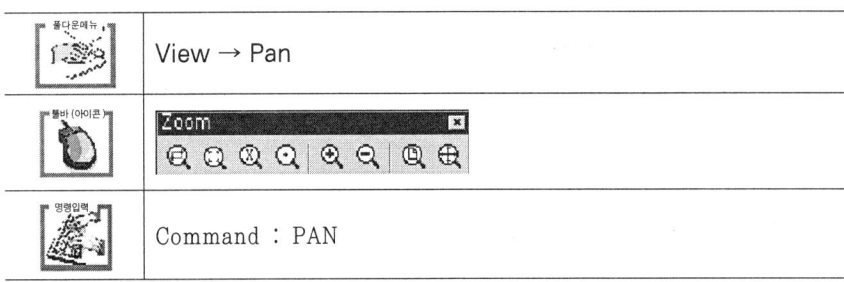

휠 마우스의 휠을 누른 상태에서 이동하면 팬이 실행된다.

현재 화면에 도면의 다른 범위를 볼 수 있다.

Pan명령을 실행하면 커서가 손 모양으로 변하고 마우스의 왼쪽버튼을 누른 상태에서 보려고 하는 부분이 나올 때까지 마우스를 이동한다.

Pan명령을 종료하려면 ESC를 누르거나 Keyborad의 Enter를 누른다. 또는 마우스의 오른쪽 버튼을 누르면 Pop Up Menu가 나타나는데 여기서 Exit를 누른다.

6.4. 도면요소 선택하기

객체를 지우거나 편집할 때 도면요소를 선택하게 된다. 이때부터 화면상의 십자선(Cross hair)은 사라지고 선택박스(Target)라는 조그만 박스가 나타나게 되는데, 이 박스를 이용하여 원하는 도면요소를 선택한다. 선택하는 순간 도면요소는 파선으로 변하여 선택되어진 상태를 보여주고 모두 선택한 다음 enter를 치면 다시 실선으로 변한다. 선택 박스의 크기는 시스템 변수 Pickbox의 명령어와 대화상자를 이용하여 조절한다.

◯ 명 령 : PICKBOX
New value for PICKBOX〈3〉: 10

6.4.1. 도면요소 선택하기

◯ 명 령 : DDSELECT

아래처럼 대화상자가 나타난다.

"Pickbox Size" 항목에서 슬라이더바를 이용하여 크기를 조절한다.

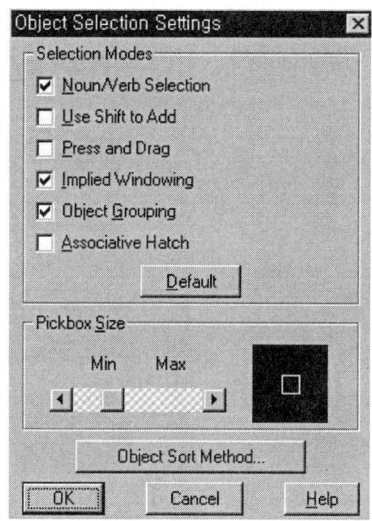

객체를 미리 선택을 하고 지우거나 편집을 할 수 있는데 그럴 경우는 "Select" 명령을 이용하여 선택한다. 이 장에서는 편집명령을 배우지 못했으므로 Select명령을 사용한다.

[1] A POINT

화면상의 원하는 도면요소를 하나씩 선택하는 방법으로 다수의 대상을 선택하고자 할 때는 연속적으로 선택하면 된다.

> **예제 [example]**
>
> **01.** 도면요소를 하나씩 선택한다.
>
> 명 령 : Circle
> 3점(3P)/2점(2P)/두접선과 반지름(T)/〈중심점〉: 100,150
> 지름(D)/〈반지름〉〈10.00〉: 50

◢ 명　령 : Line
　시작 점 : 200,100
　다음 점 : @100〈0
　다음 점 : @100〈90
　다음 점 : @80〈180
　다음 점 : C

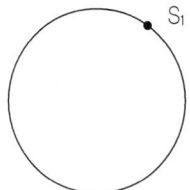
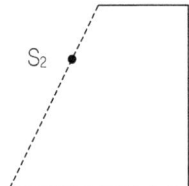

◢ 명　령 : SELECT
　객체선택 : S_1 → 마우스를 이용하여 S_1 선택
　객체선택 : S_2 → 마우스를 이용하여 S_2 선택
　객체선택 :

[2] W(Window)

사각형의 대각선방향의 코너점을 지정하여 범위 안에 완전히 포함된 도면요소만 선택된다.

예제 example

02. Window 명령을 이용한 선택

◢ 명　령 : SELECT
　객체선택 : W　　　　→ Window 영역 명령
　첫번째 구석 : P_1
　두번째 구석 : P_2
　객체선택 : enter

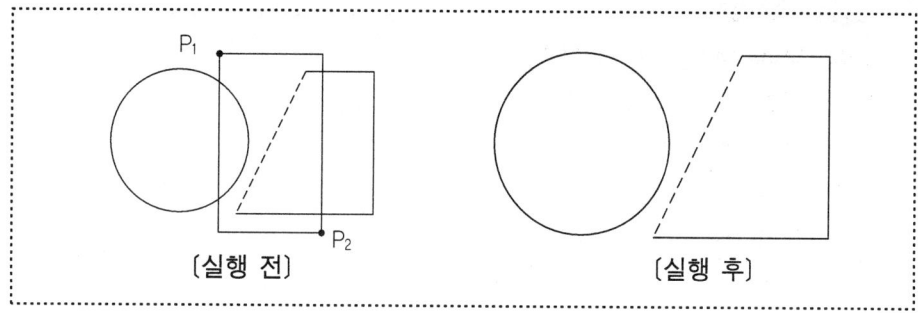

[3] C(Crossing)

"Window"와 같이 두개의 코너를 지정하고 사각형에 교차된 도면요소는 모두 선택한다.

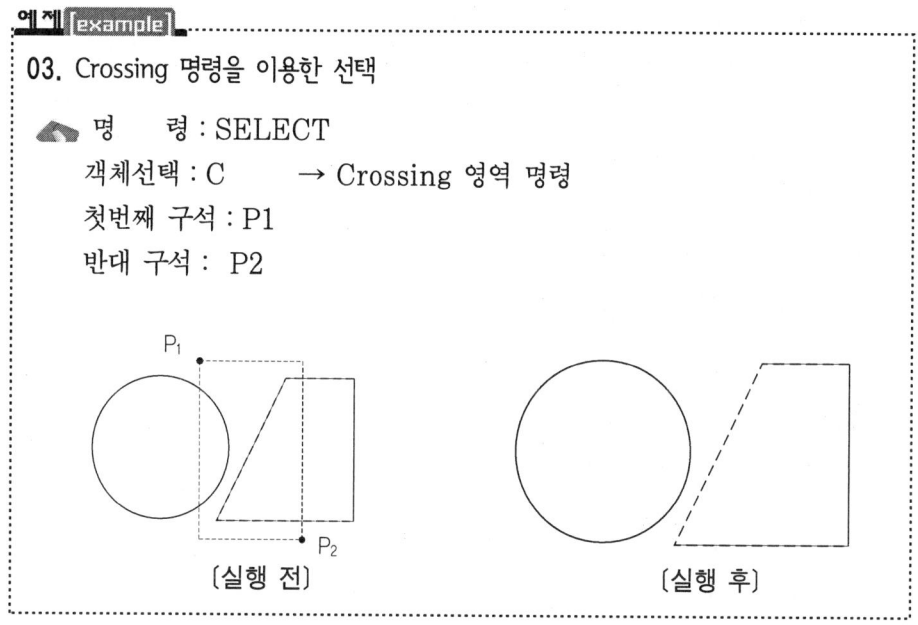

[4] U(Undo), L(Last), P(Previous)
(1) U(Undo)

선택된 도면요소가 역순으로 취소된다.

> **예제 [example]**
> 04. Undo 명령을 이용한 선택
> 　명　령 : SELECT
> 　객체선택 : S_1
> 　객체선택 : S_2
> 　객체선택 : S_3
> 　객체선택 : U
> 　객체선택 : enter

(2) L(Last)

마지막으로 그린 하나의 도면요소만을 선택한다.

> **예제 [example]**
> 05. Last 명령을 이용한 선택
> 　명　령 : SELECT
> 　객체선택 : L
> 　객체선택 : enter

(3) P(Previous)

마지막 편집명령에서 선택했던 객체를 다시 선택한다.

> **예제 [example]**
> 06. Previous 명령을 이용한 선택
> 　명　령 : SELECT
> 　객체선택 : P　　　　→ 앞에서 선택된 전체 그룹 다시 사용
> 　객체선택 : enter
>
>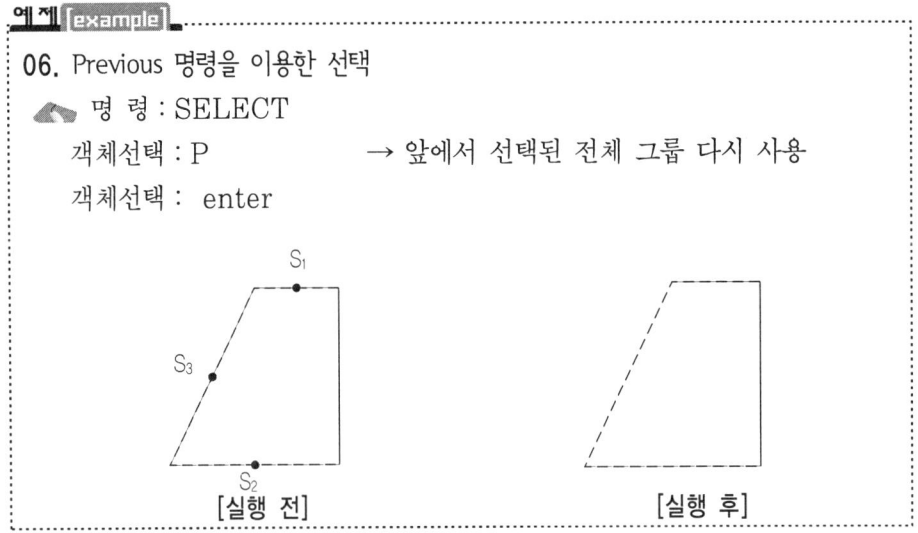
> [실행 전]　　　　　[실행 후]

[5] R(Remove)

임의의 도면요소를 여러 개 선택한 다음 그 중에 몇 개의 선택을 포기하고자 할 때 "객체제거"로 바꾸어 사용한다.

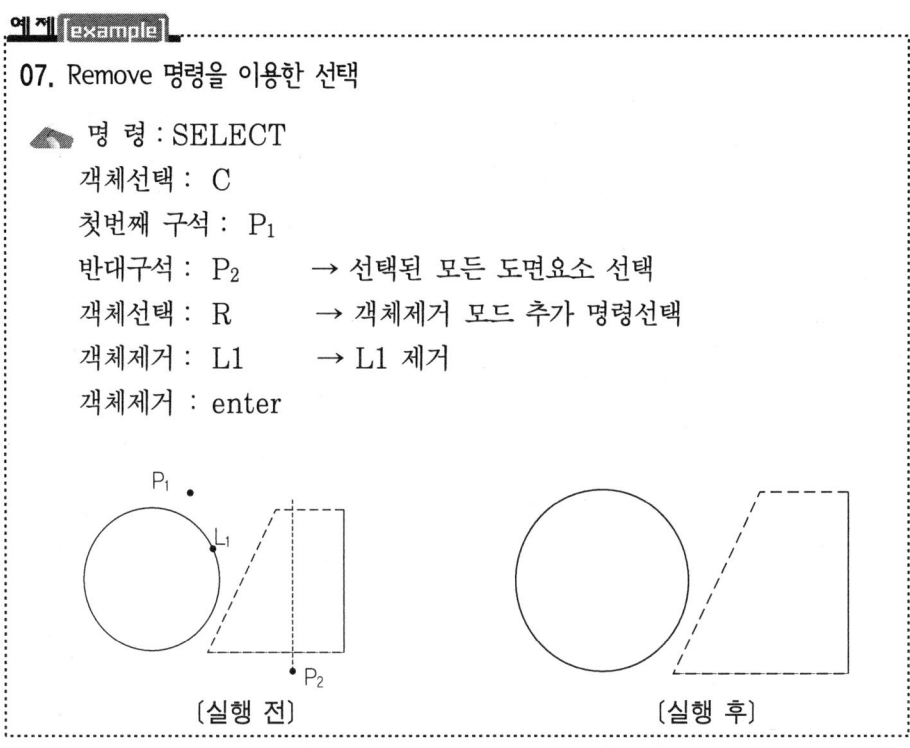

07. Remove 명령을 이용한 선택

명 령 : SELECT
객체선택 : C
첫번째 구석 : P_1
반대구석 : P_2 → 선택된 모든 도면요소 선택
객체선택 : R   → 객체제거 모드 추가 명령선택
객체제거 : L1   → L1 제거
객체제거 : enter

〔실행 전〕   〔실행 후〕

[6] A(Add)

Remove 이후 다시 선택모드(Add mode)로 바꾸어 선택할 수 있게 해준다.

08. Add 명령을 이용한 선택

명 령 : SELECT
객체선택 : S_1, S_2, S_3선택   → 세 개 도면 요소 선택
객체선택 : R   → 객체 제거 선택
객체제거 : L_1 → L_1 제거
객체제거 : A   → 선택 모드 선택
객체선택 : C1   → C_1 객체 선택

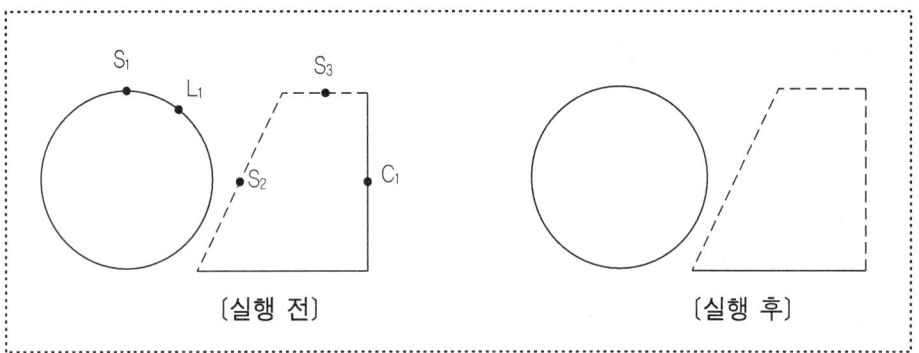

[7] BOX

"Window"와 "Crossing" 명령어 두 가지를 모두 이용할 수 있도록 지원하는데, 이 두 가지의 구분은 마우스를 이용하여 첫번째 지점을 지정한 뒤 우측은 Window, 좌측은 Crossing으로 작동된다.

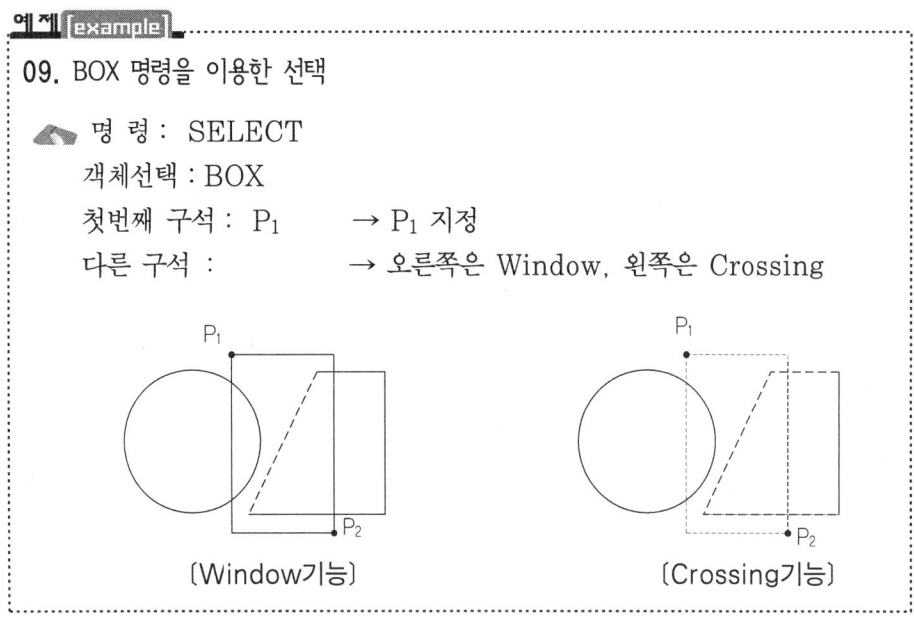

[8] AUTO, SI(SIngle)

(1) AUTO

하나의 요소를 선택하면 A point에 의한 방법이고, 선택이 되지 않으면 자동으로 BOX 형태로 선택된다.

(2) SI(SIngle)

지금까지는 여러 번의 선택작업을 한 후 엔터를 눌러야만 작업이 완료되었으나, 이 명령어는 한번의 선택이 완료되면 바로 도면요소 선택작업을 마친다.

예제 [example]

10. SIngle 명령을 이용한 선택

명 령 : SELECT
객체선택 : SI
객체선택 :   → 도면요소를 선택한다.
1 Selected, 1 found   → 원 하나만을 선택한 뒤 작업을 마친다.

[9] WP(Wpolygon)

이 명령은 Window와 비슷하지만 선택 영역 안에 그 경계를 정의하여 다각형 비슷한 대상으로 선택한다.

예제 [example]

11. Wpolygon 명령을 이용한 선택

명 령 : SELECT
객체선택 : WP
첫번째 다각형 점 : P_1
명령취소(U)/〈선의 끝점〉: P_2
명령취소(U)/〈선의 끝점〉: P_3
명령취소(U)/〈선의 끝점〉: P_4
명령취소(U)/〈선의 끝점〉: P_5
명령취소(U)/〈선의 끝점〉:
객체선택 : enter

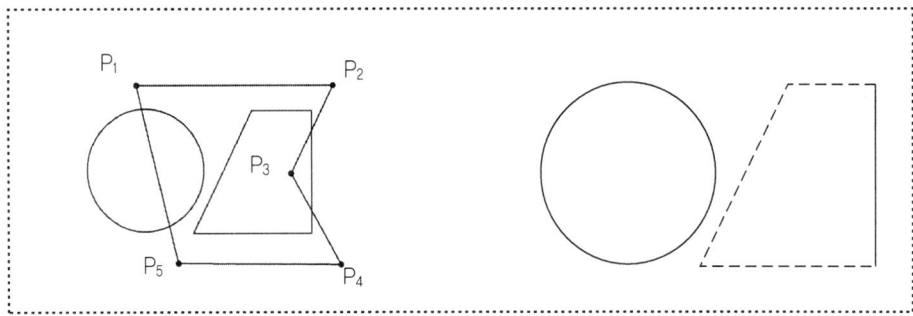

[10] CP(Cpolygon)

이 명령은 선택 다각형 안에 든 대상을 모두 선택할 수 있는데 Crossing 및 Wpolygon 모드와 비슷하다.

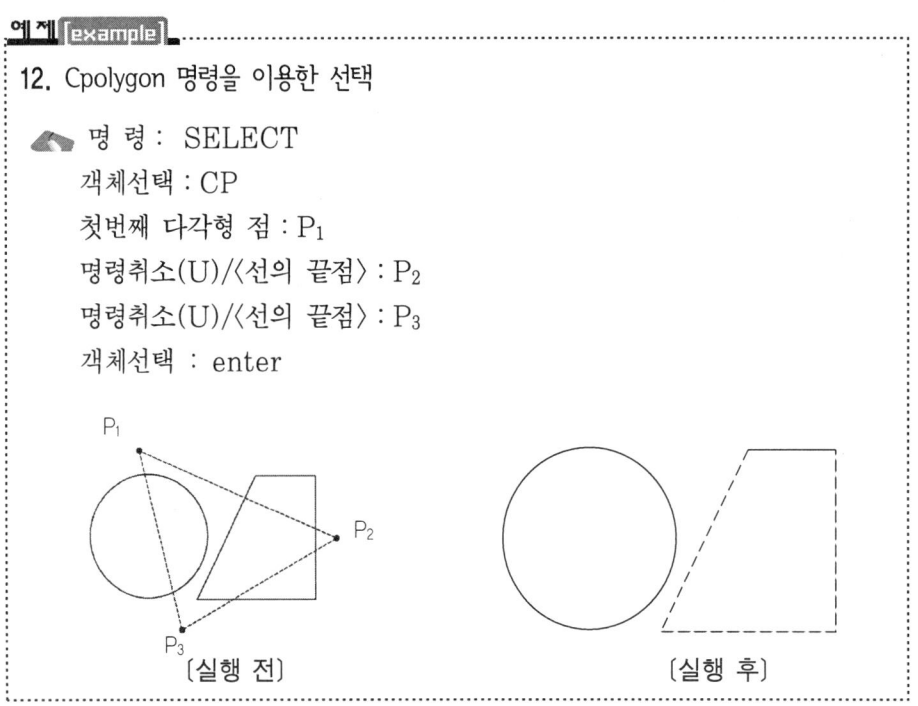

예제 [example]

12. Cpolygon 명령을 이용한 선택

  명 령 : SELECT
  객체선택 : CP
  첫번째 다각형 점 : P_1
  명령취소(U)/〈선의 끝점〉: P_2
  명령취소(U)/〈선의 끝점〉: P_3
  객체선택 : enter

〔실행 전〕   〔실행 후〕

[11] F(Fence)

이 명령은 선택 다각형의 마지막 세그먼트를 닫지 않는 것을 제외하고는 Cpolygon 명령과 비슷하다. 선택방법은 교차하거나 걸치는 대상만을 선택한다.

예제 [example]

13. Fence 명령을 이용한 선택

명 령 : SELECT
객체선택 : F
첫번째 다각형 점 : P_1
명령취소(U)/〈선의 끝점〉: P_2
명령취소(U)/〈선의 끝점〉: P_3
명령취소(U)/〈선의 끝점〉: P_4
객체선택 :
교차된 대상 모두가 선택된다.

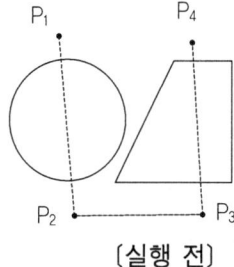
〔실행 전〕

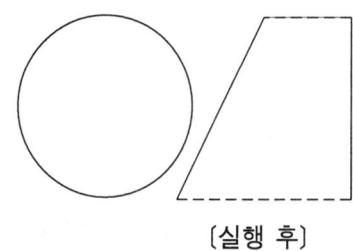
〔실행 후〕

6.4.2. 시스템 변수

[1] PICKADD

차례로 도면을 선택해 나가면 앞의 선택은 제거되고 마지막 선택만 남는다.

(0) : 마지막 선택만 남는다. 〈Shift〉로 추가 기능

(1) : 모든 선택을 포함한다. 〈Shift〉로 제거 기능

[2] PICKAUTO

선택지점을 첫 번째 지정으로 간주하고 BOX형태가 지정된다.

(0) : 선택할 때 Window, Cross 모드

(1) : 선택 모드

[3] PICKDRG

마우스를 이용하여 Window, Crossing Box를 만든다.

(0) : Window, Crossing을 이용하여 Box를 만든다.

(1) : 마우스를 이용하여 Box를 만든다.

07 >>> 편집

7.1. 다각형 그리기

ⓐ Rectang

사각형 그리기

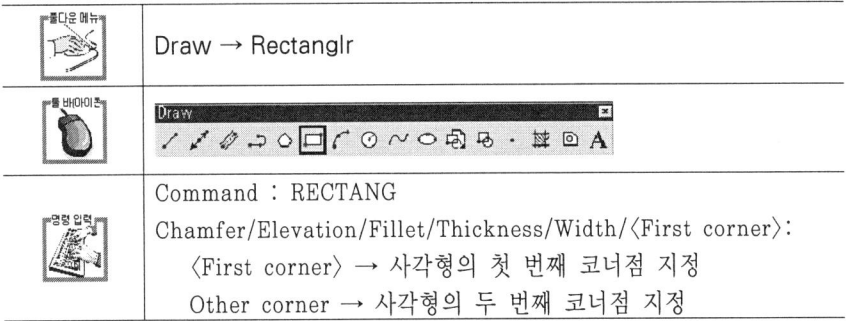

풀다운 메뉴	Draw → Rectanglr
툴 바아이콘	Draw 툴바
명령 입력	Command : RECTANG Chamfer/Elevation/Fillet/Thickness/Width/〈First corner〉: 　〈First corner〉 → 사각형의 첫 번째 코너점 지정 　Other corner → 사각형의 두 번째 코너점 지정

ⓐ Chamfer

모따기가 된 사각형 폴리선을 그린다.

```
First chamfer distance for rectangles 〈current〉 : → 첫 번째 길이
Second chamfer distance for rectangles 〈current〉: → 두 번째 길이
```

```
Elevation
    Elevation for rectangles 〈current〉:      → 평면의 높이 지정
```

ⓐ Fillet

모서리가 라운딩된 사각형 폴리선을 그린다.

Fillet radius for rectangles 〈current〉: → 반지름 지정

▲ Thickness
Z축으로 두께를 갖는 사각형 폴리선을 그린다.

Thickness for rectangles 〈current〉:　→ 두께 지정

▲ Width
사각형 폴리선에 폭을 지정한다.

Width for rectangles 〈current〉:　→ 폭 지정

▲ Polygon
3~1024까지 다각형을 그린다.

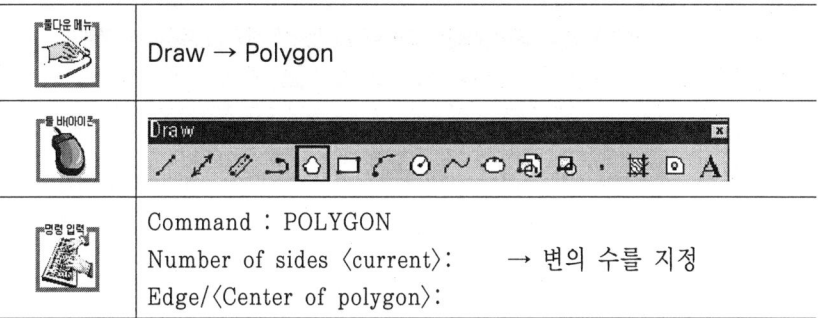

[Center of polygon]
다각형의 중심점을 지정한다.

Inscribed in circle/Circumscribed about circle (I/C) 〈current〉:
〈I〉: 중심점에서 다각형의 꼭지점과의 거리가 반지름이 된다.
〈C〉: 중심점에서 다각형의 선분 중간점까지의 거리가 반지름이 된다
Radius of circle:　　→ 다각형의 반지름 입력

[Edge]

> First endpoint of edge: → 선분의 한 끝점을 지정
> Second endpoint of edge: → 선분의 나머지 끝점을 지정

선분의 양끝 점을 지정하여 두 점 사이 거리와 진행방향으로 다각형을 그린다.

7.2. 타원과 도넛 그리기

ⓐ Ellipse
타원을 그린다.

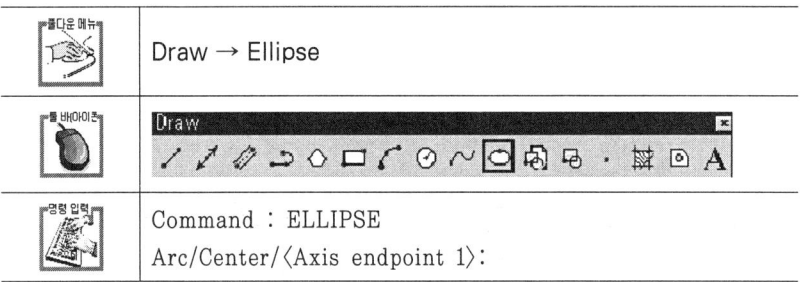

ⓐ Center
타원의 중심점 입력한다.

ⓐ Axis endpoint
타원의 첫 번째 두 번째 축을 지정한다.

ⓐ Other axis distance
앞에서 지정한 축을 중심으로 다른 축의 거리값 입력

ⓐ Rotation
앞에서 지정한 축을 중심으로 작성할 타원의 회전각도 입력(각도는 0도에서 89.4 사이 값을 입력한다)

> 〈Axis endpoint 1〉:   → 축의 끝점 지정

                Axis endpoint 2 :   → 축의 끝점 지정
                〈Other axis distance〉/Rotation : → 앞서 지정된 축을 기준으로 다른 축의 길
                                                 이 지정
    Center
        Center of ellipse: → 타원의 중심 입력
        Axis endpoint:
        〈Other axis distance〉/Rotation:
    Arc
         〈Axis endpoint 1〉/Center:
        Axis endpoint 2:
        〈Other axis distance〉/Rotation:
        Parameter/〈start angle〉:   → 타원형 호의 시작점 지정
        Parameter/Included/〈end angle〉: → 타원형 호의 끝점 지정

    Snap명령의 Style이 Isometric 상태일 때의 Ellipse
    Arc/Center/Isocircle/〈Axis endpoint 1〉:
        Isocircle : 등각투상에서 지정하는 크기의 원을 작성한다.
            Center of circle: → 중심점 입력
            〈Circle radius〉/Diameter: → 지름 또는 반지름지정

ⓐ Donut
두께를 가지는 원 또는 채워진 원을 그린다.

풀다운 메뉴	Draw → Donut
툴 바아이콘	Draw [toolbar]
명령 입력	Command : DONUT Inside diameter 〈current〉: → 안쪽 원의 지름 지정 　안쪽 원의 지름이 0일때는 채원진 원이 그려진다. Outside diameter 〈current〉: → 바깥쪽 원의 지름 지정 　안지름과 바깥지름이 동일하면 두께가 없는 원이 그려진다. Center of doughnut: → 삽입될 위치 지정

Fillmode를 〈0〉으로 설정하면 다각형의 내부가 빈 상태로 나타난다.
Fillmode의 설정값을 변경하면 반드시 Regen를 해야 객체들이 갱신된다.

7.3. 곡선 그리기

◉ Spline

2차원, 3차원의 스플란인 곡선을 그린다.

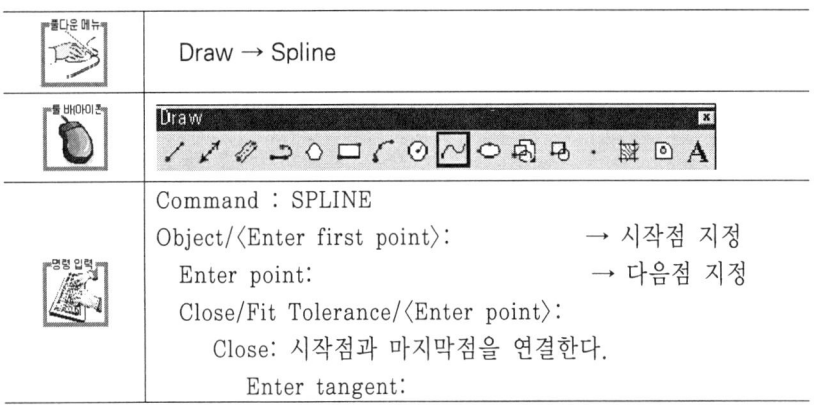

◉ Fit Tolerance

현 스플라인 곡선의 맞춤 공자를 변경한다.

    Enter Fit tolerance 〈current〉:

◉ Object

2D, 3D 맞춤 폴리선을 스플라인으로 전화시킨다.

◉ Splinedit

스플란인 곡선을 수정, 편집

	Modify → Object → Spline	
	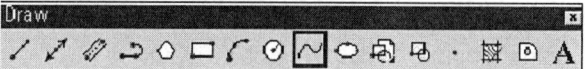	
	Command : SPLINEDIT Select spline: Fit Data/Close/Move Vertex/Refine/rEverse/Undo/eXit ⟨X⟩:	

[Fit Data]

    Add/Close/Delete/Move/Purge/Tangents/toLerance/eXit⟨X⟩:
        Add : 맞춤점을 스플라인에 추가한다.
        Close : 열려있는 스플라인은 닫는다.
        Delete : 스플라인에서 맞춤점을 삭제한다.
        Move : 맞춤점을 새로운 위치로 이동한다.
        Purge : 스플라인의 맞춤 데이터를 도면 데이터베이스에서 제거한다.
        Tangents : 스플라인의 시작점과 끝점 선을 편집한다.
        toLerance : 새로운 공차값을 사용하여 스플라인을 기존 점들에 다시 맞춘다.
        eXit : 현 기능을 종료한다.

◉ Close

시작점과 끝점을 연결한다.

◉ Move Vertex

스플라인의 조정점을 이동시킨다.

    Next/Previous/Select Point/eXit/Enter new location⟨N⟩:
        Next : 다음 점으로 이동한다.
        Previous : 이전 점으로 이동한다.
        Select Point : 점을 선택한다.
        eXit : 현 기능을 종료한다.
        Enter new location : 선택된 점을 새 위치로 이동시킨다.

🔺 Refine

스플라인의 점을 재설정하여 추가한다.

> Add control point/Elevate Order/Weight/eXit⟨X⟩:
>   Add control point : 점의 수를 추가한다.
>   Elevate Order : 스플라인의 치수를 증가시킨다.
>   Weight : 스플라인과 주어진 조정점 사이의 거리를 변경한다.
>   eXit : 현 기능을 종료한다.
>   rEverse : 스플라인의 방향을 전환한다.
>   Undo : 마지막 실행을 취소한다.
>   eXit : Splinedit명령을 종료한다.

7.4. 직선과 곡선을 동시에 그리기

🔺 POLYLINE

도면요소 중의 하나로 단일요소의 선 및 호를 그릴 때 사용

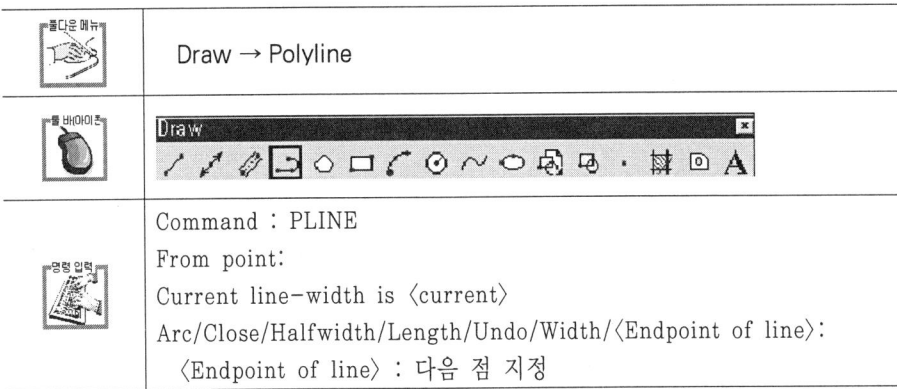

풀다운 메뉴	Draw → Polyline
툴 바아이콘	Draw [툴바 이미지]
명령 입력	Command : PLINE From point: Current line-width is ⟨current⟩ Arc/Close/Halfwidth/Length/Undo/Width/⟨Endpoint of line⟩: ⟨Endpoint of line⟩ : 다음 점 지정

Pline 단일 명령에서 선과 호를 그릴 수 있다. 또한 폭을 주거나 변경이 가능하다.
명령어 종료하기 전까지 작업한 객체는 개별요소가 아닌 서로 연결되어 있는 단일 요소이다.

🔺 Arc

호를 그릴 수 있도록 Line기능에서 Arc기능으로 전환한다.

Angle/CEnter/CLose/Direction/Halfwidth/Line/Radius/Second pt/Undo/Width/〈Endpoint of arc〉:

▲ Close
시작점과 마지막 점을 연결하고 종료한다.

▲ Halfwidth
폴리선의 반폭을 지정한다.

Starting half-width 〈current〉:   → 시작부분의 두께
Ending half-width 〈current〉:   → 끝부분의 두께

▲ Length
마지막에 그려진 선분의 진행방향으로 지정된 길이만큼 폴리선을 그린다.

Length of line :   → 연장할 길이 지정

▲ Undo
전 단계 실행을 한 단계씩 취소한다.

▲ Width
폴리선의 폭을 지정한다.

Starting width 〈current〉:
Ending width 〈current〉:

[1] LINE모드
① 호(Arc) : 호(Arc)모드로 전환한다.
② 닫기(Close) : 시작점과 끝점을 연결해 준다.
③ 반폭(Halfwidth) : 선의 반 두께를 지정한다.
④ 길이(Length) : 선의 길이를 지정한다.
⑤ 명령취소(Undo) : 마지막에 그려진 도면요소를 지운다.
⑥ 폭(Width) : 선의 두께를 지정한다.

[2] ARC모드

① 각도(A) : 내접한 각을 지정한다.

② 중심(C) : 중심점을 지정한다.

③ 닫기(C) : 끝점과 시작점을 연결하여 닫는다.

④ 방향(D) : 시작점의 방향을 지정한다.

⑤ 선(L) : 호 모드에서 선 모드로 전환 또는 현의 길이를 지정한다.

⑥ 반지름(R) : 반경을 지정한다.

⑦ 두번째점(SP) : 세 점을 지정할 때 두번째 Arc점을 지정한다.

⑧ 명령취소(U) : 마지막에 그려진 선분을 취소한다.

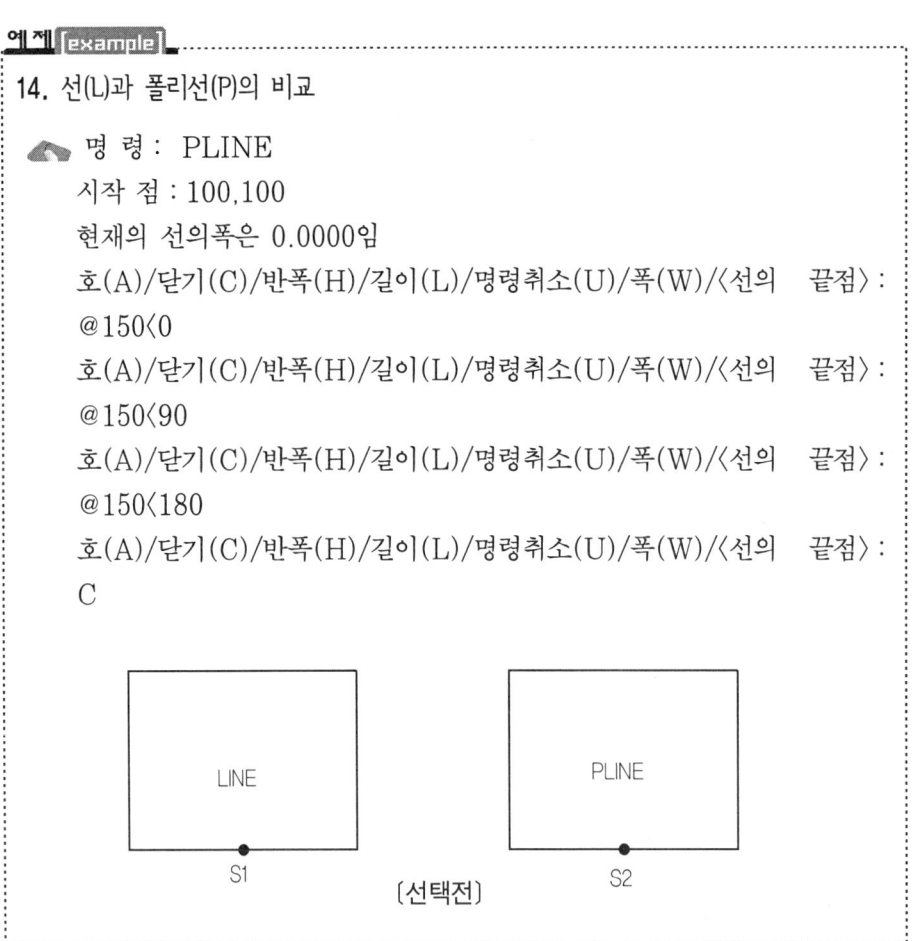

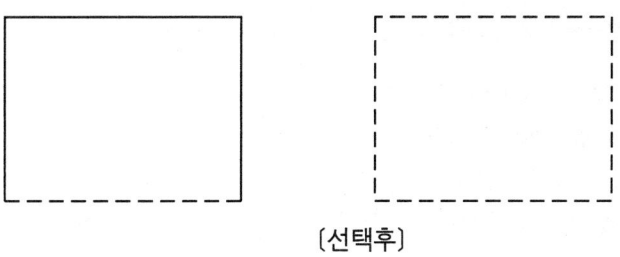

〔선택후〕

15. 앞으로 그리게 될 Pline의 반쪽 두께를 지정한다.

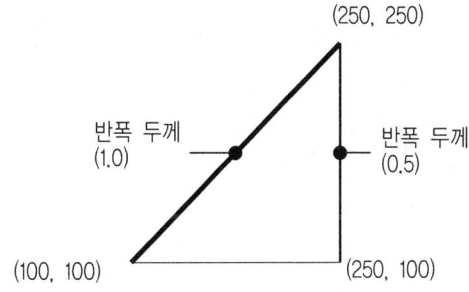

명 령 : PLINE
시작 점 : 100,100
현재의 선의 폭은 0.0000임
호(A)/닫기(C)/반폭(H)/길이(L)/명령취소(U)/폭(W)/〈선의 끝점〉: @150〈0
호(A)/닫기(C)/반폭(H)/길이(L)/명령취소(U)/폭(W)/〈선의 끝점〉: H
시작반폭 〈0.0000〉: 0.5
끝 반폭〈0.5000〉:
호(A)/닫기(C)/반폭(H)/길이(L)/명령취소(U)/폭(W)/〈선의 끝점〉: @150〈90
호(A)/닫기(C)/반폭(H)/길이(L)/명령취소(U)/폭(W)/〈선의 끝점〉: H
시작반폭 〈0.5000〉: 1
끝 반폭〈1.0000〉:
호(A)/닫기(C)/반폭(H)/길이(L)/
명령취소(U)/폭(W)/〈선의 끝점〉: C

16. 폴리선 전체 두께를 지정한다.

명 령 : PLINE
시작 점 : 300,100
현재의 선의폭은 0.0000임
호(A)/닫기(C)/반폭(H)/길이(L)/명령취소(U)/폭(W)/〈선의 끝점〉 : W
시작폭 〈0.0000〉 : 0.5
끝 폭〈0.5000〉 : 0.5
호(A)/닫기(C)/반폭(H)/길이(L)/명령취소(U)/폭(W)/〈선의 끝점〉 : @100〈0
호(A)/닫기(C)/반폭(H)/길이(L)/명령취소(U)/폭(W)/〈선의 끝점〉 : W
시작반폭 〈0.5000〉 : 1
끝 반폭〈1.0000〉 :
호(A)/닫기(C)/반폭(H)/길이(L)/명령취소(U)/폭(W)/〈선의 끝점〉 : @100〈90
호(A)/닫기(C)/반폭(H)/길이(L)/명령취소(U)/폭(W)/〈선의 끝점〉 : C

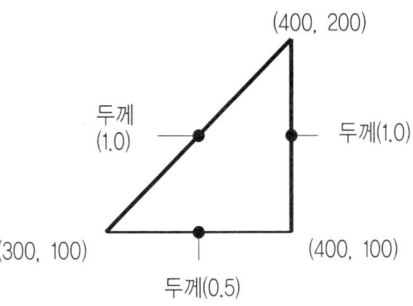

17. 이전에 지정한 각도와 같은 크기로 지정한 길이만큼 선을 그린다. 만약, 이전에 도형이 호일 경우에는 호에 한 선을 그린다.

명 령 : PLINE
시작 점 : 100,100
현재의 선의폭은 0.0000임

```
호(A)/닫기(C)/반폭(H)/길이(L)/명령취소(U)/폭(W)/〈선의  끝점〉:
@100〈0
호(A)/닫기(C)/반폭(H)/길이(L)/명령취소(U)/폭(W)/〈선의  끝점〉:
@100〈90
호(A)/닫기(C)/반폭(H)/길이(L)/명령취소(U)/폭(W)/〈선의 끝점〉: L
선의 길이 : 30
호(A)/닫기(C)/반폭(H)/길이(L)/명령취소(U)/폭(W)/〈선의  끝점〉:
C
```

(100, 100)   @100〈0   @100〈90   30

호(Arc) 모드

폴리라인 명령에서 직선 모드를 호(Arc) 모드로 전환시킨다.

예제 [example]

18. Arc 모드 전환

```
명 령 : PLINE
시작 점 :                              → 폴리선 시작점 지정
현재의 선의 폭은 0.0000임              → 현재 폴리선 두께값 표시
호(A)/닫기(C)/반폭(H)/길이(L)/명령취소(U)/폭(W)/〈선의  끝점〉:
  A                                   → 라인모드에서 호 모드로 전환
각도(A)/중심점(CE)/닫기(CL)/방향(D)/반폭(H)/선(L)/반지름(R)/
두번째점(S)/명령취소(U)/폭(W)/〈호의 끝점〉:  → 호의 추가 명령어
```

⊙ PEDIT
폴리선을 편집

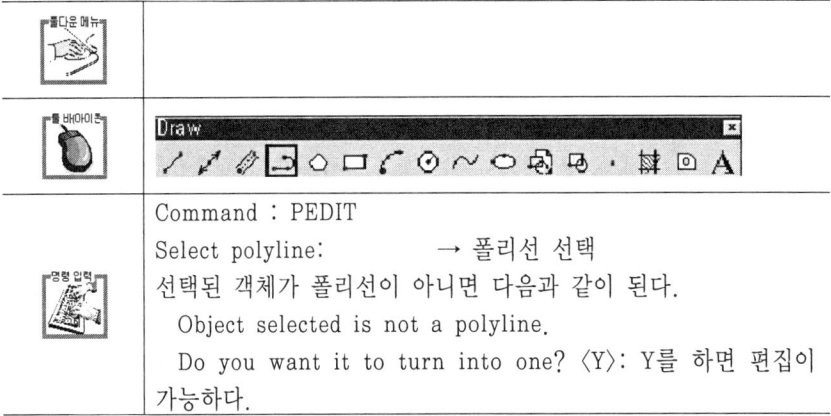

Close/Join/Width/Edit vertex/Fit/Spline/Decurve/Ltype gen/Undo/eXit〈X〉
    Close : 열린 폴리선을 닫는다(닫힌 폴리선은 반대로 연다).
    Join : 서로 연결된 폴리선, Line, Arc를 단일 도면요소를 결합한다.
    Width : 폴리선 전체의 폭을 조정한다.
    Edit vertex 정점 편집 기능이다.

Next/Previous/Break/Insert/Move/Regen/Straighten/Tangent/Width/eXit
    Next : 현재의 정점위치를 다음 정점을 이동한다.
    Previous : 현재의 정점위치에서 이전 정점으로 이동한다.
    Break : 현재의 정점에서 지정된 정점까지 삭제한다.

Next/Previous/Go/eXit〈N〉:
    Next : 다음 정점으로 이동
    Previous : 이전 정점으로 이동
    Go : 이동한 정점까지 부분삭제
    eXit : Edit vertext상태로 빠져나간다.

⊙ Insert
정점을 추가한다.

🔺 Move

현 정점을 이동한다.

🔺 Regen

Width기능으로 지정한 폭으로 폴리선을 갱신한다.

🔺 Straighten

현 정점에서 지정된 정점까지 직선화한다.

> Next/Previous/Go/eXit〈N〉:
> 　　Next : 다음 정점으로 이동
> 　　Previous : 이전 정점으로 이동
> 　　Go : 이동한 정점까지 직선화한다.
> 　　eXit: Edit vertext상태로 빠져나간다.

🔺 Tangent

현 정점으로부터 곡선 방향을 알려준다.

🔺 Width

현 정점에서 다음 정점사이 구간의 폭을 조정한다.

🔺 eXit

Edit vertex 상태를 종료한다.

🔺 Fit

폴리선의 각 정점을 안쪽으로 지나는 곡선으로 변경한다.

🔺 Spline

폴리선의 선분에 접하는 곡으로 변경한다.

🔺 Decurve

곡선화된 폴리선을 직선으로 복구한다.

🔺 Ltype gen

폴리선의 정점을 기준으로 한 Linetype을 재정의 한다.

◉ Undo

전 단계의 실행을 취소한다.

◉ eXit

명령을 종료한다.

예제 [example]

19. 폴리선을 편집한다.

〔1〕 폴리선을 이용하여 도면을 그린다.

　　명 령 : PLINE
　　시작 점 : 150,200
　　현재의 선의폭은 0.0000임
　　호(A)/닫기(C)/반폭(H)/길이(L)/명령취소(U)/폭(W)/〈선의 끝점〉:
　　@100〈-90
　　호(A)/닫기(C)/반폭(H)/길이(L)/명령취소(U)/폭(W)/〈선의 끝점〉:
　　@100〈-45
　　호(A)/닫기(C)/반폭(H)/길이(L)/명령취소(U)/폭(W)/〈선의 끝점〉:
　　@100〈45
　　호(A)/닫기(C)/반폭(H)/길이(L)/명령취소(U)/폭(W)/〈선의 끝점〉:
　　@100〈90
　　호(A)/닫기(C)/반폭(H)/길이(L)/명령취소(U)/폭(W)/〈선의 끝점〉:

〔2〕 폴리선을 편집한다.

　　명 령 : PLINE
　　폴리선 선택 : S1
　　　→ 폴리선으로 그린 도면(S1)을 선택한다.

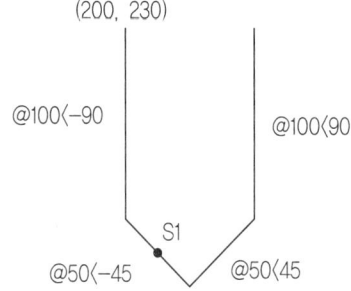

폴리선을 편집한다.

닫기(C)　　　　　　　　열기(O)

〔3〕 열린 도면을 닫아준다.
　　닫기(C)/결합(J)/폭(W)/정점편집(E)/맞춤(F)/스프라인(S)/직선화(D)/선종류 적용(L)/명령취소(U)/나가기(X) 〈X〉: C

〔4〕 닫힌 도면을 열어준다.
　　열기(o)/결합(J)/폭(W)/정점편집(E)/맞춤(F)/스프라인(S)/직선화(D)/선종류 적용(L)/명령취소(U)/나가기(X) 〈X〉: O

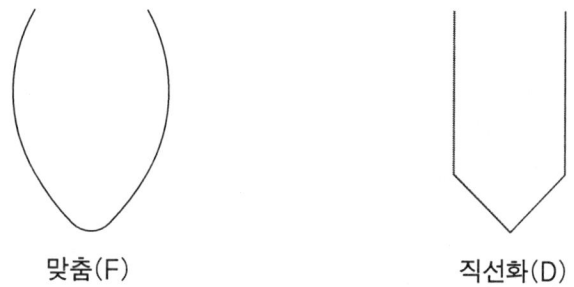

맞춤(F)　　　　　　　　직선화(D)

〔5〕 접선방향으로 폴리선의 모든 정점에 매끈한 곡선을 그린다.
　　닫기(C)/결합(J)/폭(W)/정점편집(E)/맞춤(F)/스프라인(S)/직선화(D)/선종류 적용(L)/명령취소(U)/나가기(X) 〈X〉: F

〔6〕 조작된 정점을 제거하고 폴리선의 도면요소를 직선으로 한다.
　　닫기(C)/결합(J)/폭(W)/정점편집(E)/맞춤(F)/스프라인(S)/직선화(D)/선종류 적용(L)/명령취소(U)/나가기(X) 〈X〉: D

스플라인(S)   직선화(D)

[7] 폴리선의 첫점과 끝점을 기준으로 곡선을 그린다.
   닫기(C)/결합(J)/폭(W)/정점편집(E)/맞춤(F)/스플라인(S)/직선화(D)/선종류 적용(L)/명령취소(U)/나가기(X) 〈X〉: S

[8] 조작된 정점을 제거하고 폴리선의 요소를 직선으로 만든다.
   닫기(C)/결합(J)/폭(W)/정점편집(E)/맞춤(F)/스플라인(S)/직선화(D)/선종류 적용(L)/명령취소(U)/나가기(X) 〈X〉: D

전체두께: 0.5   전체두께 : 0

[9] 폴리선의 두께를 처음부터 끝까지 지정한다.
   닫기(C)/결합(J)/폭(W)/정점편집(E)/맞춤(F)/스플라인(S)/직선화(D)/선종류 적용(L)/명령취소(U)/나가기(X) 〈X〉: W
   전체 세그먼트에 대한 새로운 폭 입력 : 0.5
   닫기(C)/결합(J)/폭(W)/정점편집(E)/맞춤(F)/스플라인(S)/직선화(D)/선종류 적용(L)/명령취소(U)/나가기(X) 〈X〉: W
   전체 세그먼트에 대한 새로운 폭 입력 : 0

[10] PEDIT 명령을 빠져나간다.
　　닫기(C)/결합(J)/폭(W)/정점편집(E)/맞춤(F)/스프라인(S)/직선화(D)/선종류 적용(L)/명령취소(U)/나가기(X) 〈X〉: X

20. 폴리선의 장점을 편집한다.

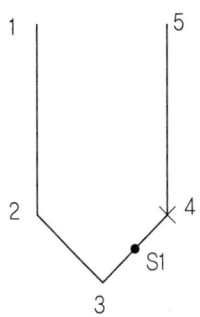

[1] 폴리선을 선택한다.

　명 령: PLINE
　폴리선 선택 : S1 앞에서 연습한 폴리선(S1)을 선택한다.

[2] 폴리선 안의 정점 편집을 지정한다.
　　닫기(C)/결합(J)/폭(W)/정점편집(E)/맞춤(F)/스프라인(S)/직선화(D)/선종류 적용(L)/명령취소(U)/나가기(X) 〈X〉: E

[3] X마크가 맨 앞부분 [1]에 있는데 앞으로 [4]번까지 나간다.
　　다음(N0/이전(P)/끊기(B)/삽입(I)/이동(M)/재생성(R)/정돈(S)/접선(T)/폭(W)/나가기(X) 〈N〉:
　　다음(N0/이전(P)/끊기(B)/삽입(I)/이동(M)/재생성(R)/정돈(S)/접선(T)/폭(W)/나가기(X) 〈N〉:
　　다음(N0/이전(P)/끊기(B)/삽입(I)/이동(M)/재생성(R)/정돈(S)/접선(T)/폭(W)/나가기(X) 〈N〉:

[4] X 마크를 뒤로 [2]번까지 후진한다.
　　다음(N0/이전(P)/끊기(B)/삽입(I)/이동(M)/재생성(R)/정돈(S)/접선(T)/폭(W)/나가기(X) 〈N〉: P

다음(N0/이전(P)/끊기(B)/삽입(I)/이동(M)/재생성(R)/정돈(S)/접선(T)/폭(W)/나가기(X) 〈P〉:

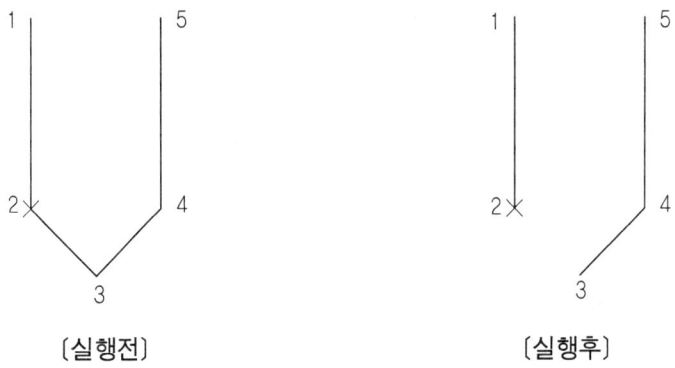

　　　　　　〔실행전〕　　　　　　　　　　〔실행후〕

[5] 브레이크 명령어로 X 마크를 [2]번에서 지정한 다음 [3]번으로 간 뒤 Go 하면 잘린다.

다음(N)/이전(P)/끊기(B)/삽입(I)/이동(M)/재생성(R)/정돈(S)/접선(T)/폭(W)/나가기(X) 〈P〉: B
　다음(N)/이전(P)/가기(G)/나가기(X) 〈N〉:
　다음(N)/이전(P)/가기(G)/나가기(X) 〈N〉: G

[6] [2]번 위에 X 마크가 있으므로 [3]번을 오브젝트 스냅을 이용하여 연결시킨다.

다음(N0/이전(P)/끊기(B)/삽입(I)/이동(M)/재생성(R)/정돈(S)/접선(T)/폭(W)/나기기(X) 〈P〉: I
　새로운 정점의 위치 입력 : END의 → 연결선(S1) 선택

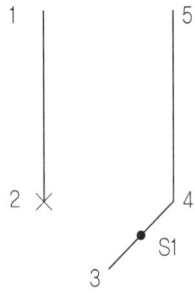

[7] 이동(M) 명령을 이용하여 [3]번 지점을 이동시킨다.
　　새로운 위치 입력 :
　　다음(N0/이전(P)/끊기(B)/삽입(I)/이동(M)/재생성(R)/정돈(S)/접선(T)/폭(W)/나기기(X) 〈N〉: M
　　새로운 위치 입력 : P1 → 새로운 지점(P1) 지정

[8] 정점 편집을 빠져나간다.
　　다음(N0/이전(P)/끊기(B)/삽입(I)/이동(M)/재생성(R)/정돈(S)/접선(T)/폭(W)/ 나기기(X) 〈N〉: X

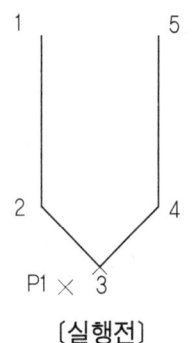　　　　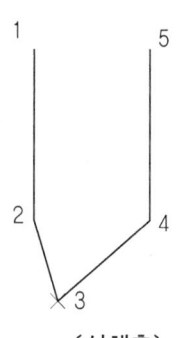
　　[실행전]　　　　　　　　[실행후]

7.5. 문자 쓰기

◉ TEXT
문자 한 줄 생성

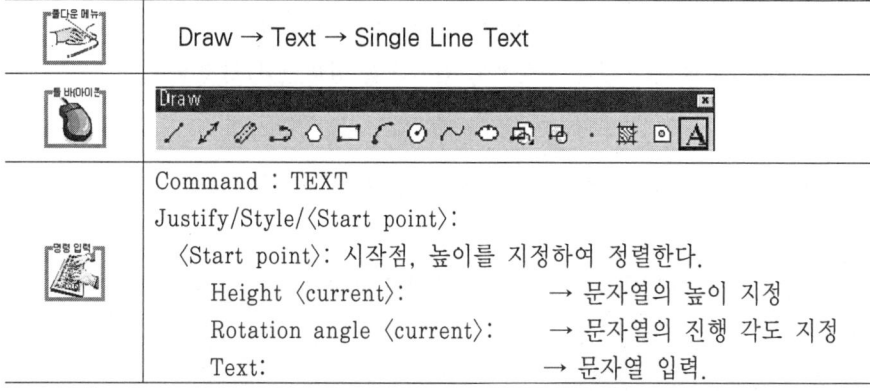

풀다운 메뉴	Draw → Text → Single Line Text
바아이콘	Draw 툴바
명령 입력	Command : TEXT Justify/Style/〈Start point〉: 　〈Start point〉: 시작점, 높이를 지정하여 정렬한다. 　　Height 〈current〉:　　　　→ 문자열의 높이 지정 　　Rotation angle 〈current〉:　→ 문자열의 진행 각도 지정 　　Text:　　　　　　　　　→ 문자열 입력.

도면에 문자를 삽입하기 위한 명령어로서 다양한 형태(Text Font)의 문자를 사용하여 그릴 수 있고 문자에 형태를 적용시켜 일정한 각도로 회전 또는 정렬할 수 있으며 문자 크기도 임의로 지정할 수 있다.

이전 버전까지는 한글을 사용하기 위해서는 우리 나라에서 개발한 여러 가지 한글폰트를 이용하여 한글을 사용하였지만 R14 이상에서는 한글을 자체적으로 포함하고 있으므로 설계자가 원하는 폰트(FONT)를 이용하여 영문, 한글 사용이 가능하다.

⊙ Justify

문자 정렬 방법을 제공한다.

Align/Fit/Center/Middle/Right/TL/TC/TR/ML/MC/MR/BL/BC/BR:
 Align : 문자열의 시작점과 끝점을 지정하여 그 구간에만 정렬된다.
 높이는 시작점과 끝점간의 거리와 문자열의 길에 따라 변경된다.
 Fit : 문자열의 시작점, 끝점, 높이를 지정하여 그 구간에만 정렬된다.
 Center : 문자열의 중심 하단점을 기준으로 양쪽으로 정렬된다.
 Middle : 문자열의 중심에 높이의 가운데 점을 기준으로 양쪽으로 정렬된다.
 Right : 문자열의 끝 점에서 좌측으로 밀리면서 정렬된다.
 TL : 상단 좌측점을 기준으로 우측으로 정렬된다.
 TC : 상단 중간점을 기준으로 양쪽으로 정렬된다.
 TR : 상단 우측점을 기준으로 좌측으로 밀리면서 정렬된다.
 ML : 중심 좌측점을 기준으로 우측으로 정렬된다.
 MC : 중심 중간점을 기준으로 양쪽으로 정렬된다.
 MR : 중심 우측점을 기준으로 좌측으로 밀리면서 정렬된다.
 BL : 바닥 좌측점을 기준으로 우측으로 정렬된다.
 BC : 바닥 중간점을 기준으로 양쪽으로 정렬된다.
 BR : 바닥 우측점을 기준으로 좌측으로 밀리면서 정렬된다.

⊙ Style

Style명령에 의해 정의된 글씨체를 바꾸어 사용할 수 있는 기능이다.

 Style name (or ?) 〈current〉 : → 글씨체 이름을 지정한다.

금방 작성한 문자열 밑에 다시 문자열을 쓸려면

```
Command : text
Justify/Style/<Start point> :   → enter를 누른다.
text :                          → 문자열 입력
  특수 문자
  %%o  문자열 위에 줄을 그어준다.(%%oAutoCAD)
  %%u  문자열에 밑줄을 그어준다.(%%uAutoCAD)
  %%d  각도 표시           (90%%d)
  %%p  공차 표시           (12%%p)
  %%c  지름 표시           (%%c12)
  %%%  퍼센트 표시          (60%%%)
```

문자를 편집하려면 DDedit, DDmodify명령을 이용한다. 또는 Change로도 편집을 할 수 있다.

ⓐ DTEXT
여러 개의 문자열 생성

풀다운 메뉴	Draw → Text → Single line
툴 바아이콘	
명령 입력	Command : DTEXT Justify/Style/<Start point> : <Start point> : 시작점, 높이를 지정하여 정렬한다. 　Height <current> :　　　　→ 문자열의 높이 지정 　Rotation angle <current> :　→ 문자열의 진행 각도 지정 　Text :　　　　　　　　　　→ 문자열 입력

DTEXT(Dynamic Text) 명령은 화면에 문자 크기의 박스가 만들어져 문자를 입력할 때 바로 화면에서 볼 수 있으며 후진(←)키를 이용하여 기본적인 편집기능과, 한 명령으로 여러 행에 걸친 문자의 입력을 수행할 수 있다.

이후 실행 명령은 TEXT 명령과 동일하다.

◉ Mtext

다중 문자열을 기입한다.

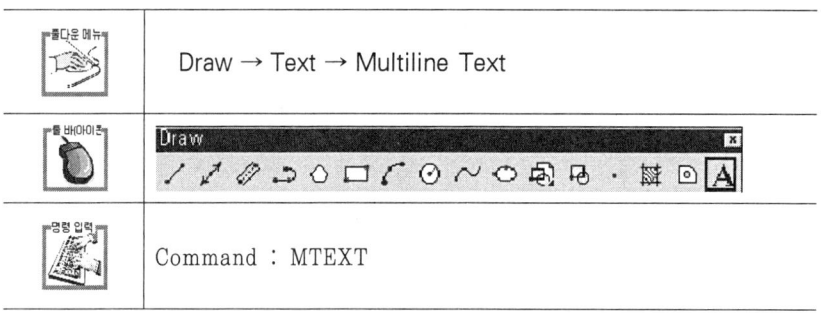

Mtext는 일반 문서편집 프로그램처럼 여러 개의 문자열을 만들 수 있고 곧바로 편집이 가능하다. 그리고 하나의 객체로 관리된다.

 Specify first corner :
  문자를 쓸부분에 사각형 형태로 설정한다.
 Specify opposite corner or[Height/Justify/Rotation/Style/Width]:

문자를 편집할 때는 DDedit, DDmodify, Mtprop로 변경한다. Mtext 명령으로 쓰여진 문자는 Dtext,Text로 쓰여진 문자와 다르게 Change 명령으로 편집이 안된다.

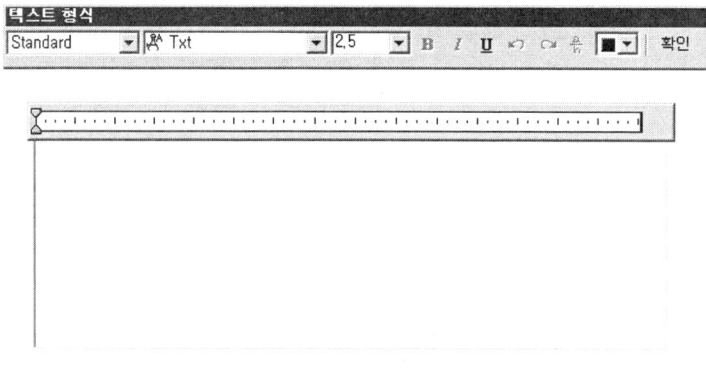

[그림 10] AutoCAD 2005의 Mtext 화면

7.6. 해칭하기

많은 제도 응용분야에서 물체의 내부가 보이지 않는 부분을 나타내기 위해서 단면부분을 45도의 경사진 가는 실선으로 간격 2~3mm의 평행사선을 그어서 표시하는데, 이것을 해칭(HATCH)이라 한다.

▲ Hatch
선택한 경계를 Pattern으로 채운다.

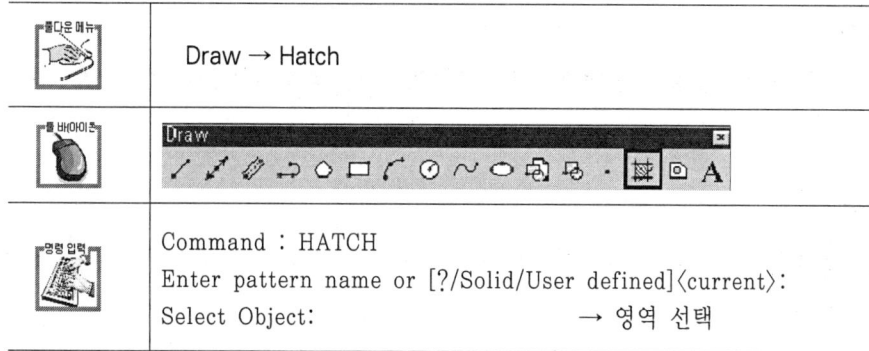

Hatch할 경계를 원처럼 닫혀 있어야 하고 선택한 경계가 교차되면 안된다.
? : Hatch Pattern File에 정의된 Pattern를 보여준다.
AutoCAD에서 제공되는 파일은 Acad.pat이고 앞으로 사용할 Pattern들이다

▲ Name
사용할 패턴의 이름을 지정한다.

▲ Solid
Solid명령처럼 선택한 경계의 내부를 채운다.

▲ User Defined
사용자가 패턴의 진행각도, 패턴의 간격을 설정할 수 있도록 한다.

```
Angle for crosshatch lines <0> :     → 패턴의 진행각도 지정
Spacing between lines <1.0000> :     → 패턴의 간격 지정
Double hatch area? <N>               → 패턴의 교차 여부 설정
```

Select objects :   → 경계 선택

패턴을 지정하면서 Hatch Style을 지정할 수 있다.

Enter pattern name or [?/Solid/User defined]〈current〉:
예) 패턴이름, N(or O,I)과 같이 지정 한다.

7.6.1. Hatch Style 종류

▲ Normal
겹쳐진 여러 개의 경계를 선택했을 때 외곽에 있는 경계에서부터 안쪽으로 홀수번째 경계만 해칭한다.

▲ Outer
선택한 경계가 제일 외곽 경계로부터 여러 개의 경계가 겹쳐있을 때 제일 외곽에 있는 경계만 해칭한다.

▲ Ignore
제일 외곽에 있는 경계를 기준으로 안쪽의 경계는 무시하고 해칭한다.

예제 [example]

21. 원을 3개 그린 다음 연습해 보도록 한다.

명 령 : HATCH
패턴 이름 입력 또는 〔?/솔리드(S)/사용자 정의(U) : U 또는 (Enter)
교차해치선의 각도 〈0〉: 45
선들 사이의 간격 〈1.0000〉: 2
이중 해치 영역? 〈N〉:
해치 경계를 선택하거나 또는 직접 해치 옵션의 경우 리턴키.
객체선택 :   → 원(C1) 선택

◆ 명 령 : HATCH
  패턴 이름 입력 또는 [?/솔리드(S)/사용자 정의(U)] 〈ANGLE〉 : U
  교차해치선의 각도 〈0〉 : 45
  선들 사이의 간격 〈1.0000〉 : 5
  이중 해치 영역? 〈N〉 :
  해치 경계를 선택하거나 또는 직접 해치옵션의 경우 리턴키
  객체선택 :   → 원(C2) 선택

◆ 명 령 : HATCH
  패턴 이름 입력 또는 [?/솔리드(S)/사용자 정의(U)] 〈ANGLE〉 : U
  교차해치선의 각도 〈0〉 : 45
  선들 사이의 간격 〈1.0000〉 : 5
  이중 해치 영역? 〈N〉 : Y
  해치 경계를 선택하거나 또는 직접 해치옵션의 경우 리턴키
  객체선택 :   → 원(C3) 선택

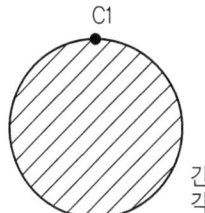
간격 : 2
각도 : 45

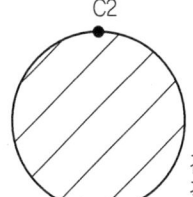
간격 : 5
각도 : 45

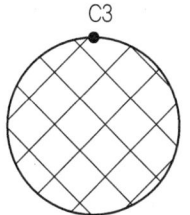
간격 : 5
각도 : 45
이중해치

22. 점을 이용하여 해칭의 경계선을 지정한 다음 해칭을 하는 경우 경계선을 유지하는 경우와 버리는 경우를 연습해 보도록 한다.

◆ 명 령 : HATCH
  패턴 이름 입력 또는 [?/솔리드(S)/사용자 정의(U)] 〈ANGLE〉 : U

교차 해치선의 각도 〈0〉: 45
선들 사이의 간격 〈5.0000〉: 5
이중 해치 영역? 〈N〉: Y
해치경계를 선택하거나 직접 해치옵션의 경우 리턴키
객체선택:
폴리선 유지? 〈N〉: N   → 외곽선 사용한 함.
시작 점: P1   → P1 지정
호(A)/닫기(C)/길이(L)/명령취소(U)/〈다음점〉: P2 → P2 지정
호(A)/닫기(C)/길이(L)/명령취소(U)/〈다음점〉: P3 → P3 지정
호(A)/닫기(C)/길이(L)/명령취소(U)/〈다음점〉: P4 → P4 지정
호(A)/닫기(C)/길이(L)/명령취소(U)/〈다음점〉: A
호(A)/닫기(C)/길이(L)/명령취소(U)/〈호의 끝점〉: CL

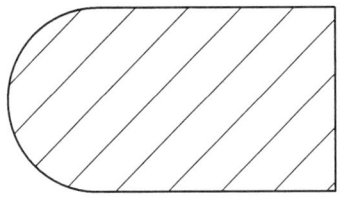

〔경계제거〕   〔경계유지〕

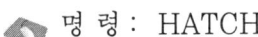
명 령: HATCH
패턴 이름 입력 또는 [?/솔리드(S)/사용자 정의(U)] 〈ANGLE〉: U
교차 해치선의 각도 〈0〉: 45
선들사이의 간격 〈5.0000〉: 5
이중 해치 영역? 〈N〉: N
객체선택:
폴리선 유지? 〈N〉: Y   → 외곽선 사용.
시작 점: P1   → P1 지정
호(A)/닫기(C)/길이(L)/명령취소(U)/〈다음점〉: P2 → P2 지정
호(A)/닫기(C)/길이(L)/명령취소(U)/〈다음점〉: P3 → P3 지정
호(A)/닫기(C)/길이(L)/명령취소(U)/〈다음점〉: P4 → P4 지정
호(A)/닫기(C)/길이(L)/명령취소(U)/〈다음점〉: A
호(A)/닫기(C)/길이(L)/명령취소(U)/〈호의 끝점〉: CL

일반적으로 사용하는 해칭선은 단일블록으로 이루어지는데, 이들 해칭선들을 개별요소로 만들 경우 해칭 종류의 이름을 기입하는 경우 형태의 이름 앞에 *를 붙인다.

> 명 령 : HATCH
> 패턴 이름 입력 또는 [?/솔리드(S)/사용자 정의(U)]〈ANGLE〉: *U

7.6.2. 해칭 스타일

선택된 경계 안에 공간이 비어 있는 경우 간단한 형태로 해칭을 그릴 수 있으나 경계 안에 다른 요소(닫혀 있는 드로잉)가 있는 경우 결과는 Normal, Outer, Ignore 등 해칭 스타일에 의해 결과가 달라진다.

예제 [example]

23. 다음 그림을 3개 그린 다음 연습해 보도록 한다.

1. Normal 해칭 스타일

> 명 령 : HATCH
> 패턴 이름 입력 또는 [?/솔리드(S)/사용자 정의(U)]〈ANGLE〉: U
> 교차 해치선의 각도 〈0〉: 45
> 선들 사이의 간격 〈5.0000〉: 5
> 이중 해치 영역?〈N〉: N
> 해치 옵션을 선택하거나 직접 해치옵션의 경우 리턴키
> 객체선택 : W
> 첫번째 구석 : P1   → P1 지정
> 반대 구석 : P2   → P2 지정

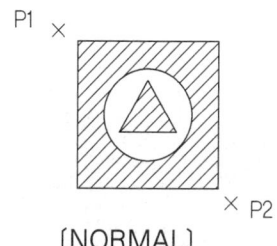

[NORMAL]

2. Outer 해칭스타일

  명 령 : HATCH
  패턴 이름 입력 또는 [?/솔리드(S)/사용자 정의(U)]〈ANGLE〉: U,O
  교차 해치선의 각도 〈0〉: 45
  선들 사이의 간격 〈5.0000〉: 5
  이중 해치 영역?〈N〉: N
  해치 옵션을 선택하거나 직접 해치옵션의 경우 리턴키
  객체선택 : W
  첫번째 구석 :   → P3 지정
  반대 구석 :   → P4 지정

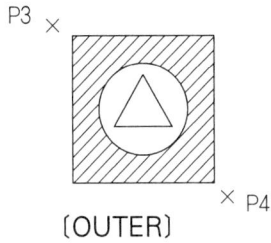

〔OUTER〕

3. Ignore 해칭 스타일

  명 령 : HATCH
  패턴 이름 입력 또는 [?/솔리드(S)/사용자 정의(U)]〈ANGLE〉: U,I
  교차 해치선의 각도 〈0〉: 45
  선들 사이의 간격 〈5.0000〉: 5
  이중 해치 영역?〈N〉: N
  해치 옵션을 선택하거나 직접 해치옵션의 경우 리턴키
  객체선택 : W
  첫번째 구석 :   → P5 지정
  반대 구석 :   → P6 지정

〔LGNORE〕

ⓐ Bhatch

선택한 경계를 Pattern으로 채운다.

풀다운 메뉴	Draw → Hatch
툴 바아이콘	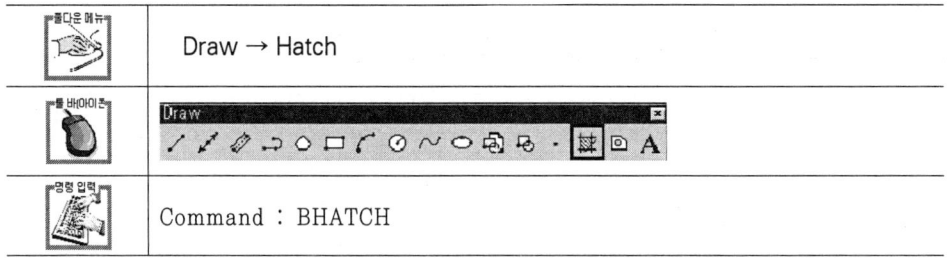
명령 입력	Command : BHATCH

대화상자가 나타난다.

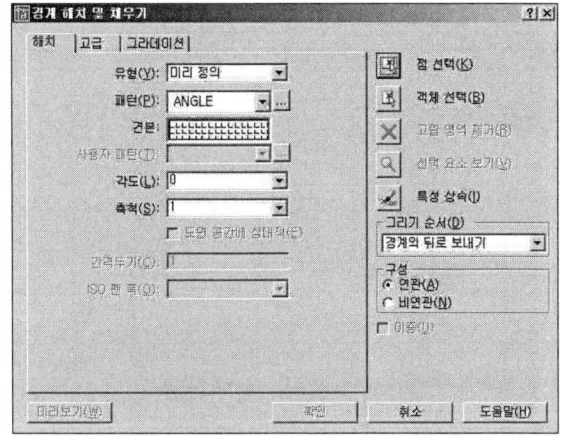

ⓐ Pattern Type(유형)

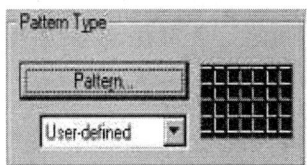

ⓐ Pattern

패턴의 종류들을 그림으로 보여준다. 사용할 패턴에 클릭한다. Pattern type이 Predefined일 때만 사용 가능하다.

ⓐ Predefined
Aacad.pat 파일에 정의된 패턴을 사용하게 한다.

ⓐ User-defined
사용자가 각도, 간격을 조정하여 패턴을 정의하여 사용한다.

Custom : acad.pat파일이 아니고 사용자가 정의한 다른 *.pat 파일에서 사용

ⓐ Pattern Properties

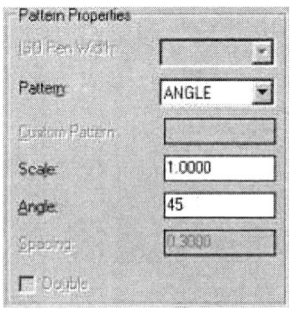

ⓐ ISO Pen Width
Pen의 폭을 기준으로 ISO 관련 패턴의 크기를 조절한다.

ⓐ Pattern
리스트 박스를 이용해 사용할 패턴의 이름을 선택한다.
Pattern type이 Predefined일 때만 사용 가능하다.

ⓐ Custom Pattern
acad.pat가 아닌 다른 *.pat 파일에서 사용할 패턴의 이름 입력 Pattern type이 Custom일 때만 사용 가능하다.

ⓐ Scale
패턴의 크기를 조정한다.
Pattern type이 User-defined일 때는 사용할 수 없다.

ⓐ Angle
패턴의 각도 지정

◉ Spacing

팬턴의 간격 지정 Pattern type이 User-defined일 때만 사용할 수 있다.

◉ Double

패턴을 교차시켜 해칭한다.

Pattern type이 User-defined일 때만 사용할 수 있다.

◉ Explode

해칭된 패턴은 단일요소로 되어있는데 개별요소로 분해하여 해칭할 것인지 를 설정한다. 해칭된 패턴을 Explode 명령으로 분해하는 것과 같다.

◉ Boudary

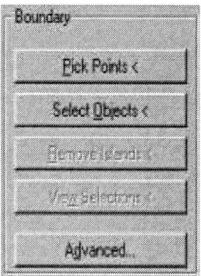

◉ Pick Point

해칭하려는 경계의 안쪽에 점을 클릭하면 지정한 점부터 근처의 경계를 찾아내 점선으로 표시하여 해칭 경계선을 만든다.

◉ Select Object

해칭하려는 경계를 이루고 있는 도면요소를 선택한다.

◉ Remove Islands

경계 영역을 지정한 후 경계 안쪽에 점을 지정하면 지정된 점으로부터의 고립 영역 (Islands)을 제외시킨다.

◉ View selections

해칭하려고 선택한 경계를 보여준다.

🔺 Advanced..
Advaced Options 대화상자가 나타난다.

[Define Boundary Set]

🔺 Make New Boundary Set
선택하여 새로운 경계영역을 설정한다.

🔺 From Everything on Screen
전체의 도면요소가 이루고 있는 경계에서 지정하는 점으로부터 경계선을 설정한다.

🔺 From Existing Boundary Set
이미 정의된 도면의 경계구역 내에서만 점을 지정하여 경계선을 설정한다.

🔺 Island Detection
제일 외곽 경계 도면요소의 안쪽에 있는 도면요소들이 이루는 경계가 경계요소로 사용되는지를 조정한다.

[Boundary Style]

🔺 Normal
겹쳐진 여러 개의 경계를 선택했을 때 외곽에 있는 경계에서부터 안쪽으로 홀수번째 경계만 해칭한다.

🔺 Outer
선택한 경계가 제일 외곽 경계로부터 여러 개의 경계가 겹쳐 있을 때 제일 외곽에 있는 경계만 해칭한다.

🔺 Ignore
제일 외곽에 있는 경계를 기준으로 안쪽의 경계는 무시하고 해칭한다.

[Boundary Options]

🔺 Retain Boundary
해칭 후 경계선을 남길 것이지를 조절한다.

🔺 Preview hatch
경계에 적용하기 전에 해칭결과를 미리 보여준다.

🔺 Inherit Properties
이미 해칭된 패턴을 선택하여 현 경계의 패턴으로 설정

⚙ Attribute

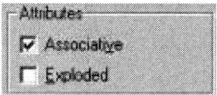

🔺 Associative
이미 해칭된 패턴 영역에서 경계가 변경이 되면 패턴을 재정의 할 것인지를 조정한다.

🔺 Explode
해칭이 이루어진 면 패턴들은 단일요소로 되어 있다. 패턴을 개별적인 요소로 분리하여 해칭 할 것인지를 조절한다.
Explode명령을 이용하여 이미 해칭된 패턴을 분리할 수도 있다.

🔺 Apply
현재의 설정된 모든 값으로 해칭을 한다.

AutoCAD 2005의 해칭 대화상자

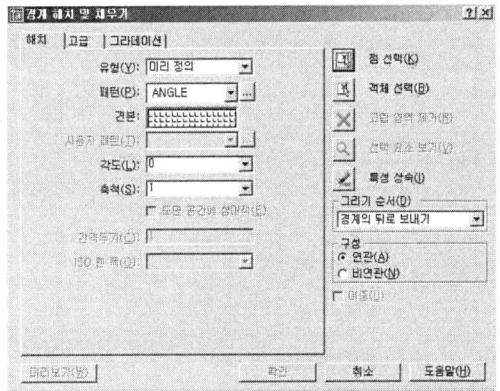
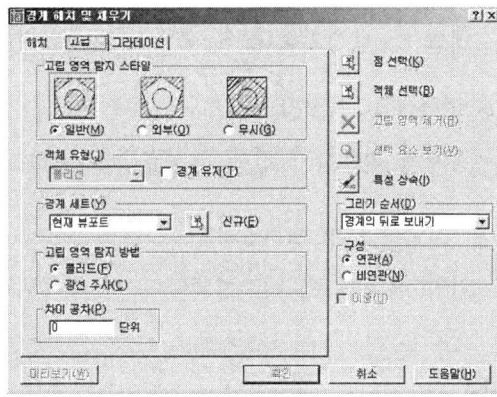

7.6.3. 경계 해칭(Boundary Hatch)

　BHATCH 명령은 경계를 자동적으로 정의하고 경계가 아닌 도면요소(Entity)를 사용하는 경우 HATCH 명령을 사용할 때처럼 해칭하고자 하는 각각의 경계를 선택하지 않아도 자동으로 정의할 수 있다.

　　　명 령 : BHATCH

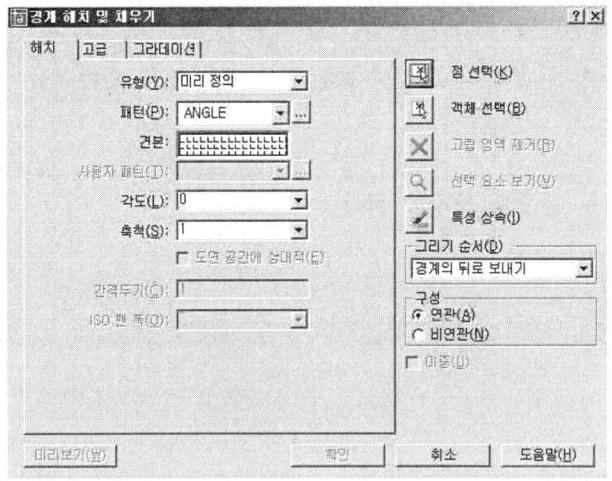

7.6.4. 패턴 형태(Pattern Type)

패턴의 형태를 지정한다.

① 패턴(r) : 설계자가 사용할 패턴의 형태를 대화상자를 통해 선택한다.
② 사전정의(Predefined) : AutoCAD에서 기본적으로 제공하는 ACAD.PAT 파일에 정의된 해칭 패턴을 선택한다.
③ 사용자 정의(User defined) : 현재 선의 형태를 이용하여 선들의 패턴을 정의한다.
④ 사용자화(Custom) : AutoCAD에서는 사용자가 필요한 해칭의 종류들을 만들어 사용할 수 있는데, 이때 파일명은 사용자가 붙이고 확장자는 ".PAT"로 정의한다.

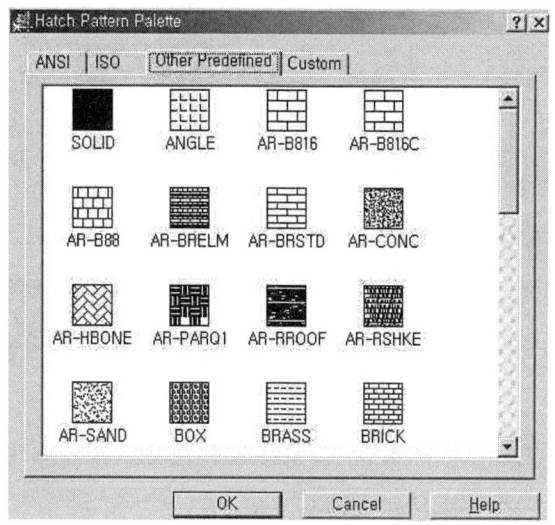

[그림 11] AutoCAD 2005 해치패턴 파레트

7.6.5. 패턴 특성(Pattern Properties)

위에서 선택한 패턴형태에 대한 특성을 지정해 준다.

① ISO 펜 폭(ISO Pen Width) : 선택된 펜의 크기를 기초로 하여 ISO와 관련된 패턴의 축척을 지정한다. 이 사양은 사전 정의된 해칭 패턴을 선택한 경우에만 사용한다.
② 패턴(Pattern) : AutoCAD에서 기본적으로 제공하는 "ACAD.PAT"에 정의된 해칭 패턴의 이름을 지정한다. 이 사양은 패턴형태 상자에서 "Userdefined" 또는 "Custom"을 선택한 경우에는 사용할 수 없다.

③ 사용자화 패턴(Custom Pattern) : 사용자가 만든 해칭 패턴의 이름을 지정한다. 이 사양은 패턴형태 8자에서 "Custom"을 선택한 경우에만 사용.

④ 축척(Scale) : 기존에 정의되거나 사용화된 해칭패턴을 확대 또는 축소할 때 사용한다. 이 사양은 패턴형태 상자에서 "User defined"이 선택된 경우에는 사용할 수 없다.

⑤ 각도(Angle) : 현재 UCS의 X축에 해당되는 해칭 패턴에 대한 각도를 지정한다.

⑥ 간격(Spacing) : 사용자 정의 해칭 패턴에서 선의 간격을 지정한다. 이 사양은 패턴형태 상자에서 "User defined"가 선택된 경우에만 사용할 수 있다.

⑦ 이중(Double) : 사용자 정의 해칭 패턴에서 기존에 그려진 선분에 90° 각도로 다른 선분을 그린다. 이 사양은 패턴형태 상자에서 "User defined"가 선택된 경우에도 사용할 수 있다.

7.6.6. 경계(Boundary)

해칭할 영역을 조절한다.

① 객체 선택(객체선택) : 해칭작업을 하기 위한 영역을 모두 선택한다.

　㉮ 점선택(Pick Points) : AutoCAD에서는 최외각 경계를 자동적으로 해칭영역으로 선정한다.

② 해칭 미리보기(Preview Hatch) : 사용자가 해칭할 영역을 선택한 후 해칭 상태를 적용하기 전에 미리 보여주는 기능으로 완성된 해칭을 미리 본 다음 "경계 해칭" 대화상자를 진행하려면 "계속"을 선택한다.

③ 특성 계승(Inherit Properties) : 기존에 작성된 해칭 패턴을 선택하는 경우 기존에 관련된 해칭의 속성은 "경계 해칭" 대화상자에 보여준다.

④ 연관(Associative) : 연관된 해칭을 조정한다. 이 사양을 선택하면 새로운 해칭 패턴이 연관 해칭 패턴이 된다.

⑤ 적용(Apply) : 도면에서 지정된 영역 안에 해칭이 가능하도록 지정한다.

7.6.7. 진보된 선택사양(Advanced Options)

해칭시킬 범위가 클 경우 해칭하는데 상당한 시간이 걸리므로 "고급(d)..." 서브 대화상자로 매개 변수들을 설정하여 해칭 속도를 개선하거나 해칭에서의 문제점들을 해결할 수 있다.

고정된 값 외의 매개변수를 바탕으로 경계를 표시하려면 "경계 해칭"의 "고급(d)..."버튼을 누른다. 이때 그림과 같은 "고급 옵션" 대화상자가 나타난다.

① 경계 옵션 : 새로운 경계 객체의 형태를 조정한다. AutoCAD는 해칭할 경계를 작성할 때 폴리라인(Polyline)이나 영역(Region)을 사용한다.

② 경계 세트 정의 : 이 박스의 영역에서는 경계 세트, BHATCH가 경계를 만들 때 사용하는 도면요소를 즉시 나타낼 수 있다.

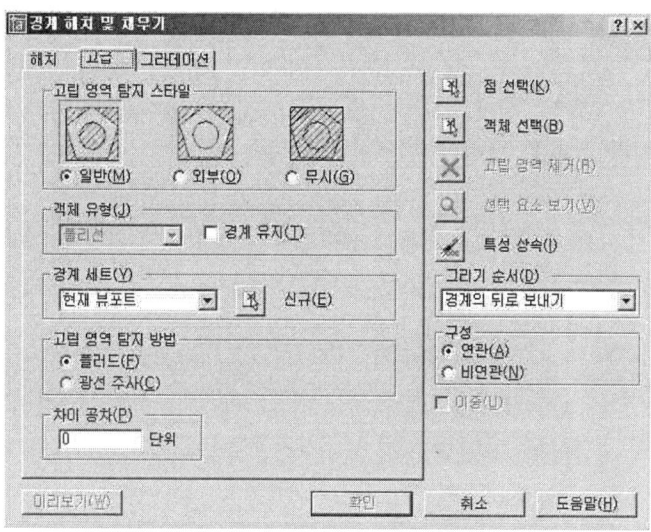

[그림 12] AutoCAD 2005 해칭 고급 옵션

[Make New Boundary Set]

새로운 경계 영역을 만들려면 "새 경계 세트 만들기(N) 〈"버튼을 누른다. 이때 대화상자는 없어지고 보통의 엔티티 선택이 가능해진다. AutoCAD는 새로운 경계 영역을 만들 때 사용자가 선택하는 해칭 가능한 엔티티만을 포함시킨다. 경계 영역이 이미 설정되어 있으면 그것은 삭제되고 새로 지정한 것으로 대치된다.

① 화면의 모든 것으로부터(From Everything on Screen) : 화면상에 보여지는 모든 것으로 부터 경계 영역을 선택할 때 From Everything on Screen 라디오 버튼을 누른다.

② 기존의 경계세트로부터(From Existing Boundary Set) : 사용자가 미리 경계 영역을 선택한 경우에 사용 가능하며 BHATCH 명령을 실행시키면 이 선택 사양을 사용할 수 있다.

③ 고립 영역 탐지 (Island Detection) : 최외각 경계를 도면요소로 사용할 것인지를 결정한다.

④ 경계 유형(Style) : 선택된 경계 안에 다른 도면요소가 있는 경우 여러 가지 유형에 따라 해칭의 형태를 다르게 할 수 있다. "2. 해칭스타일"을 참고하기 바란다.

예제 [example]

24. 아래의 그림을 해치한다.

다음처럼 그림을 그린다.

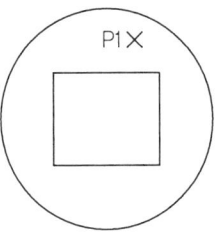

명 령 : HATCH

경계해치 대화상자가 나타난다.

• 아래 대화상자에서 "패턴(Pattern)"버튼을 누른다.

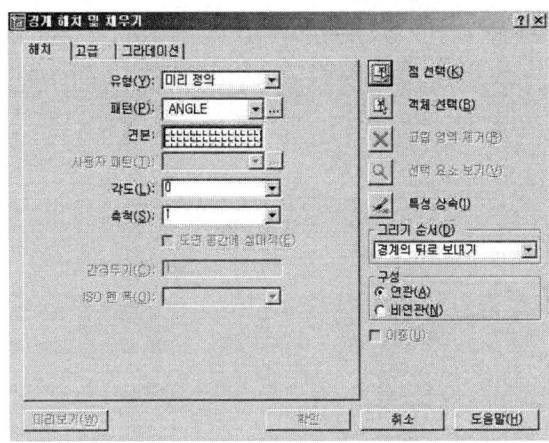

아래의 대화상자에서 "ANSI31"패턴을 선택하고 "OK(확인)"을 누른다.
- 대화상자에서 각도, 크기를 조절한다.
- "Pick points(점 선택)" 버튼을 누른다.
- "Select Object"버튼을 이용하여 경계를 각각 선택할 수도 있다.
- 경계해치 대화상자에서 빠져나오면 다음의 메세지가 명령라인에 나타난다.

  Select internal point:　　　　→ P1를 지정한다.
  Select internal point: Selecting everything...
  Selecting everything visible...
  Analyzing the selected data...
  Analyzing internal islands...
  Select internal point:　　　→enter를 치면 대화상자가 나타난다.

경계해치 대화상자에서 "Preview Hatch"버튼을 누른다.
대화상자에서 빠져나오면서 해치된 형태를 가상으로 보여준다.

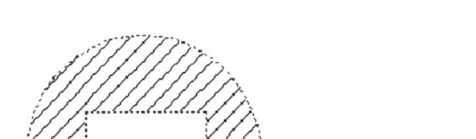

- 해치된 결과를 확인한 후에 대화상자에서 "Continue" 버튼을 누른다.
- 해치를 미리 해본 결과로 완성하려면 대화상자에서 "Apply" 버튼을 누른다. 아니면 각도, 크기 또는 간격을 조절하고 다시 미리보기를 해본다.

ⓐ HATCHEDIT

이미 해칭된 패턴을 편집

	Modify → Object → Hatch 2000은 Modify → Properties

	Command : HATCHEDIT Select hatch object:　　→ 해칭된 패턴 선택 화상자가 나타난다.

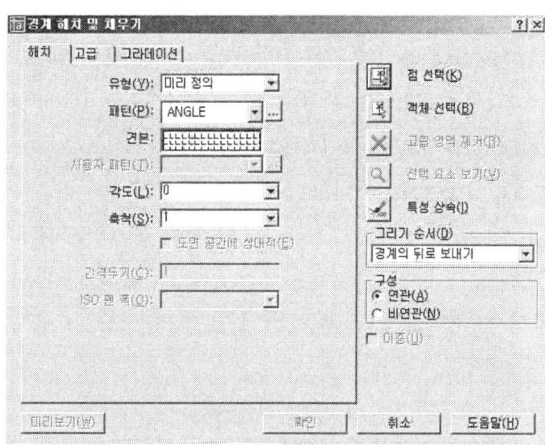

[Pattern Type]

ⓐ Pattern

패턴의 종류들을 그림으로 보여준다. 사용할 패턴에 클릭한다. Pattern type이 Predefined일 때만 사용 가능하다.

ⓐ Predefined
Aacad.pat파일에 정의된 패턴을 사용하게 한다.

ⓐ User-defined
사용자가 각도, 간격을 조정하여 패턴을 정의하여 사용한다.

ⓐ Custom
acad.pat 파일이 아니고 사용자가 정의한 다른*.pat 파일에서 사용할 수 있다.

[Pattern Properties]

ⓐ ISO Pen Width
Pen의 폭을 기준으로 ISO 관련 패턴의 크기를 조절한다.

ⓐ Pattern
리스트 박스를 이용해 사용할 패턴의 이름을 선택한다. Pattern type이 Predefined일 때만 사용 가능하다.

ⓐ Custom Pattern
acad.pat가 아닌 다른*.pat파일에서 사용할 패턴의 이름을 입력한다.
Pattern type이 Custom일 때만 사용 가능하다.

ⓐ Scale
패턴의 크기를 조정한다.
Pattern type이 User-defined일 때는 사용할 수 없다.

ⓐ Angle
패턴의 각도 지정

ⓐ Spacing
패턴의 간격 지정
Pattern type이 User-defined일 때만 사용할 수 있다

ⓐ Double
패턴을 교차시켜 해칭한다.

Pattern type이 User-defined일 때만 사용할 수 있다.

▲ Explode
해칭된 패턴은 단일요소로 되어있는데 개별요소로 분해하여 해칭할 것인지를 설정한다. 해칭된 패턴을 Explode 명령으로 분해하는 것과 같다.

[Boudary]
▲ Pick Point
해칭하려는 경계의 안쪽에 점을 클릭하면 지정한 점부터 근처의 경계를 찾아내 점선으로 표시하여 해칭 경계선을 만든다.

▲ Select Object
해칭하려는 경계를 이루고 있는 도면요소를 선택한다.

▲ Remove Islands
경계 영역을 지정한 후 경계 안쪽에 점을 지정하면 지정된 점으로부터의 고립 영역(Islands)을 제외한다.

▲ View selections
해칭하려고 선택한 경계를 보여준다.
Advanced.. - Advaced Options 대화상자가 나타난다.

[Define Boundary Set]
▲ Make New Boundary Set
선택하여 새로운 경계영역을 설정한다.

▲ From Everything on Screen
전체의 도면요소가 이루고 있는 경계에서 지정하는 점으로부터 경계선을 설정한다.

▲ From Existing Boundary Set
이미 정의된 도면의 경계구역 내에서만 점을 지정하여 경계선을 설정한다.

▲ Island Detection
　제일 외곽 경계 도면요소의 안쪽에 있는 도면요소들이 이루는 경계가 경계요소로 사용되는지를 조정한다.

[Boundary Style]
▲ Normal
　겹쳐진 여러 개의 경계를 선택했을 때 외곽에 있는 경계에서부터 안쪽으로 홀수번째 경계만 해칭한다.

▲ Outer
　선택한 경계가 제일 외곽 경계로부터 여러 개의 경계가 겹쳐 있을때 제일 외곽에 있는 경계만 해칭한다.

▲ Ignore
　제일 외곽에 있는 경계를 기준으로 안쪽의 경계는 무시하고 해칭한다.

[Boundary Options]
▲ Retain Boundary
　해칭 후 경계선을 남길 것이지를 조절한다.

▲ Preview hatch
　경계에 적용하기 전에 해칭결과를 미리 보여준다.

▲ nherit Properties
　이미 해칭된 패턴을 선택하여 현 경계의 패턴으로 설정한다.

[Attribute]
▲ Associative
　이미 해칭된 패턴 영역에서 경계가 변경이 되면 패턴을 재정의 할 것인지를 조정한다.

▲ Explode
　해칭이 이루어진 면 패턴들은 단일요소로 되어 있다. 패턴을 개별적인 요소로 분리하여 해칭할 것인지를 조절한다.

Explode명령을 이용하여 이미 해칭된 패턴을 분리할 수도 있다.

ⓐ Apply
현재의 설정된 모든 값으로 해칭을 한다.

AutoCAD 2000의 경우 다음과 같은 대화상자가 나타난다.

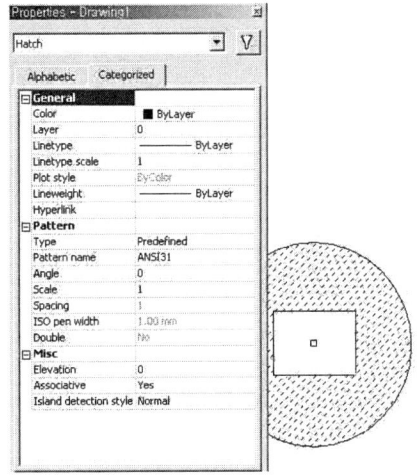

7.6.8. Trim, Offset, Fillet, Chamfer

ⓐ TRIM
경계를 기준으로 객체를 부분 삭제한다.

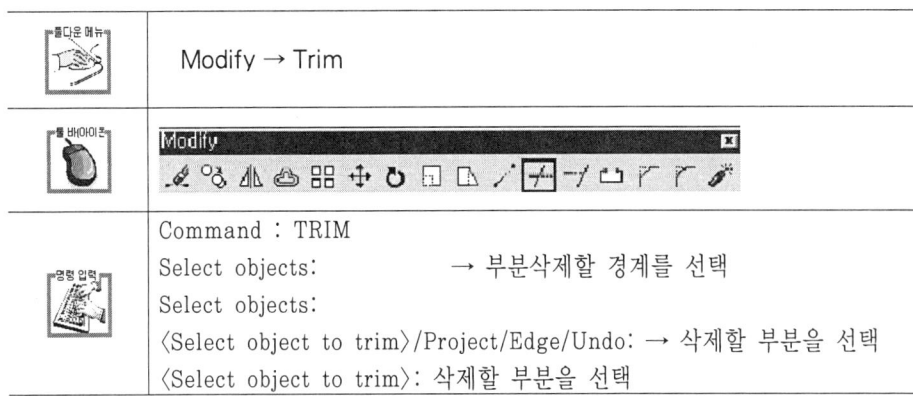

[Project]

None / Ucs / View <current>:
- None : 부분삭제할 객체가 현재의 UCS평면과 평행하지 않아도 경계로 선택한 객체와 교차하거나 연결되어 있으면 부분삭제가 된다.
- Ucs : 부분삭제할 객체가 현재의 UCS평면과 평행해야 부분삭제가 된다.
- View : 현재의 UCS와 상관없이 또 현 관찰시점에서 경계로 선택한 객체와 교차하거나 연결되어 있으면 부분삭제가 된다.

▲ Edge

경계로 선택된 객체가 부분 삭제할 객체와 교차하지 않아도 가상 연장선상에서 교차가 되면 부분삭제를 가능하게 한다.

Extend / No extend <current>:
- Extend : 경계로 선택된 객체를 연장한다.
- No extend : 경계로 선택된 객체를 연장하지 않는다.

▲ Undo

바로 전에 실행한 부분삭제를 취소한다.

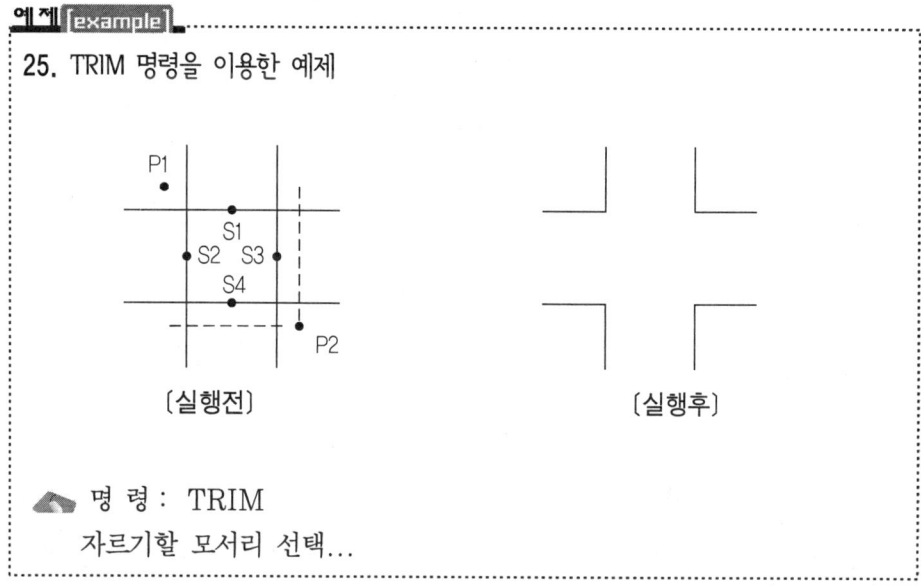

25. TRIM 명령을 이용한 예제

〔실행전〕　　〔실행후〕

명 령 : TRIM
자르기할 모서리 선택...

객체 선택 : C
첫번째 구석 : P1   → P1 지정
반대 구석 : P2   → P2 지정
객체 선택 :
〈자를 객체 선택〉/투영(P)/모서리(E)/명령취소(U) : S1 지정
〈자를 객체 선택〉/투영(P)/모서리(E)/명령취소(U) : S2 지정
〈자를 객체 선택〉/투영(P)/모서리(E)/명령취소(U) : S3 지정
〈자를 객체 선택〉/투영(P)/모서리(E)/명령취소(U) : S4 지정

26. EDGE를 이용한 TRIM 명령

명 령 : TRIM
자르기할 모서리 선택…
객체선택 : S1
객체선택 :
〈자를 객체 선택〉/투영(P)/모서리(E)/명령취소(U) : E
연장(E)/연장안함(N) : E
〈자를 객체 선택〉/투영(P)/모서리(E)/명령취소(U) : S2 → S2 선택
〈자를 객체 선택〉/투영(P)/모서리(E)/명령취소(U) : S3 → S3 선택
〈자를 객체 선택〉/투영(P)/모서리(E)/명령취소(U) : S4 → S4 선택
〈자를 객체 선택〉/투영(P)/모서리(E)/명령취소(U) :

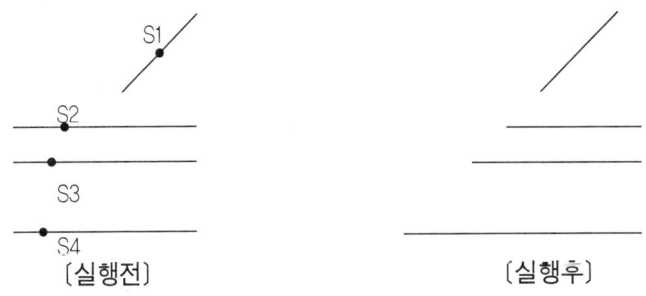

〔실행전〕   〔실행후〕

27. 다음 예제를 [실행후]처럼 만들어라.

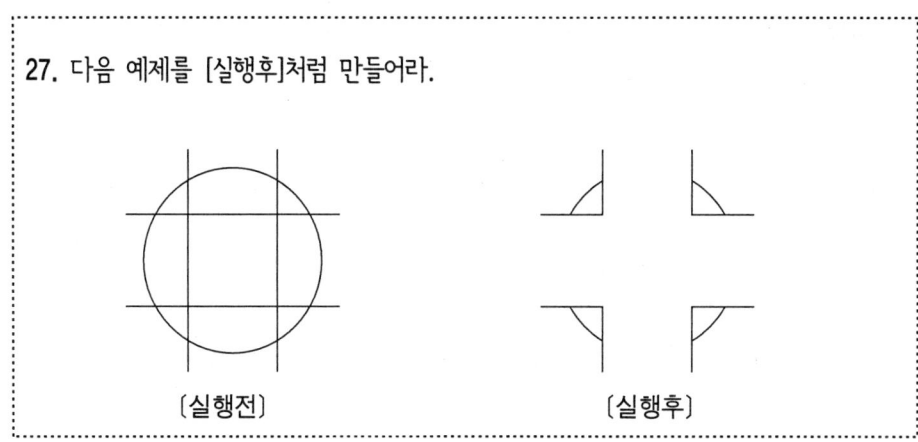

[실행전]   [실행후]

◉ OFFSET
객체를 지정한 거리 또는 위치로 평행복사

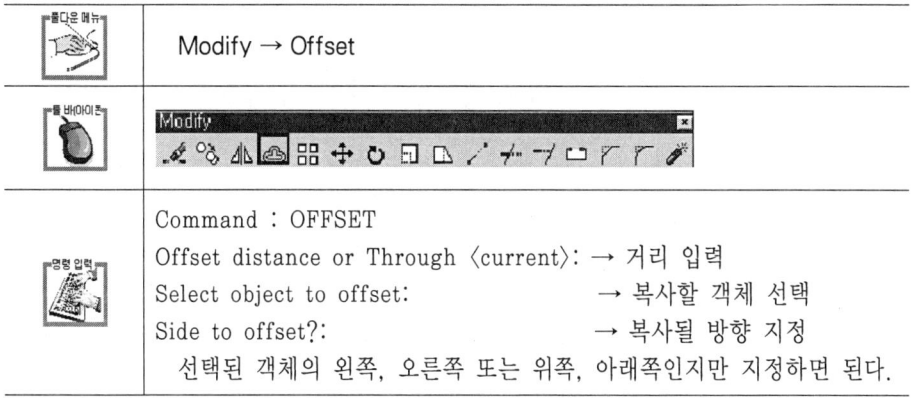

Offset distance or Through 〈current〉: T

Select Object to offset:

Through point :   → 선택된 객체가 복사되어 놓일 위치점 지정

거리값이나 Through기능이 지정되면 한 번에 하나의 객체만을 선택할 수 있다.

예제 [example]

28. 선(Line)을 지정하여 임의의 지점에 옵셋시켜 주는 방법.

　명 령 : OFFSET
　간격띄우기 거리 또는 통과(T)〈1.0000〉: T
　간격 띄울 객체 선택 : S1　　　　　→ S1 선택
　간격을 띄울 방향 : P1　　　　　　→ P1 지정
　간격 띄울 객체 선택 : S2　　　　　→ S2 선택
　간격을 띄울 방향 : P2　　　　　　→ P2 지정

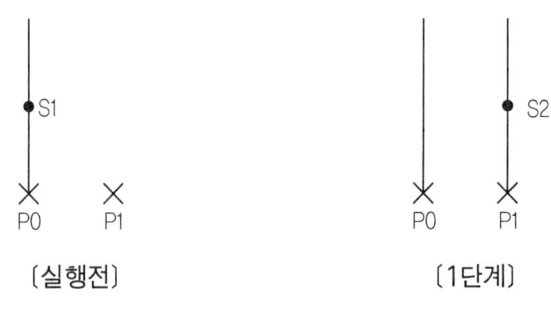

　　　〔실행전〕　　　　　　　　〔1단계〕

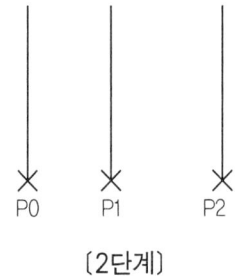

　　　〔2단계〕

29. 선(Line)을 임의의 간격(20)으로 일정하게 옵셋시켜 주는 방법.

　명 령 : OFFSET
　간격띄우기 거리 또는 통과(T)〈1.0000〉: 20　→ 옵셋시킬 거리 입력
　간격 띄울 객체 선택 : S1　　　　　→ S1 선택
　간격을 띄울 방향 : P1　　　　　　→ P1 지정
　간격 띄울 객체 선택 : S2　　　　　→ S2 선택
　간격을 띄울 방향 : P2　　　　　　→ P2 지정
　원(Circle)을 임의의 간격(10)으로 일정하게 옵셋시켜 주는 방법.

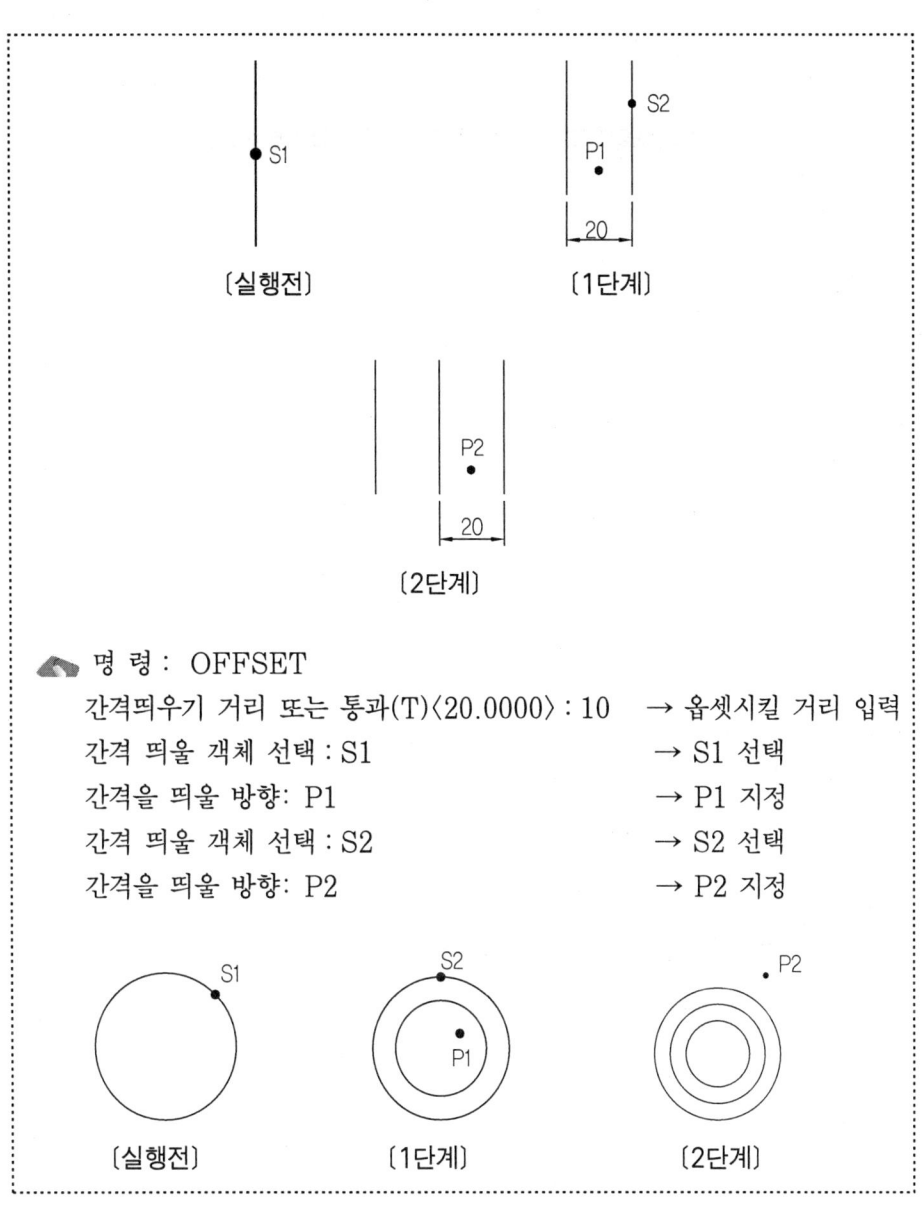

● FILLET
교차하는 두 객체의 모서리를 라운딩

	Modify → Fillet
	Modify
	Command : FILLET Polyline/Radius/Trim/〈Select first object〉: →첫 번째 객체를 선택 Select second object: → 두 번째 객체를 선택

◉ Polyline

선택된 폴리선의 모든 모서리를 라운딩한다. 단, 폴리선 끝은 Close기능에 의해 닫혀져 있어야 한다.

　　　Select 2D polyline

◉ Radius

　　　Enter radius 〈current〉:　　→ 반지름 입력

◉ Trim

　　교차점에서부터 반지름의 길이만큼 절단할 것인지 조절

◉ Trim

　　객체를 절단하면서 라운딩한다.

◉ No trim

　　객체를 절단하지 않고 라운딩한다.

　　　　Solid 모델도 fillet명령에 의해 모서리가 라운딩 된다.
　　　　Polygon/Radius/Trim/〈Select first object〉:　　→ Solid 모델을 선택
　　　　Enter radius 〈current〉:　　　　　　　　　　→ 반지름 지정
　　　　Chain/Radius/〈Select edge〉:
　　　　　〈Select edge〉: 모서리를 선택(여러 개 선택을 해도 된다)

🔺 Radius

반지름을 다시 지정할 수 있다.

🔺 Chain

같은 평면에 있는 모서리를 한번에 선택할 수 있게 한다.

   Edge/Radius/〈Select edge chain〉:
      〈Select chain〉 : 라운딩 할 모서리가 같은 평면에 여러 개가 있을 때 한번에 라운딩을 한다.
      Edge : 모서리 선택모드로 전환

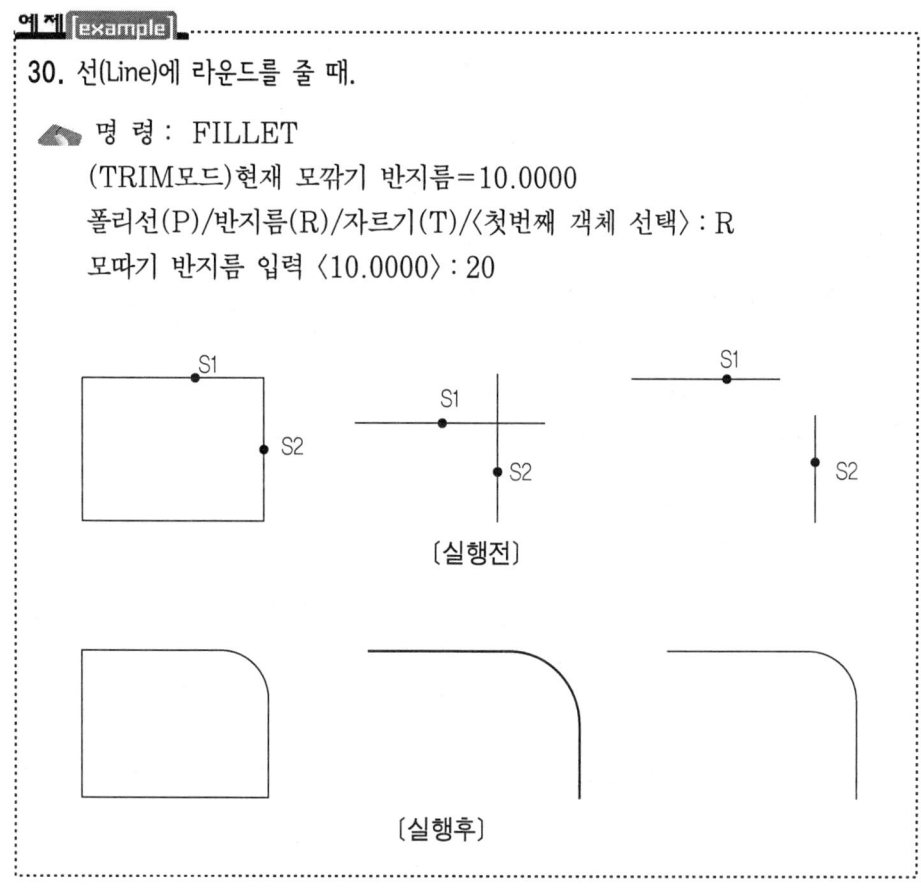

30. 선(Line)에 라운드를 줄 때.

　　명 령 : FILLET
　　(TRIM모드)현재 모깎기 반지름=10.0000
　　폴리선(P)/반지름(R)/자르기(T)/〈첫번째 객체 선택〉: R
　　모따기 반지름 입력 〈10.0000〉: 20

〔실행전〕

〔실행후〕

◢ 명 령 : FILLET
FILLET 폴리선(P)/반지름(R)/자르기(T)/〈첫번째 객체 선택〉: S1 →
S1 지정
두번째 객체 선택 : S2 → S2 지정

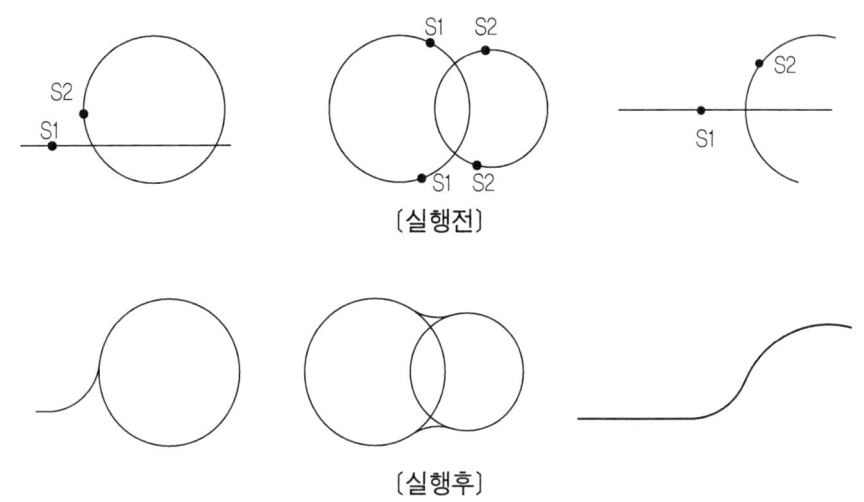

〔실행전〕

〔실행후〕

31. 반경을 0으로 주는 경우 교차선이 어긋나거나 떨어진 경우 두 직선을 붙여준다

◢ 명 령 : FILLET
(TRIM모드)현재 모깎기 반지름 = 20.0000
폴리선(P)/반지름(R)/자르기(T)/〈첫번째 객체 선택〉: R
모따기 반지름 입력 〈20.0000〉: 0
반지름 값(0)

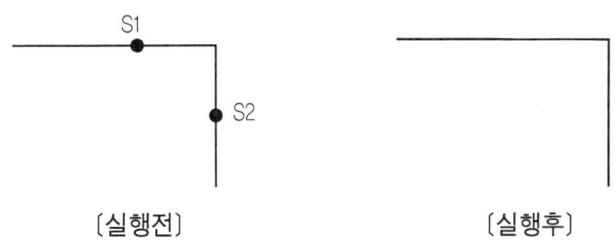

〔실행전〕   〔실행후〕

◢ 명 령 : FILLET
(TRIM모드)현재 모깎기 반지름 = 0.0000

FILLET 폴리선(P)/반지름(R)/자르기(T)/〈첫번째 객체 선택〉: S1
→ S1 지정
두번째 객체 선택 : S2   → S2 지정

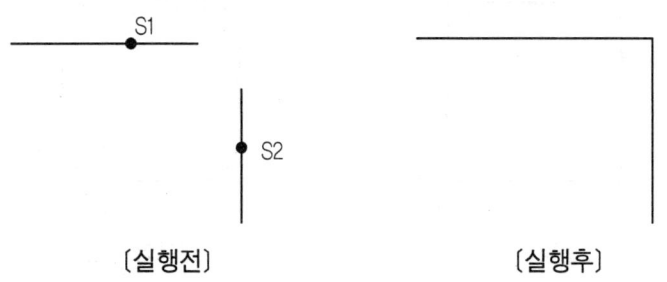

〔실행전〕   〔실행후〕

32. 폴리라인(Pline)에 라운딩을 줄 때

명 령 : PILNE
시작 점 : 100,100
현재의 선폭은 0.0000
호(A)/닫기(C)/반폭(H)/길이(L)/명령취소(U)/폭(W)/〈선의 끝점〉: @100〈0
호(A)/닫기(C)/반폭(H)/길이(L)/명령취소(U)/폭(W)/〈선의 끝점〉: @100〈90
호(A)/닫기(C)/반폭(H)/길이(L)/명령취소(U)/폭(W)/〈선의 끝점〉: @100〈180
호(A)/닫기(C)/반폭(H)/길이(L)/명령취소(U)/폭(W)/〈선의 끝점〉: C

명 령 : PILNE
(TRIM모드)현재 모깎기 반지름 = 0.0000
폴리선(P)/반지름(R)/자르기(T)/〈첫번째 객체 선택〉: R
모따기 반지름 입력 〈0.0000〉: 20

명 령 : PILNE
(TRIM모드)현재 모깎기 반지름 = 20.0000
FILLET 폴리선(P)/반지름(R)/자르기(T)/〈첫번째 객체 선택〉: P

2D 폴리선 선택 : S1　　　　　　　→ 폴리선 1개 선택
4선들은 모깎기 됨.

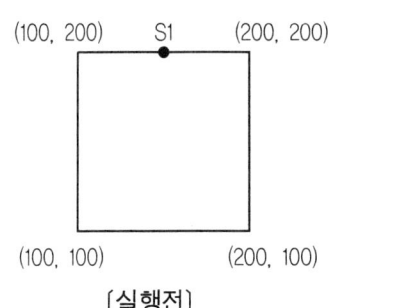

〔실행전〕　　　　　　　　　　〔실행후〕

33. 자르기를 이용한 라운딩줄 때

　명 령 : FILLET
　(TRIM모드)현재 모깎기 반지름 = 0.0000
　폴리선(P)/반지름(R)/자르기(T)/〈첫번째 객체 선택〉: R
　모따기 반지름 입력 〈0.0000〉: 0.8

　명 령 : FILLET
　(TRIM모드)현재 모깎기 반지름 = 0.0000
　FILLET폴리선(P)/반지름(R)/자르기(T)/〈첫번째 객체 선택〉: T
　자르기(T)/자르지 않기(N) 〈자르기〉: T
　FILLET 폴리선(P)/반지름(R)/자르기(T)/〈첫번째 객체 선택〉: S1
　FILLET 폴리선(P)/반지름(R)/자르기(T)/〈첫번째 객체 선택〉: S2

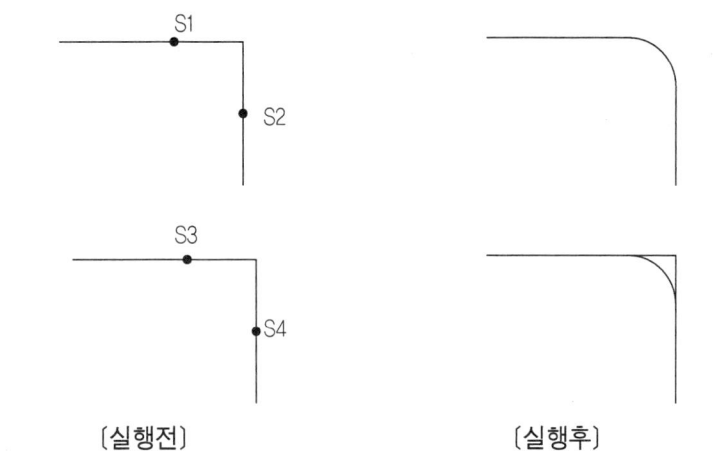

〔실행전〕　　　　　　　　　　〔실행후〕

```
명 령: FILLET
(TRIM모드)현재 모깎기 반지름 = 0.0000
FILLET폴리선(P)/반지름(R)/자르기(T)/〈첫번째 객체 선택〉: T
자르기(T)/자르지 않기(N) 〈자르기〉: N
FILLET 폴리선(P)/반지름(R)/자르기(T)/〈첫번째 객체 선택〉: S3
FILLET 폴리선(P)/반지름(R)/자르기(T)/〈첫번째 객체 선택〉: S4
```

ⓐ CHAMFER

교차한 두 선의 모서리를 모따기 한다.

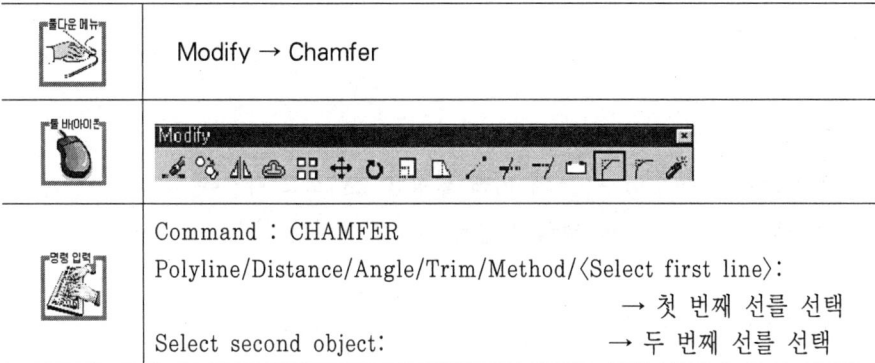

ⓐ Polyline

선택된 폴리선의 모든 모서리를 모따기한다. 단, 폴리선 끝은 Close 기능에 의해 닫혀져 있어야 한다.

```
Select 2D polyline:
```

ⓐ Distance

첫 번째 지정된 길이가 첫 번째 선택된 선에 적용된다.

```
Enter first chamfer distance 〈current〉:     → 첫 번째 길이 지정
Enter second chamfer distance 〈current〉:    → 두 번째 길이 지정
```

ⓐ Angle
지정된 거리와 각도 모따기가 된다.

  Enter first chamfer distance 〈current〉: → 첫 번째 길이 지정
  Enter angle from the first line 〈current〉 : → 각도 지정

ⓐ Trim
교차점에서부터 지정한 거리까지 절단할 것인지를 조절한다.

  Trim : 객체를 절단하면서 모따기한다.
  No trim : 객체를 절단하지 않고 모따기한다.

ⓐ Method
모따기 방법 선택

  Distance/Angle/〈current〉:
   Distance : Distance기능에 의해 설정된 거리로 모따기 한다.
   Angle : Angle기능에 의해 설정된 거리로 모따기 한다.

Solid 모델도 Chamfer명령에 의해 모서리가 모따기 된다.

  Polyline/Distance/Angle/Trim/Method/〈Select first line〉:→모서리 선택
  Select base surface : → 첫 번째 거리가 적용될 면을 선택한다.
  Next/〈OK〉 : → 원하는 면을 Next기능으로 선택한다.
  Enter base surface distance 〈current〉 : → 길이 지정 기준면에 적용될 길이
  Enter other surface distance 〈current〉 : → 길이 지정
  Loop/〈Select edge〉: → 모따기할 모서리를 선택한다.

ⓐ Loop
같은 평면에 있는 여러 개의 모서리들을 한번에 모따기 한다.

  Edge/〈Select edge loop〉:

예제 [example]

34. 거리값을 입력받아 모따기 하기

1. 거리가 같은 경우 모따기

    명 령 : CHAMFER
    (TRIM모드)현재 모따기거리 거리1=0.0000 거리2=0.0000
    폴리선(P)/거리(D)/각도(A)/자르기(T)/방법(M)/〈첫번째 선 선택〉: D
    첫번째 모따기 거리 입력 〈0.0000〉: 20
    두번째 모따기 거리 입력 〈20.000〉:

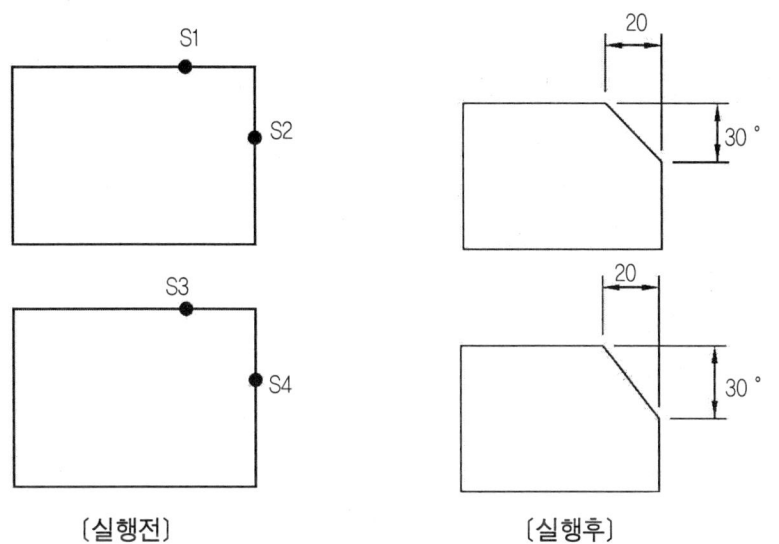

[실행전]   [실행후]

    명 령 : CHAMFER
    (TRIM모드)현재 모따기 거리1=20.0000 거리2=20.0000
    폴리선(P)/거리(D)/각도(A)/자르기(T)/방법(M)/〈첫번째 선 선택〉: S1 → S1 선택
    두번째 선 선택 : S2   → S2 선택

2. 거리가 다른 경우 모따기

    명 령 : CHAMFER
    (TRIM모드)현재 모따기 거리1=20.0000 거리2=20.0000

폴리선(P)/거리(D)/각도(A)/자르기(T)/방법(M)/〈첫번째 선 선택〉: D
첫번째 모따기 거리 입력 〈20.0000〉: 20
두번째 모따기 거리 입력 〈10.0000〉: 30

▸ 명 령: CHAMFER
(TRIM모드)현재 모따기 거리1=10.0000 거리2=20.0000
폴리선(P)/거리(D)/각도(A)/자르기(T)/방법(M)/〈첫번째 선 선택〉: S3 → S3 선택
두번째 선 선택: S4   S4 선택

35. 거리값이 0인 경우의 모따기

▸ 명 령: CHAMFER
(TRIM모드)현재 모따기 거리1=10.0000 거리2=20.0000
폴리선(P)/거리(D)/각도(A)/자르기(T)/방법(M)/〈첫번째 선 선택〉: D
첫번째 모따기 거리 입력 〈10.0000〉: 0
두번째 모따기 거리 입력 〈0.0000〉: 0

▸ 명 령: CHAMFER
(TRIM모드)현재 모따기 거리1=0.0000 거리2=0.0000
폴리선(P)/거리(D)/각도(A)/자르기(T)/방법(M)/〈첫번째 선 선택〉: S1 → S1 선택
두번째 선 선택: S2   → S2 선택

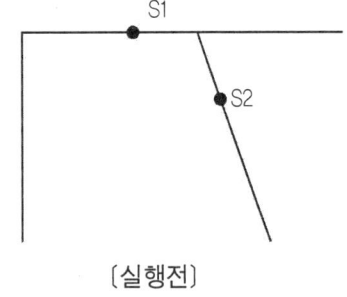
〔실행전〕

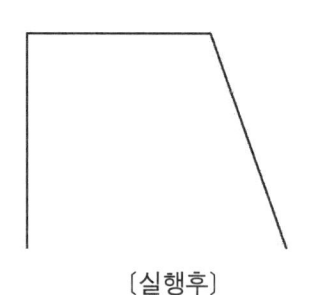
〔실행후〕

36. 폴리라인(Pline)을 이용한 모따기

명 령 : PLINE
시작 점 : 7,2
현재의 선폭은 0.0000
호(A)/닫기(C)/반폭(H)/길이(L)/명령취소(U)/폭(W)/〈선의 끝점〉: @100〈0
호(A)/닫기(C)/반폭(H)/길이(L)/명령취소(U)/폭(W)/〈선의 끝점〉: @100〈90
호(A)/닫기(C)/반폭(H)/길이(L)/명령취소(U)/폭(W)/〈선의 끝점〉: @100〈180
호(A)/닫기(C)/반폭(H)/길이(L)/명령취소(U)/폭(W)/〈선의 끝점〉: C

명 령 : PLINE
(TRIM모드)현재 모따기 거리1=0.0000 거리2=0.0000
폴리선(P)/거리(D)/각도(A)/자르기(T)/방법(M)/〈첫번째 선 선택〉: D
첫번째 모따기 거리 입력 〈0.0000〉: 10
두번째 모따기 거리 입력 〈0.0000〉: 10

명 령 : CHAMFER
(TRIM모드)현재 모따기 거리1=0.0000 거리2=0.0000
폴리선(P)/거리(D)/각도(A)/자르기(T)/방법(M)/〈첫번째 선 선택〉: P
2D 폴리선 선택 :

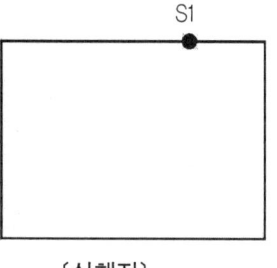
〔실행전〕

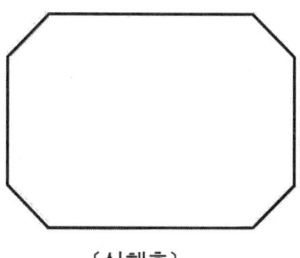
〔실행후〕

37. 거리와 각도를 입력받아 모따기를 하는 경우 첫번째 선택한 지점이 거리의 기준이 되어 각도를 실행한다.

- 명 령 : CHAMFER
  (TRIM모드)현재 모따기 거리1=0.0000 거리2=0.0000
  폴리선(P)/거리(D)/각도(A)/자르기(T)/방법(M)/〈첫번째 선 선택〉: A
  첫번째 선의 모따기 길이 입력〈0.0000〉: 20
  첫번째 선으로부터 모따기 각도 입력〈0.0000〉: 30

- 명 령 : CHAMFER
  (TRIM모드)현재 모따기 거리1=20.0000 각도=30.0000
  폴리선(P)/거리(D)/각도(A)/자르기(T)/방법(M)/〈첫번째 선 선택〉: S1
  기준이 되는 도면요소 선택
  두번째 선 선택 : S2   → 두번째 도면요소 선택

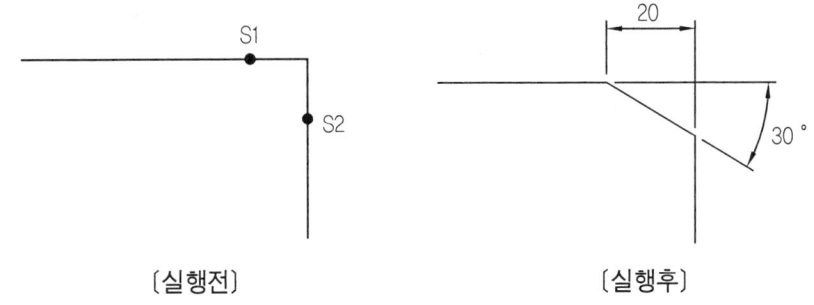

〔실행전〕   〔실행후〕

38. 자르기 명령을 이용하여 모따기 한다.

- 명 령 : CHAMFER
  (TRIM모드)현재 모따기거리 거리1=0.0000 거리2=0.0000
  폴리선(P)/거리(D)/각도(A)/자르기(T)/방법(M)/〈첫번째 선 선택〉: T
  자르기(T)/자르지 않기(N) 〈자르기〉:   → 자르기 선택
  폴리선(P)/거리(D)/각도(A)/자르기(T)/방법(M)/〈첫번째 선 선택〉: S1 → S1 선택
  두번째 선 선택 : S2   → S2 선택

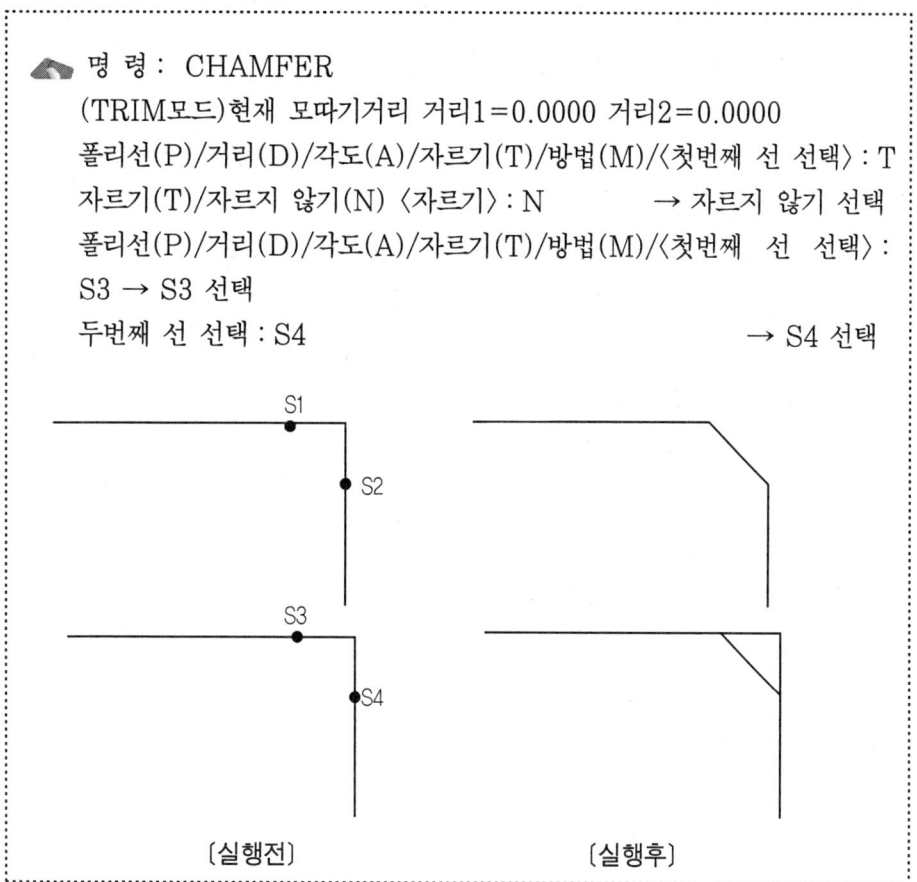

7.6.9. Break, Copy, Extend, Stretch

◉ BREAK

객체를 지정한 두 점간의 구간을 삭제

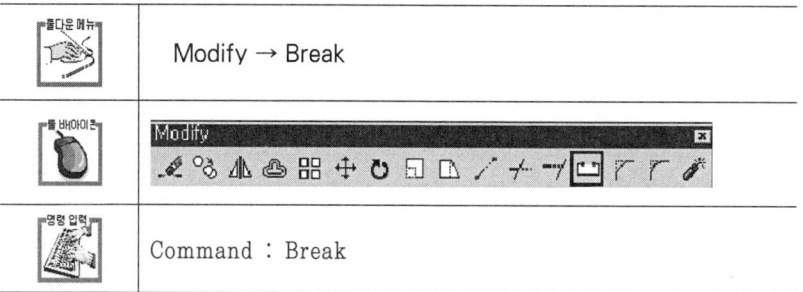

구간을 삭제하는 방법에는 지정한 두 점간의 구간을 삭제하는 방법과 같은 점을 두 번 지정하여 그 점을 기준으로 분리하는 방법이 있다.

```
Select object :                                          → 객체를 선택한다.
여기서는 선택점이 바로 첫 번째 점이 된다.
Enter second point (or F for first point) :  → 두 번째 점을 지정한다.
 첫 번째 점을 다시 지정하려면 "F"를 입력한다.
Enter first point:
Enter second point:
 @를 입력하면 같은 점을 지정하여 지정된 점을 기준으로 분리된다.
```

예제 [example]

39. 선(Line)의 원하는 일부분을 지운다.

명 령 : BREAK
객체 선택 : S1   → 자르기
작점(S1) 지정
두번째 점 지정(또는 첫번째 점인 경우 F) : S2   → 자르기
끝점(S2) 지정

이 경우에는 객체선택에서 선택한 지점에서부터 두번째 점까지가 삭제된다.

〔실행전〕   〔실행후〕

40. 분리점이 정해진 부분을 지운다.

    명 령 : BREAK
    객체 선택 : S1   → 원(S1) 선택
    두번째 점 지정(또는 첫번째 점인 경우 F) : F
    첫번째 점 지정 : INT   P1의   → P1 지정
    두번째 점 지정 : INT   P2의   → P2 지정

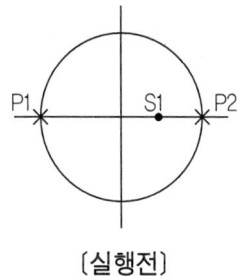 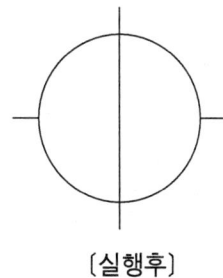

          [실행전]   [실행후]

41. 하나의 도면요소를 두 개로 나눈다.

    명 령 : BREAK
    객체 선택 : S1   → S1 지정
    두번째 점 지정(또는 첫번째 점인 경우 F) : @

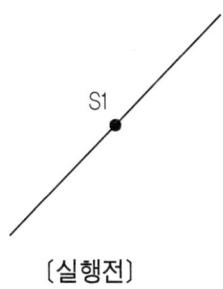 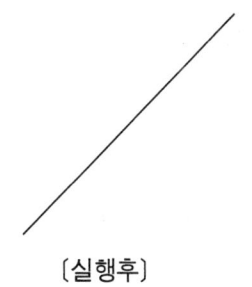

          [실행전]   [실행후]

42. 원의 원하는 지점을 잘라보도록 하자.

    명 령 : BREAK
    객체 선택 : S1   → S1 지정
    두번째 점 지정(또는 첫번째 점인 경우 F) : S2   → S2 지정

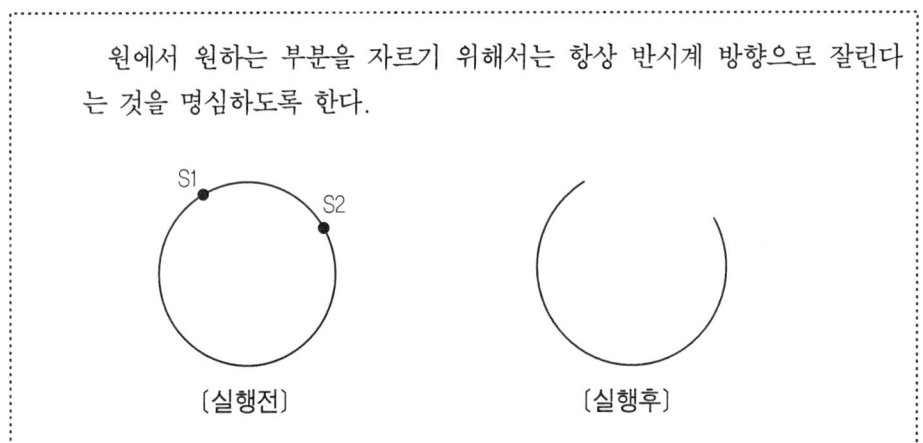

원에서 원하는 부분을 자르기 위해서는 항상 반시계 방향으로 잘린다는 것을 명심하도록 한다.

〔실행전〕 〔실행후〕

ⓐ COPY
선택된 객체를 복사한다.

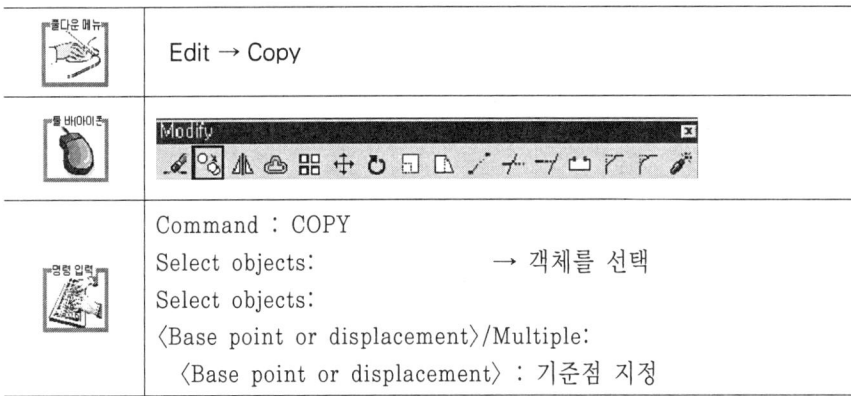

풀다운 메뉴	Edit → Copy
툴 바아이콘	Modify
명령 입력	Command : COPY Select objects: → 객체를 선택 Select objects: 〈Base point or displacement〉/Multiple: 　〈Base point or displacement〉: 기준점 지정

ⓐ Mutilple
한 번에 여러 개를 복사한다.

ⓐ Second point or displacement
복사할 도면요소의 위치점 입력

　Mutiple 기능은 같은 모양의 객체가 여러개일 때 기준점을 한번만 지정하고 연속해서 복사할 객체의 위치점을 지정할 수 있어 편리하다.

예제 example

43. 원본 하나만 복사

명 령 : Circle
3점(3P)/2점(2P)/두접선과 반지름(T)/〈중심점〉: 100,50
지름(D)/〈반지름〉〈10.00〉: 20

명 령 : Copy
객체 선택 : L   → 마지막에 그린 원 선택
객체 선택 :
〈기준점 또는 변위〉/다중(M) : 100,50
변위의 두번째 점 : @100〈0

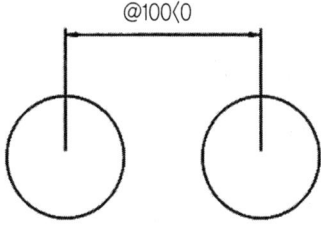

44. 원(150,100)의 중심점을 기준으로 150만큼 45°방향에 복사

명 령 : Copy
객체 선택 : L   → 마지막에 그린 원 선택
객체 선택 :
〈기준점 또는 변위〉/다중(M) : CEN의   → 원(S1) 선택
변위의 두번째 점 : @150〈45

중심점 : 150, 100
반지름 : 30

@150〈45

45. 원본에 여러 개를 복사

    명 령 : Copy
    객체 선택 : S1   → 가운데 원(S1) 선택
    객체 선택 :
    〈기준점 또는 변위〉/다중(M) : M   → 다중복사 선택
    기준점 : CEN   의   → 원 (S1) 선택
    변위의 두번째 점 : @100〈0
    변위의 두번째 점 : @100〈-45
    변위의 두번째 점 : @100〈-90
    변위의 두번째 점 :

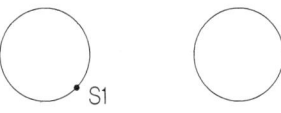

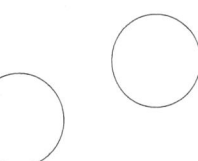

중심점 : 150, 100
반지름 : 30

⊙ EXTEND

선택된 객체를 지정된 경계까지 연장

	Modify → Extend

	Command : EXTEND Select objects: → 경계 선택 〈Select object to extend〉/Project/Edge/Undo: 〈Select object to extend〉 :연장할 객체를 선택(연장할 방향에 가깝게 선택)

▲ Project

None/Ucs/View 〈current〉:

None : 연장될 객체가 현재의 UCS평면과 평행하지 않아도 경계로 선택된 객체와 교차하거나 연결되어 있으면 연장된다.
UCS : 연장되는 객체와 경계로 지정된 객체가 현재의 UCS와 평행해야 연장된다.
View : 현재의 UCS에 상관없이 현재의 관찰시점에서 경계로 선택한 객체와 교차하거나 연결되어 있으면 연장된다.

▲ Edge

경계로 선택된 객체가 연장할 객체와 교차하지 않아도 가상 연장선상에서 교차가 되면 연장을 가능하게 한다.

Extend / No extend 〈current〉:

Extends : 경계로 선택된 객체를 연장한다.
No Extends : 경계로 선택된 객체를 연장하지 않는다.

▲ Undo

바로 전에 실행된 연장을 취소한다.

예제 example

46. 연장 명령어를 이용한 선 연결

명 령 : EXTEND
경계 모서리 선택(투영모드 = UCS, 모서리모드 = 연장안함)
객체 선택 : S1   → S1 선택
1개 찾음
객체 선택 :
〈연장할 객체 선택〉/투영(P)/모서리(E)/명령취소(U) : S2 → S2
〈연장할 객체 선택〉/투영(P)/모서리(E)/명령취소(U) : S3 → S3
〈연장할 객체 선택〉/투영(P)/모서리(E)/명령취소(U) : S4 → S4
〈연장할 객체 선택〉/투영(P)/모서리(E)/명령취소(U) :

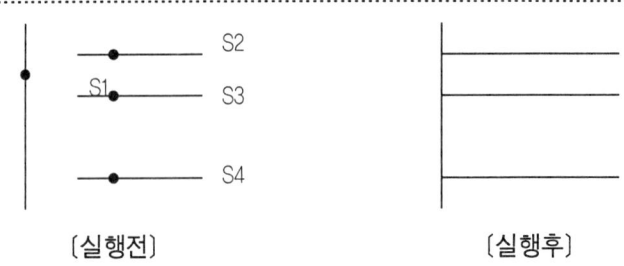

〔실행전〕　　　　　　　〔실행후〕

　연장할 객체를 선택할 때는 연장하고자하는 방향에 가깝게 객체를 선택한다.

47. 연장 명령을 이용한 원 연결

- 명 령 : EXTEND
  경계 모서리 선택(투영모드 = UCS, 모서리모드 = 연장)
  객체 선택 : S1
  객체 선택 :
  〈연장할 객체 선택〉/투영(P)/모서리(E)/명령취소(U) : S2
  〈연장할 객체 선택〉/투영(P)/모서리(E)/명령취소(U) :

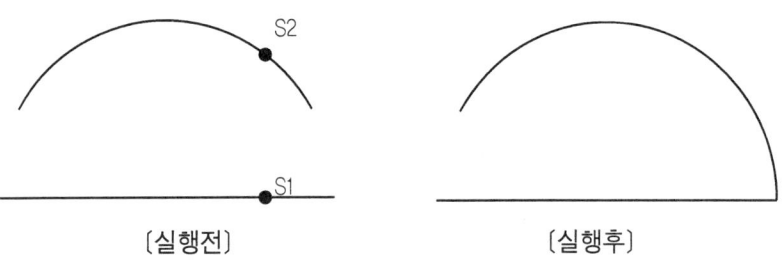

〔실행전〕　　　　　　　〔실행후〕

48. 모서리를 이용한 연장

- 명 령 : EXTEND
  경계 모서리 선택(투영모드 = UCS, 모서리모드 = 연장)
  객체 선택 : S1
  객체 선택 :
  〈연장할 객체 선택〉/투영(P)/모서리(E)/명령취소(U) : E
  연장(E)/연장안함(N) 〈연장〉 :

```
〈연장할 객체 선택〉/투영(P)/모서리(E)/명령취소(U) : S2
〈연장할 객체 선택〉/투영(P)/모서리(E)/명령취소(U) : S3
〈연장할 객체 선택〉/투영(P)/모서리(E)/명령취소(U) : S4
〈연장할 객체 선택〉/투영(P)/모서리(E)/명령취소(U) :
```

〔실행전〕　　　　　　〔실행후〕

⊙ STRETCH

객체를 이동시키거나 늘였다 줄였다한다.

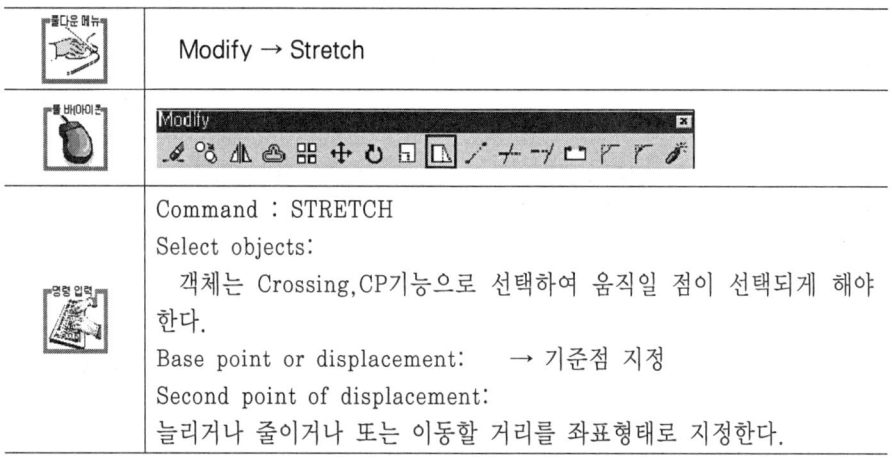

```
Command : STRETCH
Select objects :
   객체는 Crossing, CP기능으로 선택하여 움직일 점이 선택되게 해야
한다.
Base point or displacement :     → 기준점 지정
Second point of displacement :
늘리거나 줄이거나 또는 이동할 거리를 좌표형태로 지정한다.
```

예제 [example]

49. 아래 원본 그림을 그린 뒤 연습해 보자.

　명 령 : STRETCH
　　걸침 윈도우 또는 걸침 다각형으로 신축할 객체선택...
　객체 선택 : C

첫번째 구석 : P1 → P1 지정
반대 구석 : P2 → P2 지정
객체 선택 :
기준점 또는 변위 : END의 → S1 선택
변위의 두번째 점 : P3 → P3 지정

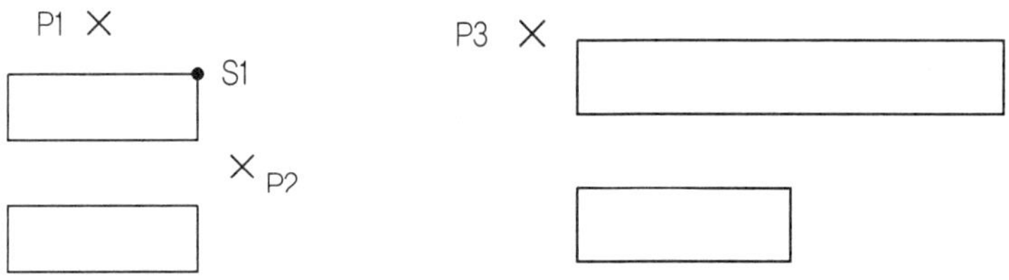

〔실행전〕　　　　　　　　〔실행후〕

50. 치수 기입이 되어 있는 경우 도면 요소가 늘어나면 치수도 자동 조절된다.

   명 령 : STRETCH
   걸침 윈도우 또는 걸침 다각형으로 신축할 객체선택...
   객체 선택 : C
   첫번째 구석 : P1 → P1 지정
   반대 구석 : P2 → P2 지정
   객체 선택 :
   기준점 또는 변위 : END의 → S1 선택
   변위의 두번째 점 : @50〈0

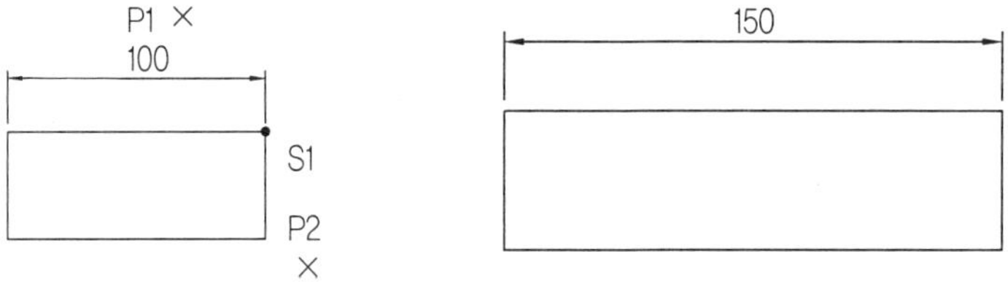

〔실행전〕　　　　　　　　〔실행후〕

7.6.10. Move, Mirror, Rotate

ⓐ MOVE

선택된 객체를 이동시킨다.

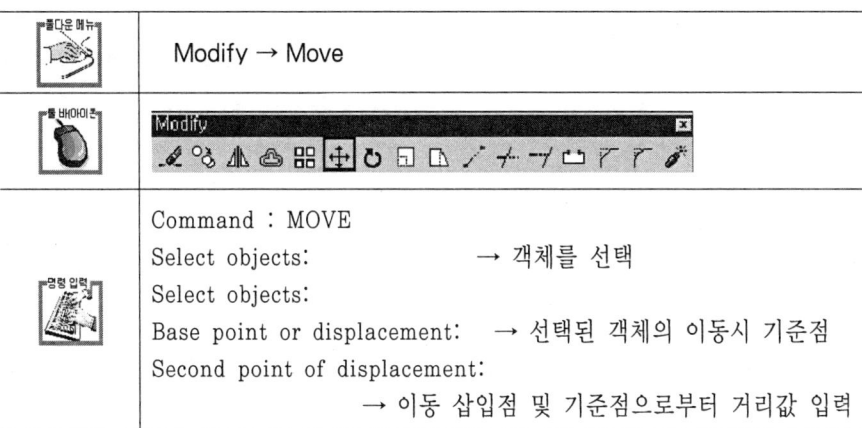

풀다운 메뉴	Modify → Move
툴 바아이콘	Modify
명령 입력	Command : MOVE Select objects: → 객체를 선택 Select objects: Base point or displacement: → 선택된 객체의 이동시 기준점 Second point of displacement: 　　　　　　→ 이동 삽입점 및 기준점으로부터 거리값 입력

예제 [example]

51. 두 개의 원을 서로의 위치로 변경하기

　명 령 : Circle
　3점(3P)/2점(2P)/두접선과 반지름(T)/〈중심점〉: 150,150
　지름(D)/〈반지름〉: 50

　명 령 : Circle
　3점(3P)/2점(2P)/두접선과 반지름(T)/〈중심점〉: @100〈45
　지름(D)/〈반지름〉: 30

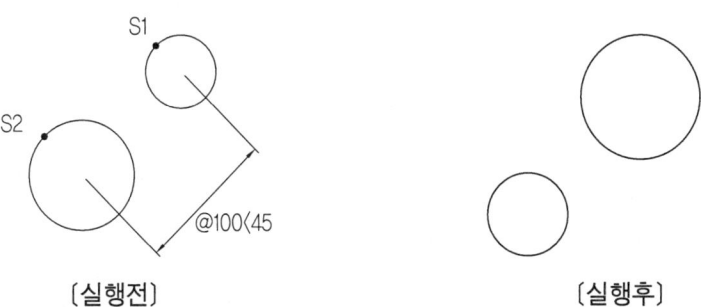

〔실행전〕　　　　　　　　　　〔실행후〕

52. 두개의 원을 서로의 위치로 변경하기

명 령 : MOVE
객체 선택 : S1 → 이동시킬 대상 "원" 선택
객체 선택 :
기준점 또는 변위 : CEN의 → 이동 대상의 기준점 "원의중심(S1)" 지정
변위의 두번째 점 : @100〈225 → 이동 대상 위치 지정

명 령 : MOVE
객체 선택 : S2 → 이동시킬 대상 "원" 선택
객체 선택 :
기준점 또는 변위 : CEN의 → 이동 대상의 기준점 "원의 중심 (S2)" 지정
변위의 두번째 점 : @100〈45 → 이동 대상 위치 지정

ⓐ MIRROR
객체를 지정하는 점을 축으로 하여 대칭복사, 이동

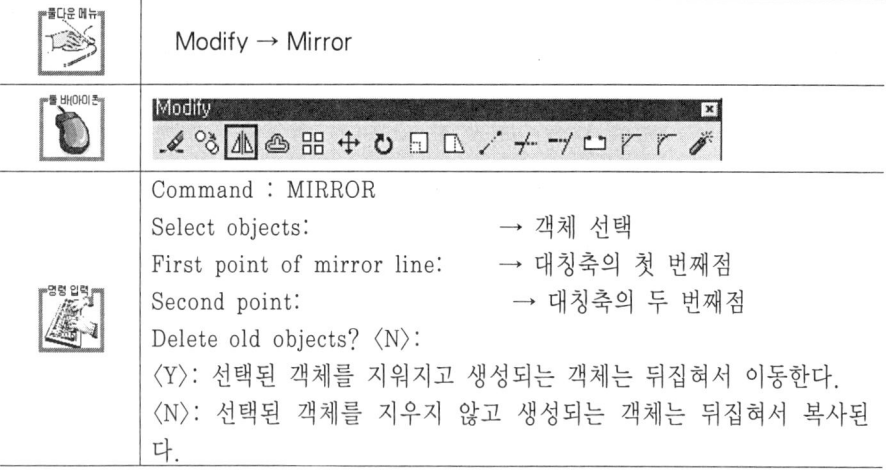

풀다운 메뉴	Modify → Mirror
툴 바아이콘	Modify
명령 입력	Command : MIRROR Select objects: → 객체 선택 First point of mirror line: → 대칭축의 첫 번째점 Second point: → 대칭축의 두 번째점 Delete old objects? 〈N〉: 〈Y〉: 선택된 객체를 지워지고 생성되는 객체는 뒤집혀서 이동한다. 〈N〉: 선택된 객체를 지우지 않고 생성되는 객체는 뒤집혀서 복사된다.

예제 [example]

53. 도형을 대칭복사 시키는 방법

명 령 : MIRROR
객체 선택 : C
첫번째 구석 : P1   → 윈도우 영역(P1) 지정
반대 구석 : P2   → 윈도우 영역(P2) 지정
객체 선택 :
대칭선의 첫번째 점 : END의 → 선(S1)의 시작점에 가까운 선 선택
두번째 점 : END의   → 선(S2)의 끝점에 가까운 선 선택
이전 객체 삭제?〈N〉:
이전 객체 삭제?〈N〉: Y
※ 만약 맨 마지막 부분에서 "Y"를 하는 경우 기존의 도면요소는 삭제됨

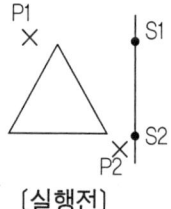  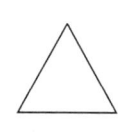 

〔실행전〕   〔이전객체사용〕   〔이전객체삭제〕

54. 문자와 속성을 대칭 복사시키는 방법

명 령 : TEXT
자리맞추기(J)/유형(S)/〈시작점〉: 100,100
높이 〈0.200〉: 10
회전각도 〈0〉:
문자 : AUTOCAD R13

명 령 : TEXT
자리맞추기(J)/유형(S)/〈시작점〉: 100,150
높이 〈0.200〉: 10
회전각도 〈0〉: 0
문자 : AUTOCAD R14

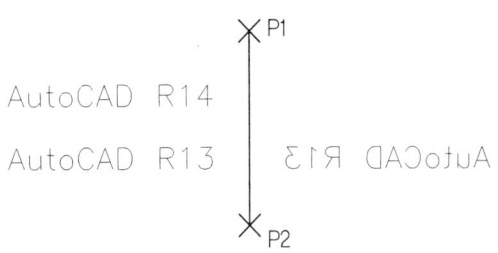

- 명 령 : MIRROR
  객체 선택 : S1   → AUTOCAD R13 (S1) 선택
  객체 선택 :
  대칭선의 첫번째 점 : P1   → 기준점 P1 지정
  두번째 점 : P2   → 기준점 P2 지정
  이전 객체 삭제? 〈N〉 :

55. 문자와 속성을 대칭 복사시키는 방법
  문자가 뒤집혀서 반사되는데 이것을 올바르게 반사시키기 위에서는 시스템 변수(MIRR TEXT)를 변경시키면 된다.

- 명 령 : MIRRTEXT
  MIRRTEXT의 새값 〈1〉 : 0

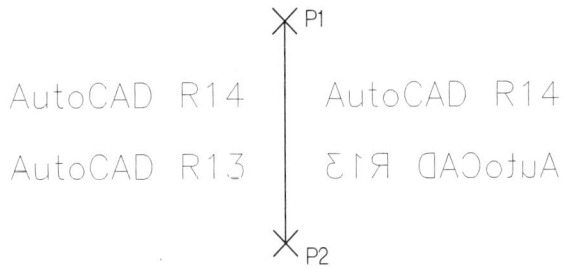

```
명 령 : MIRROR
객체 선택 : S2              → AUTOCAD R14 (S2) 선택
객체 선택 :
대칭선의 첫번째 점 : P1      → 기준점 P1 지정
두번째 점 : P2              → 기준점 P2 지정
이전 객체 삭제? 〈N〉 :
```

ROTATE
객체를 축을 기준으로 회전

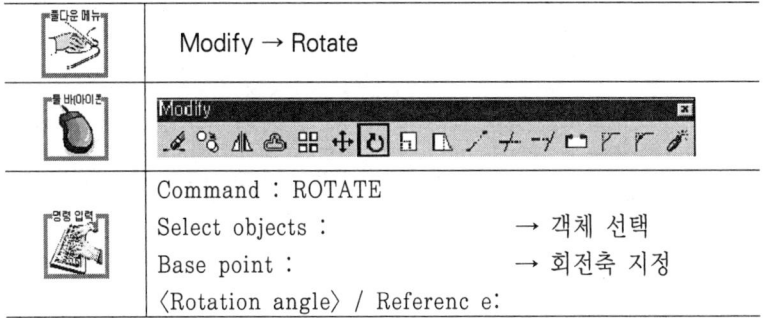

〈Rotation angle〉 : 각도 지정

Reference

  Reference angle : 지정된 각도가 절대각으로 하여 새로운 0도를 구한다.

  New angle : 0도에서 새로운 각도로 객체를 회전한다.

example
56. 상대각도

```
명 령 : Line
시작 점 : 100,100
다음 점 : @100〈0
```

🔹 명 령 : Line
　시작 점 : MID의 → 선 선택
　다음 점 : @50<90

🔹 명 령 : ROTATE
　객체 선택 : S1　　　　　→ S1 선택
　객체 선택 :
　기준점 : END의　　　　→ 수직선(S1) 선택
　<회전각도>/참조(R) : 45

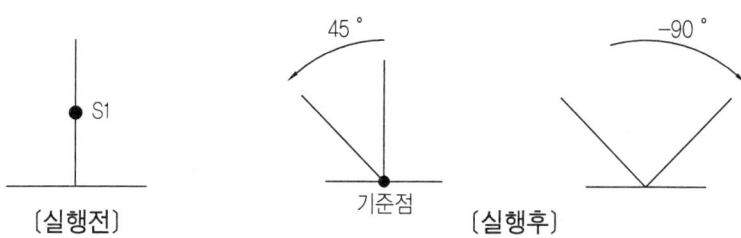

🔹 명 령 : ROTATE
　객체 선택 : L　　　　　→ 마지막에 그린 도면요소 선택
　1개 찾음.
　객체 선택 :
　기준점 : @　　　　　　→ 마지막에 지정한 기준점 지정(@)
　<회전각도>/참조(R) : -90

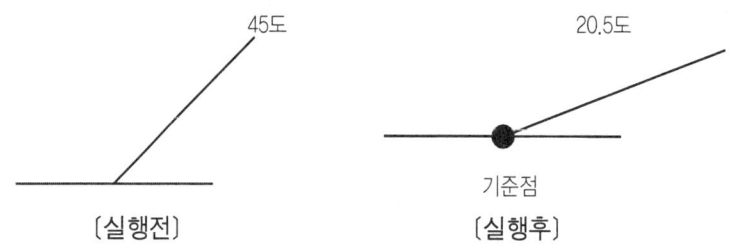

57. 절대 각도

현재의 각도가 45도이고 이 각을 20.5도가 되려고 한다면 앞에서 배운 상대각도 방식은 -24.5도를 계산하여 입력해야 하지만, 절대 각도 방식은 현재각도와 새로운 각도만을 입력.

    명 령 : ROTATE
    객체 선택 : L
    1개 찾음.
    객체 선택 :
    기준점 : @   → 최종 좌표 지정
    〈회전각도〉/참조(R) : R
    참조 각도 〈0〉 : 45
    새로운 각도 : 20.5

7.6.11. Array, Scale, Change, Chprop

ARRAY

객체를 일정한 형태로 다중 복사한다.

풀다운 메뉴	Modify → Array
아이콘	Modify 툴바

명령 입력	Command : ARRAY
	객체를 행과 열, 즉 사각배열 또는 축을 중심으로 원회전하며 정렬한다.
	Select object : → 객체 선택
	Rectangular or Polar array (R/P) 〈current〉:
	  Rectangular
	    Number of rows (---) 〈1〉: → 행으로 복사될 수 지정
	    Number of columns (|||) 〈1〉: → 열로 복사될 수 지정
	                                          → 선택된 객체포함
	    Unit cell or distance between rows (---): → 객체의 행간 거리값
	    Distance between columns (|||): → 객체의 열간 거리값
	  Polar
	    Base/〈Specify center point of array:
	    Number of items: → 복사할 객체의 수 지정
	    Angle to fill (+=ccw, -=cw) 〈360〉: → 회전 복사할 각도
	    Rotate objects as they are copied? 〈Y〉:
	→ 〈Y〉 선택한 객체 자전 〈N〉 선택한 객체가 자전을 하지 않는다.

객체의 수를 지정하지 않은 면

>Number of items: → enter를 누른다.
>Angle to fill (+=ccw, -=cw) 〈360〉:   → 회전 복사할 각도
>Angle between items: → 복사되는 객체간의 각도
>Rotate objects as they are copied? 〈Y〉

예제 [example]

58. 사각형 배열(Rectangular Array)

명 령 : Circle
3점(3P)/2점(2P)/두접선과 반지름(T)/〈중심점〉: 50,50
지름(D)/〈반지름〉〈10.00〉: 20

명 령 : Line
시작 점 : 50,50
다음 점 : @20〈0

명 령 : ARRAY
객체 선택 :   → 원과 선을 동시에 선택한다.
직사각형 또는 원형배열(〈R〉/P) : R
행 수 〈1〉: 3
열 수 〈1〉: 5
행 사이의 단위 셀 또는 거리(---) : 40
열 사이의 거리 (|||) : 50

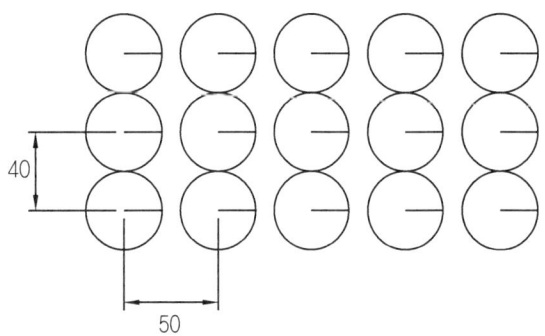

59. 각도에 의한 원형배열

　명 령 : Circle
　3점(3P)/2점(2P)/두접선과 반지름(T)/〈중심점〉: 100,150
　지름(D)/〈반지름〉〈10.00〉: 20

　명 령 : Circle
　3점(3P)/2점(2P)/두접선과 반지름(T)/〈중심점〉: 100,150
　지름(D)/〈반지름〉〈10.00〉: 10

　명 령 : ARRAY
　객체 선택 : S1　　　　　　　　　　　→ (R=10)인 원 지정
　직사각형 또는 원형배열 (〈R〉/P) : P
　기준(B)/〈배열의 중심점 지정〉: P1　→ P1 지정
　항목 수 : 5
　채울 각도 (+=CCW, -=CW)〈360〉: 180
　복사되는 대로 객체 회전? 〈Y〉:

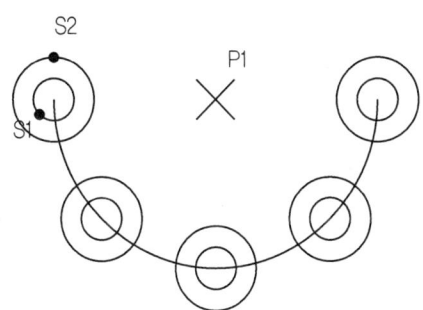

60. 각도에 의한 원형배열

　명 령 : ARRAY
　객체 선택 : S1　　　　　　　　　　　→ (R=20)인 원 지정
　직사각형 또는 원형배열 (〈R〉/P) : P
　기준(B)/〈배열의 중심점 지정〉: P1　→ P1 지정
　항목 수 : 3
　채울 각도 (+=CCW, -=CW)〈360〉: 90
　복사되는 대로 객체 회전? 〈Y〉:

61. 원형 배열

명 령 : ARRAY
객체 선택 : S1   → 배열대상 선택
직사각형 또는 원형배열 (〈R〉/P) : P
기준(B)/〈배열의 중심점 지정〉: P1   → 회전시킬 중심점(P1) 지정
항목 수 : 8
채울 각도 (＋=CCW, －=CW)〈360〉:
복사되는 대로 객체 회전? 〈Y〉:

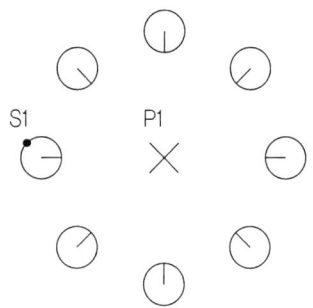

명 령 : ARRAY
객체 선택 : S1   → 배열대상(S1) 선택
직사각형 또는 원형배열 (〈R〉/P) : P
기준(B)/〈배열의 중심점 지정〉: P1   → 회전시킬 중심점(P1) 지정
항목 수 : 8
채울 각도 (＋=CCW, －=CW)〈360〉:
복사되는 대로 객체 회전? 〈Y〉: N

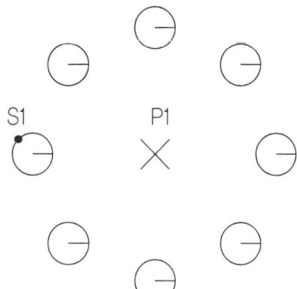

▲ SCALE

객체의 크기를 일정한 수치 비율로 조절한다.

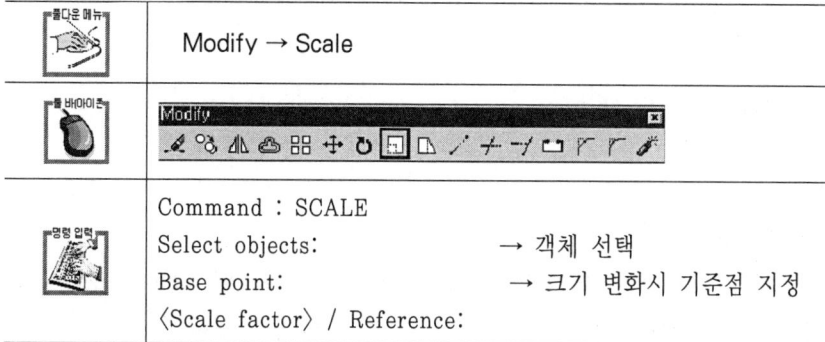

⟨Scale factor⟩ : 크기 비율 지정

현재 크기를 1로 해서 3배로 늘릴 때는 3을 2배로 줄일 때는 0.5로 한다.

Reference

　Reference length : 지정된 길이가 절대 길이로 설정된다.

　New length : 새로 설정된 절대길이가 기준이 되어 새로운 길이로 객체를 조절한다.

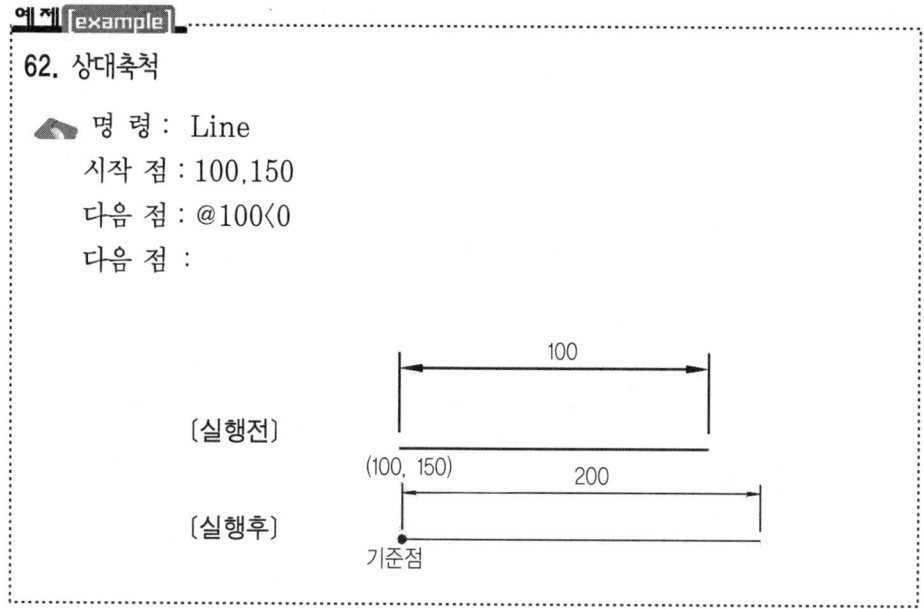

명 령: SCALE
객체 선택: L   → 마지막에 그려진 선 선택
1개 찾음
객체 선택:
기준점: 100,150
〈축척요인〉/참조(R): 2   → 2배 확대

63. 절대 축척

현재 길이가 128인 선을 250으로 늘이려고 한다면 비율을 구해야 되지만 절대축척은 현재 길이와 새로운 길이만을 입력하면 된다.

명 령: Line
시작 점: 100,100
다음 점: @128<0
다음 점:

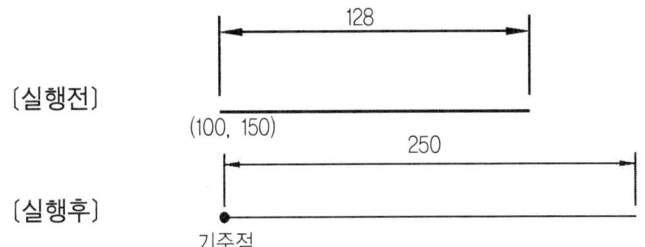

〔실행전〕

〔실행후〕

명 령: SCALE
객체 선택: L 1개 찾음.   → 마지막에 그려진 선 선택
객체 선택:
기준점: 100,100
〈축척요인〉/참조(R): R   → 절대 축척 선택
참조 길이 〈1〉: 128   → 기준 길이 입력
새 길이: 250   → 새로운 길이 입력

ⓐ CHANGE
객체의 특성을 변경

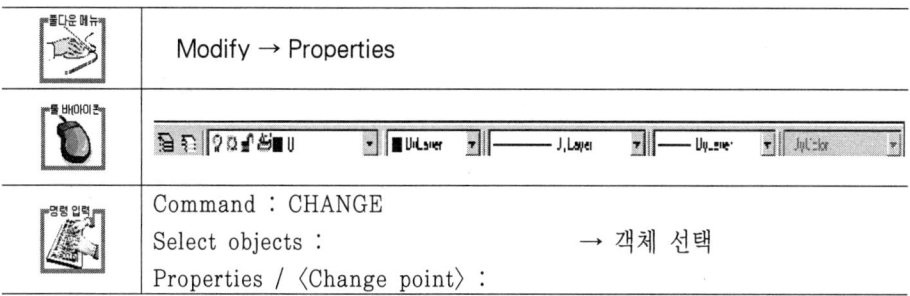

Chprop명령과 동일한 기능을 하지만 객체의 point를 변경하는 것과 문자를 변경할 수 있다는 점이 틀리다.

    ⟨Change point⟩   → enter를 누거나 point 입력

- 원을 선택했을 때

    Enter circle radius :   → 새로운 반지름 입력

- 문자를 선택했을 때

    Enter text insertion point :   → 문자의 새로운 위치 지정
    New style or ENTER for no change : → 새로운 문자유형 입력
    New height ⟨current⟩ :   → 새로운 문자높이 지정
    New rotation angle ⟨current⟩ :   → 문자열의 새로운 회전각 지정
    New text ⟨current⟩ :   → 새로운 문자 입력

ⓐ Block

    Enter block insertion point :   → 새로운 블럭 삽입점
    New rotation angle ⟨current⟩ :   → 새로운 블럭의 회전각 지정

- Block에 첨가된 속성을 선택했을 때

    Enter text insertion point :   → 속성의 새로운 위치 지정

```
Text style: <current>              → 속성의 새로운 문자 유형 지정
New style or ENTER for no change:
New height <current> :             → 속성의 새로운 높이 지정
New rotation angle <current> :     → 속성의 새로운 회전각 지정
New text <current> :               → 속성의 새로운 문자 입력
New tag <current> :                → 속성의 새로운 꼬리표 입력
New prompt <current> :             → 속성의 새로운 프로프트 입력
New default value <current> :      → 속성의 새로운 값 입력
```

▲ Properties

```
Change what property (Color/LAyer/LType/ltScale/Thickness)?
Color : 객체의 색상을 변경한다.
   New color <current>
LAyer : 객체의 도면층을 변경한다.
   New layer <current>
LType : 객체의 선형태를 변경한다.
   New linetype <current>
ltScale : 객체의 선형태의 크기를 변경한다.
   New linetype scale <current>
Thickness : 객체의 Z측으로의 두께를 변경한다.
   New thickness <current>:
```

[1] 엔티티의 변경

사용자가 선택한 도면요소의 Point를 변경한다.

[example]

64. 선의 위치를 변경한다.

　　명 령 : CHANGE
　　객체 선택 :   → 선 3개(S1,S2,S3) 선택
　　객체 선택 :

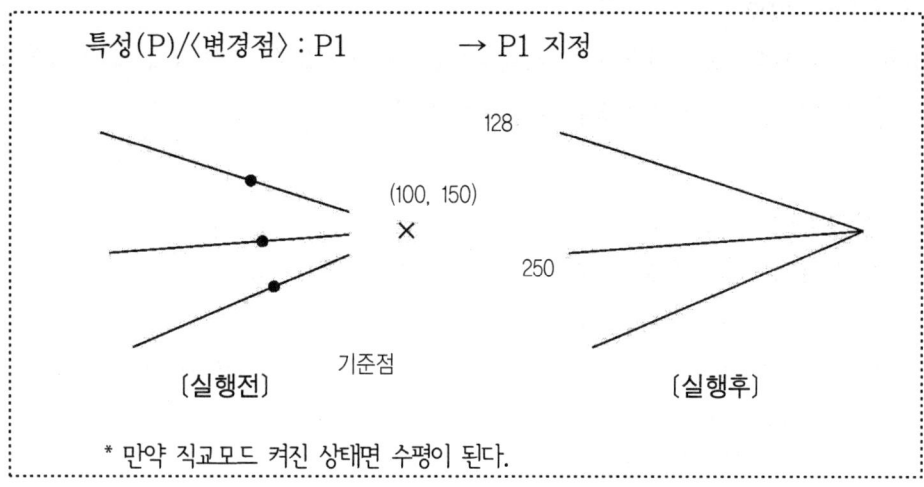

[2] 색상(Color) 변경

기존의 도면요소 중 사용자가 원하는 대상의 색상을 변경한다.

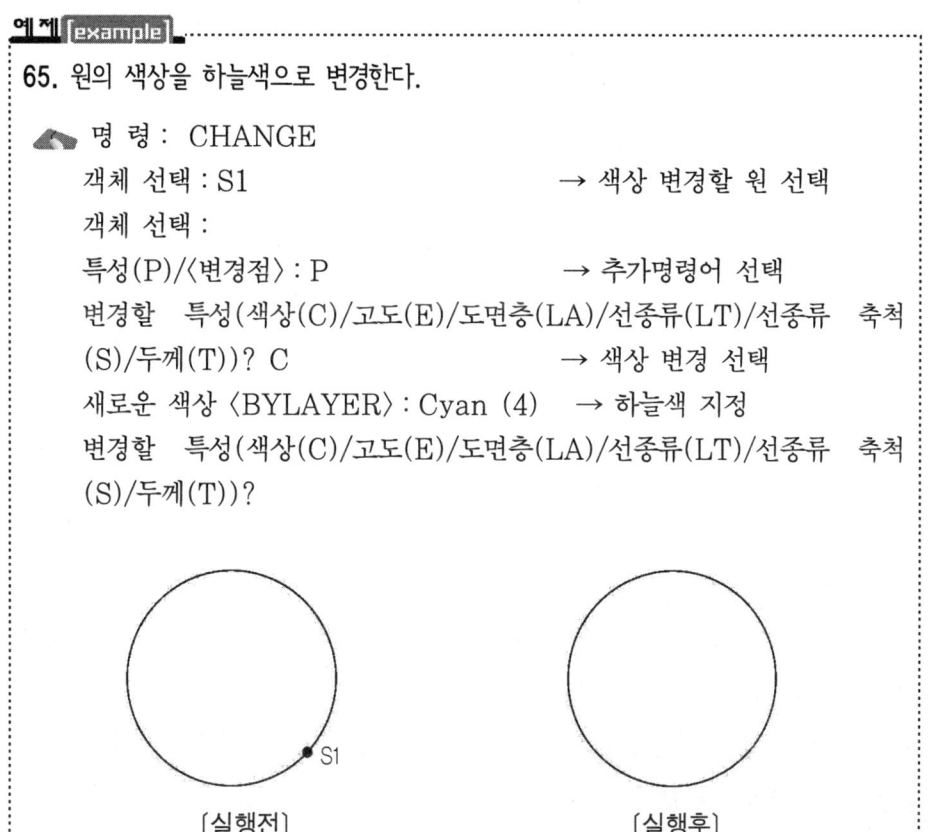

[3] 선형태(LType)

원하는 라인타입으로 변경하기 위해 AutoCAD의 표준 라인타입 라이브러리 파일 (ACAD.LIN)에 있는 선들의 이름을 지정해야 한다.

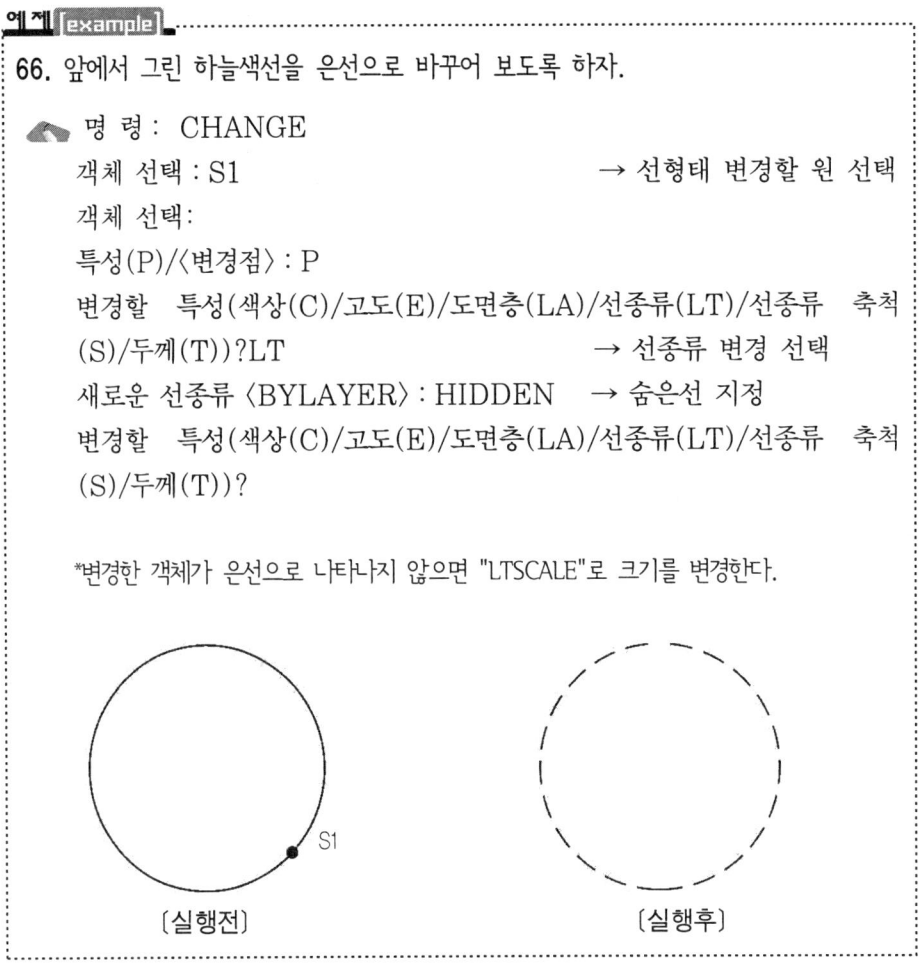

66. 앞에서 그린 하늘색선을 은선으로 바꾸어 보도록 하자.

```
명 령 : CHANGE
객체 선택 : S1                              → 선형태 변경할 원 선택
객체 선택 :
특성(P)/〈변경점〉: P
변경할  특성(색상(C)/고도(E)/도면층(LA)/선종류(LT)/선종류  축척
(S)/두께(T))?LT                             → 선종류 변경 선택
새로운 선종류〈BYLAYER〉: HIDDEN             → 숨은선 지정
변경할  특성(색상(C)/고도(E)/도면층(LA)/선종류(LT)/선종류  축척
(S)/두께(T))?
```

*변경한 객체가 은선으로 나타나지 않으면 "LTSCALE"로 크기를 변경한다.

〔실행전〕   〔실행후〕

[4] 레이어(LAyer)

사용자가 원하는 도면요소의 레이어를 다른 레이어로 이동시킨다. LType 명령과 구분하기 위해 최소한 두 문자를 입력해야 하는데, 만약 레이어를 지정해도 변경되지 않는 경우에는 LAyer를 새로이 지정해 주어야 한다. 레이어가 지정되어 있지 않다면 다음 메시지가 나타난다. 〈〈도면층 xxx을 찾을 수 없음〉〉

[5] 두께(Thickness)

선택된 도면요소의 3차원 두께를 변경시킨다.

예제 [example]

67. 객체에 두께를 지정하여 3차원 도면작성

🖱 명 령 : LINE
　시작 점 : 100,100
　다음 점 : @100<0
　다음 점 : @100<90
　다음 점 : @100<180
　다음 점 : C

🖱 명 령 : CHANGE
　객체선택 : C　　　　　→ [그림 1-4]의 왼쪽그림을 선택한다.
　첫번째 구석 : P1
　반대 구석 : P2
　객체선택 :
　특성(P)/<변경점> : P
　변경할 특성(색상(C)/고도(E)/도면층(LA)/선종류(LT)/선종류 축척(S)/두께(T))? T
　새 두께 <0.0000> : 50
　변경할 특성(색상(C)/고도(E)/도면층(LA)/선종류(LT)/선종류 축척(S)/두께(T))?
　◀ 변경된 두께를 확인하기 위해서 관측점을 변경한다.

🖱 명 령 : VPOINT
　회전(R)/<관측점><0.0000,0.0000,1.0000> : 1,1,1
　도면재생성.

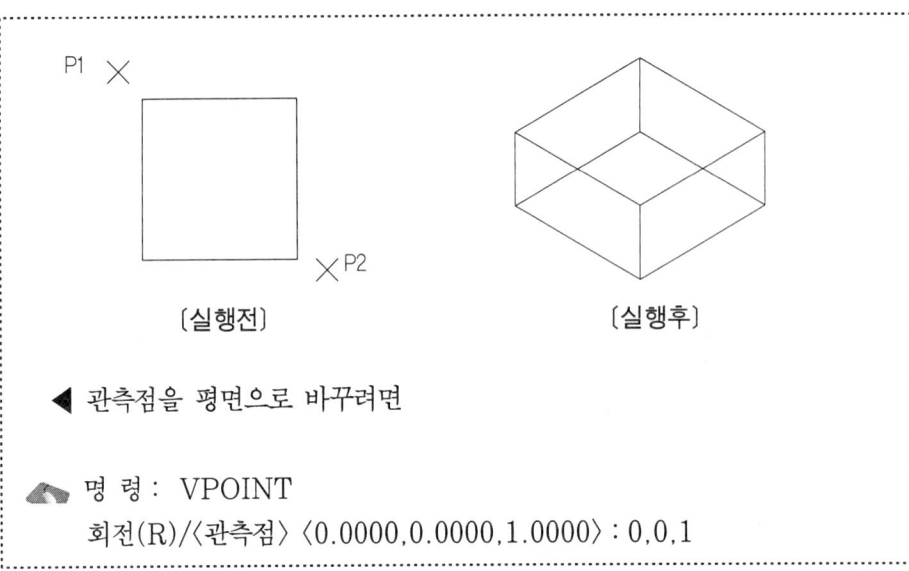

◀ 관측점을 평면으로 바꾸려면

　명 령 : VPOINT
　회전(R)/〈관측점〉〈0.0000,0.0000,1.0000〉: 0,0,1

[6] 고도(Elev)

선택된 도면요소를 Z축으로 위치를 변경시킨다.

예제 [example]

68. 두께에서 연습한 예제를 이용한다.

　명 령 : VPOINT
　회전(R)/〈관측점〉〈1.0000,1.0000,1.0000〉: 0,0,1
　도면재생성.

　명 령 : COLOR　　　　　　→ 고도 표현을 위한 색상(Cyan) 변경
　새 객체 색상 〈BYLAYER〉: Cyan(4)

　명 령 : C
　3점(3P)/2점(2P)/두접선과 반지름(T)/〈중심점〉: 120,150
　지름(D)/〈반지름〉〈10.00〉〈3.0000〉: 30

　명 령 : CHANGE
　객체 선택 :　　　　　　　　→ 원(S1) 선택
　특성(P)/〈변경점〉: P

변경할 특성(색상(C)/고도(E)/도면층(LA)/선종류(LT)/선종류 축척(S)/두께(T))? E
새 고도 〈0.0000〉 : 50
변경할 특성(색상(C)/고도(E)/도면층(LA)/선종류(LT)/선종류 축척(S)/두께(T))?

명 령 : VPOINT
회전(R)/〈관측점〉〈0.0000,0.0000,1.0000〉 : 1,1,1
도면재생성.

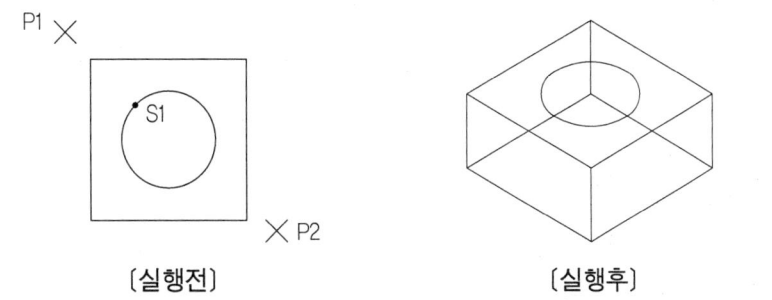

[7] 문자변경

CHANGE 명령을 이용하여 기존에 작성된 문자에 대한 속성(문자형태, 높이, 각도)을 변경시킬 수 있다. 만약 문자의 내용만 변경하기 위해서는 R.12부터 문자 편집 대화상자(DDEDIT)가 있으므로 더욱 편리하게 사용할 수 있다.

예제

69. 문자의 형태, 높이, 각도 변경

명 령 : DTEXT
자리맞추기(J)/유형(S)/〈시작점〉 : 100,250
높이 〈0.2000〉 : 10
회전각도 〈0〉 :
문자 : COMPUTER
문자 : MONITOR

문자 : AUTOCAD R14

```
COMPUTER        CAD
MONITOR         CAM
AutoCAD R14     CAE
```

    실행전   실행후

🖐 명 령 : CHANGE
객체 선택 : C
첫번째 구석 : 반대 구석 : 2개 찾음.
객체 선택 :
특성(P)/⟨변경 점⟩ :
문자 삽입점 입력 :   → 문자 위치 변경
문자 유형 : STANDARD   → 문자형태 변경
새 유형 입력 또는 변경하지 않을 경우 리턴키 :
새 높이 ⟨1.0000⟩ :   → 문자 높이 변경
새 회전 각도 ⟨0⟩ :   → 문자 각도 변경
다음 문자 ⟨MONITOR⟩ : CAD → 문자 변경
문자 삽입점 입력 :
문자 유형 : STANDARD
새 유형 입력 또는 변경하지 않을 경우 리턴키 :
새 높이 ⟨1.0000⟩ : 2   → 문자 높이 변경
새 회전각도 ⟨0⟩ :
다음 문자 ⟨COMPUTER⟩ : CAM
문자 삽입점 입력 :
문자 유형 : STANDARD
새 유형 입력 또는 변경하지 않을 경우 리턴키 :
새 높이 ⟨1.0000⟩ :
새 회전각도 ⟨0⟩ : 20
다음 문자 ⟨AUTOCAD R.13⟩ : CAE

ⓐ Area
폴리선, 다각형, 원 또는 지정하는 점이 이루는 경계의 면적을 계산한다.

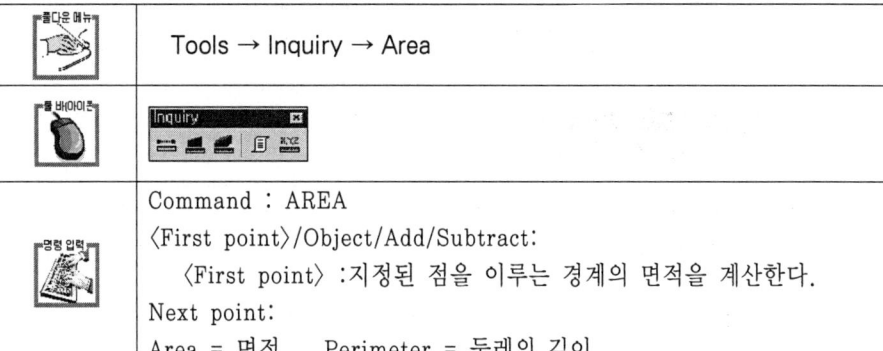

풀다운 메뉴	Tools → Inquiry → Area
툴 바아이콘	Inquiry
명령 입력	Command : AREA 〈First point〉/Object/Add/Subtract: 　〈First point〉 :지정된 점이 이루는 경계의 면적을 계산한다. Next point: Area = 면적 , Perimeter = 둘레의 길이

ⓐ Object
단일 객체(폴리선, 다각형, 원)의 면적을 계산한다.

 Select objects:　　　　　→ 객체 선택

 Area = 　, Circumference =

ⓐ Add
현재 측정된 면적값에 Add 기능 실행뒤 측정된 경계의 면적을 더한다.

 〈First point〉/Object/Subtract:

 (ADD mode) Select objects :

 Area = , Circumference =

 Total area =

ⓐ Subtract
현재 측정된 면적값에 Subtract 기능 실행 뒤 측정된 경계의 면적을 뺀다.

 〈First point〉/Object/Add :

 (SUBTRACT mode) Select objects :

 Area = , Circumference =

 Total area =

ⓐ Dist
지정된 두 점사이 간격을 구한다.

풀다운 메뉴	Tools → Inquiry → Dist
툴 바아이콘	Inquiry
명령 입력	Command : DIST First point: Second point: Distance =거리, Angle in XY Plane = 각도, Angle from XY Plane = 각도 Delta X = 변화량 x, Delta Y = 변화량 y, Delta Z = 변화량 z

ⓐ Massprop
Solid 객체의 질량을 계산한다.

풀다운 메뉴	Tools → Inquiry → Mass Properties
툴 바아이콘	Inquiry
명령 입력	Command: _massprop Select objects:

ⓐ Id
지정된 점의 X,Y,Z 좌표값을 보여준다.

풀다운 메뉴	Tools → Inquiry → ID Point
툴 바아이콘	
명령 입력	Command : ID Point:　　　→ 점 지정

⬢ List

선택된 객체의 자료를 보여준다.

풀다운 메뉴	Tools → Inquiry → List
툴바아이콘	
명령 입력	Command : LIST Select objects:

도•면•실•습

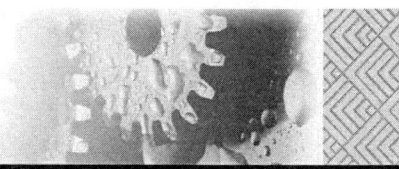

01. Line 명령어 연습(2시간)

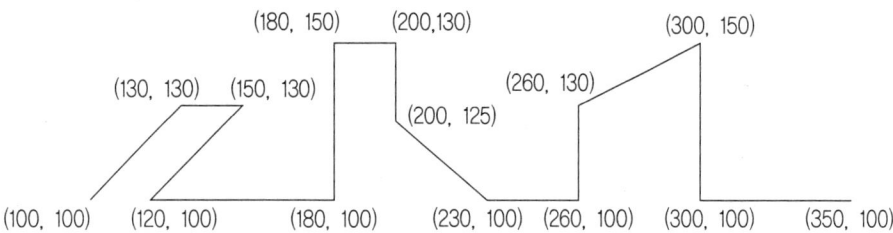

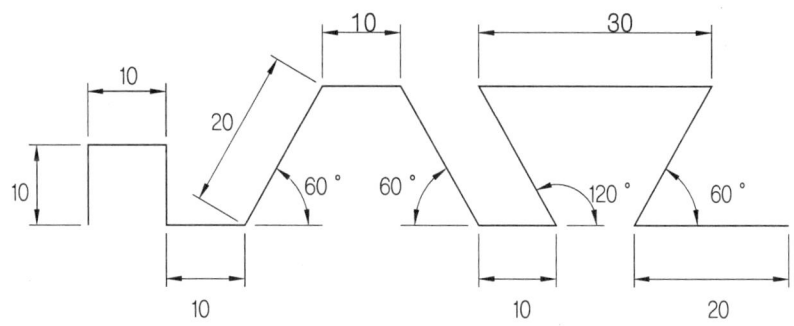

02. Line 명령어 연습(1시간)

Snap이나 Ortho 사용금지.

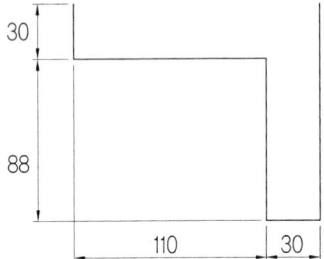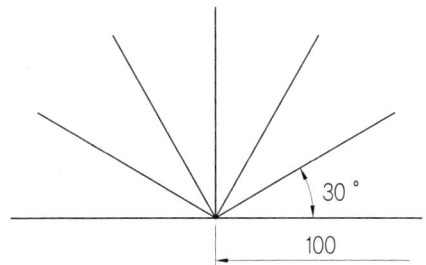

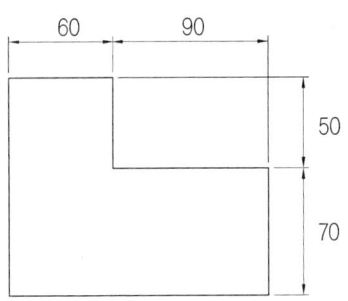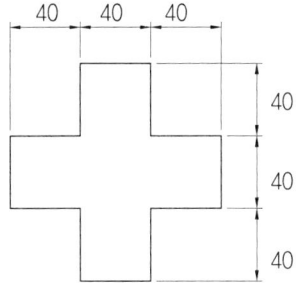

03. Circle, Arc 명령어 연습(2시간)

그림 내의 중심선은 실선으로 그릴 것.

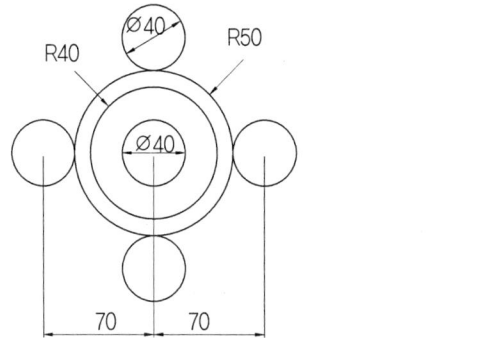
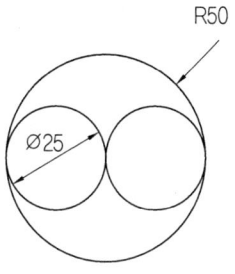
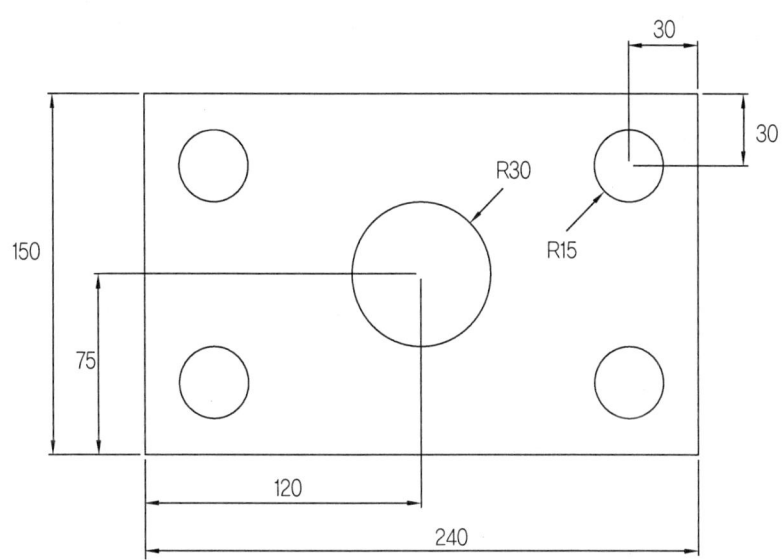

04. Circle, Arc 명령어 연습(2시간)

그림 내의 중심선은 실선으로 그릴 것.

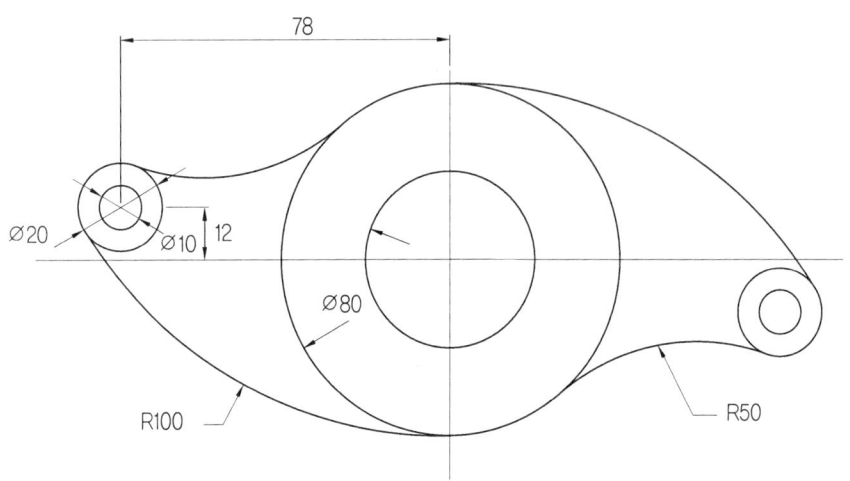

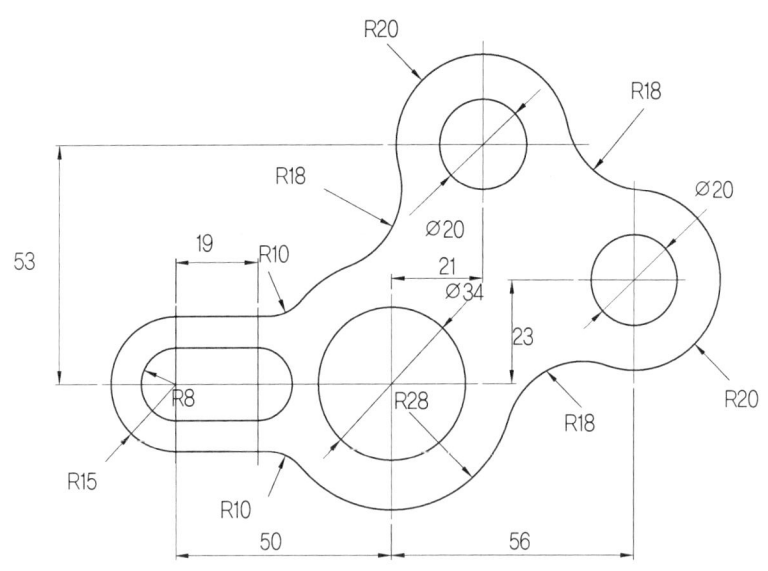

05.

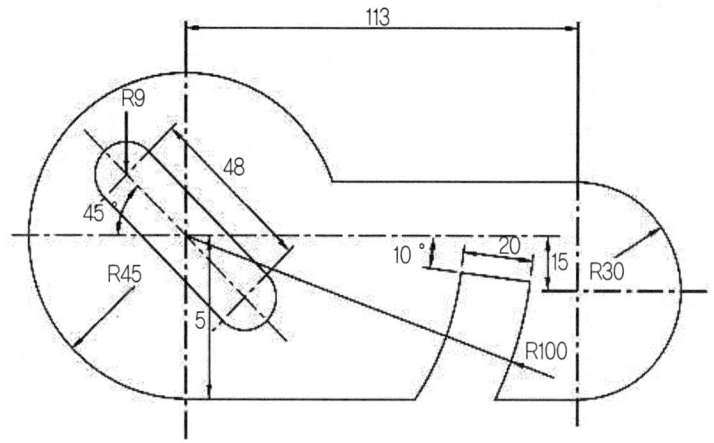

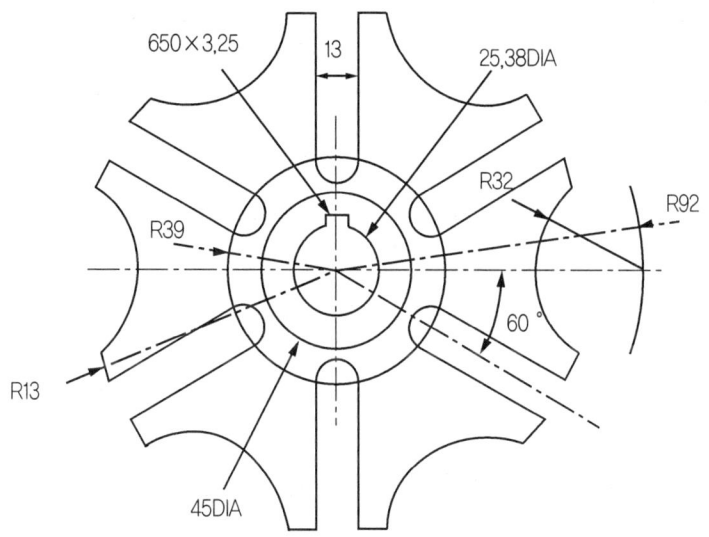

06.

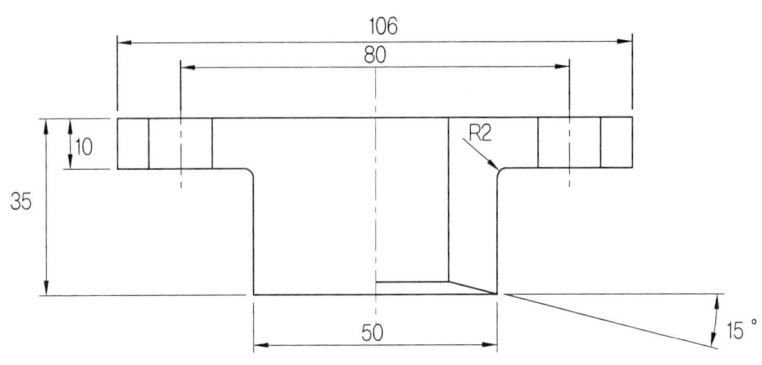

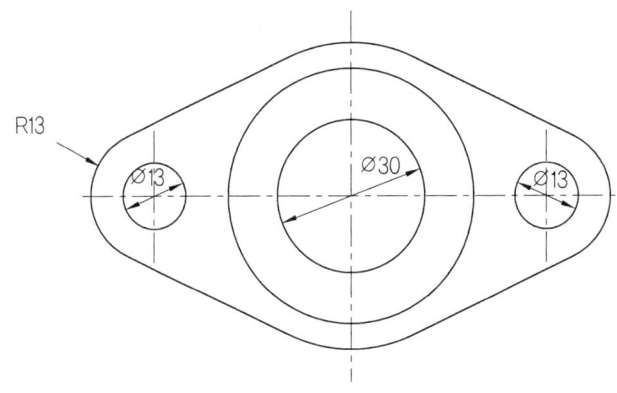

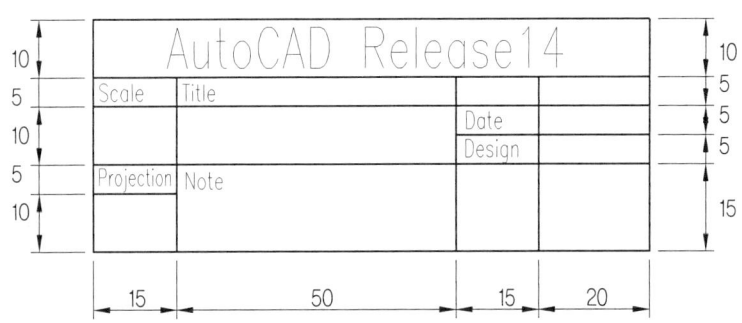

07.

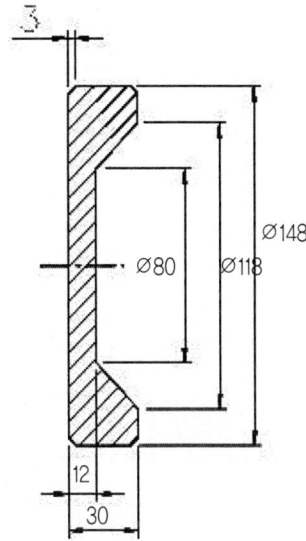
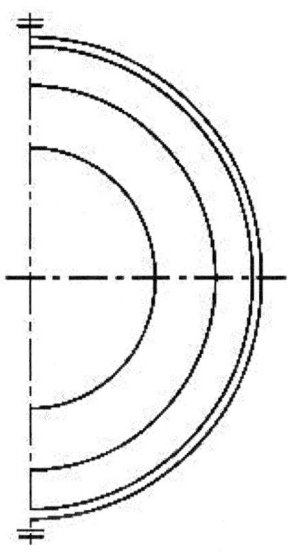

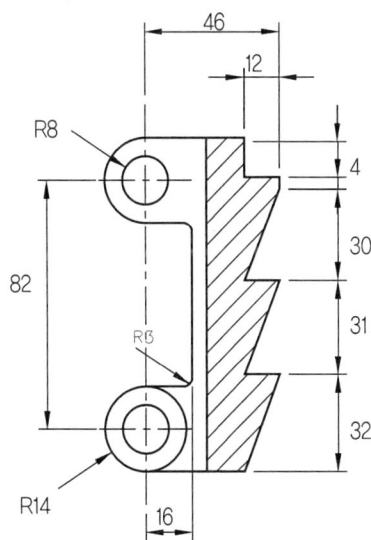

08.

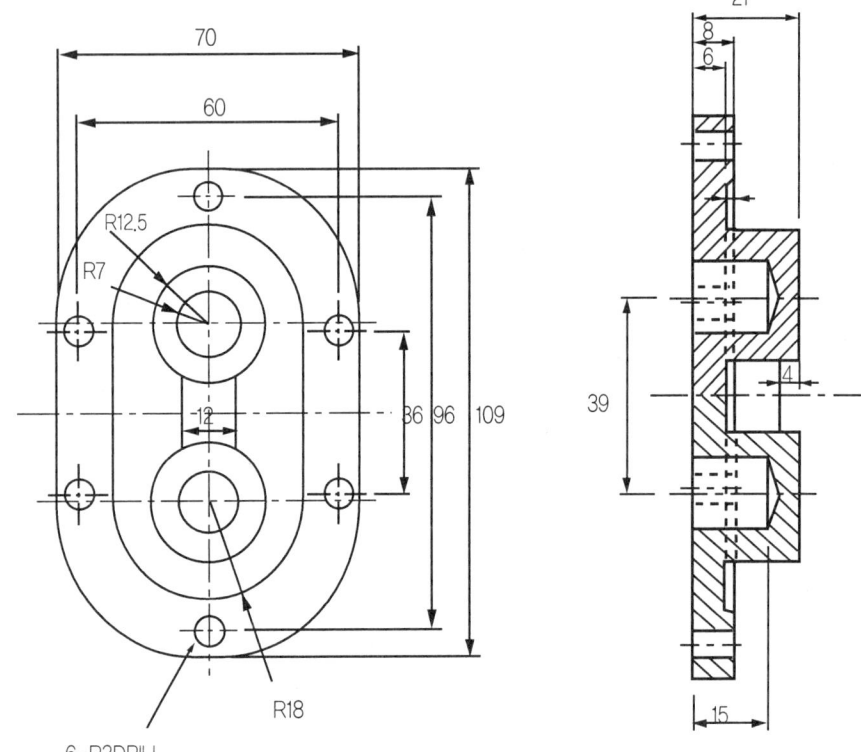

AutoCAD의 치수기입

01 >>> 치수기입의 개념

1.1. 치수기입의 개념

치수는 도면에 표시된 것 가운데 가장 중요한 부분으로 설계 도면에 있어서 도형만으로는 설계자의 의도를 정확히 전달하기에 충분치 않으므로 오브젝트(Object)간의 길이, 거리 또는 각도, 원 또는 호의 지름, 반지름을 나타내기 위함이다. AutoCAD는 직선(Linear), 각도(Angular), 직경(Diameter), 반경(Radius) 및 종좌표(Ordinate)의 5가지 기본 치수법을 제공한다.

1.1.1. 치수선(Dimension Line)

치수를 측정한 방향으로 긋는 양쪽 끝에 화살표가 붙는 직선이다. 측정영역의 폭이 좁아 치수가 화살표의 안쪽에 들어갈 수 없을 경우에는 영역 밖으로 2개의 짧은 선을 화살표가 안쪽을 향하게 긋는다.

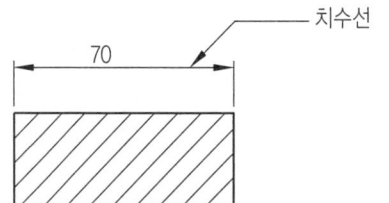
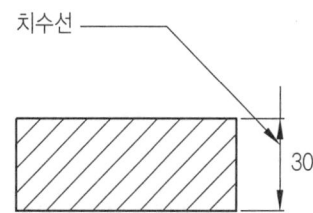

1.1.2. 치수 보조선(Extension Line)

치수선을 측정한 영역 밖으로 그을 경우 치수 보조선을 오브젝트(Object)로부터 치수선과 수직으로 긋는다. 치수 보조선은 선형, 각도 치수에만 사용된다.

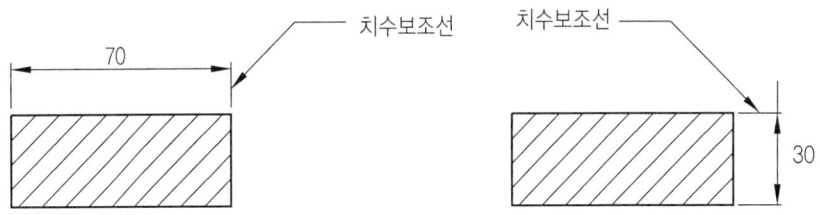

1.1.3. 치수 문자(Dimension Text)

실제의 측정값을 지정하는 문자열이다. AutoCAD에 의해서 자동적으로 부가되는 고정값을 사용하거나 사용자 자신이 치수를 입력하거나, 치수를 완전히 생략할 수도 있다.

1.1.4. 화살표(Arrow)

치수를 표시하는 맨 끝에 여러 가지 표시 마크를 이용하여 사용한다.

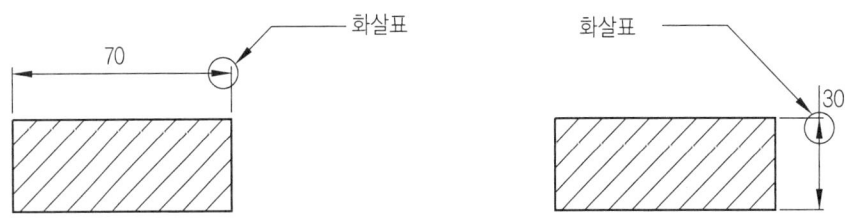

1.1.5. 공차(Tolerance)

공차는 AutoCAD에 의해서 자동적으로 발생되는 치수 문자에 부가되는 Plus/Minus의 값이다.

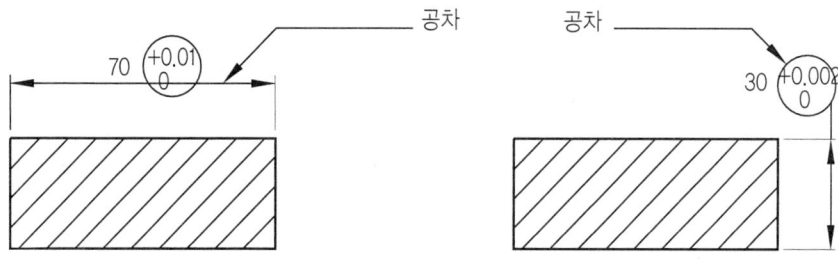

1.1.6. 한계값(Limit)

사용자는 측정값에 공차를 가산하도록 설정할 수 있는데, 이 경우 치수문자는 상하한계 값을 나타내게 된다.

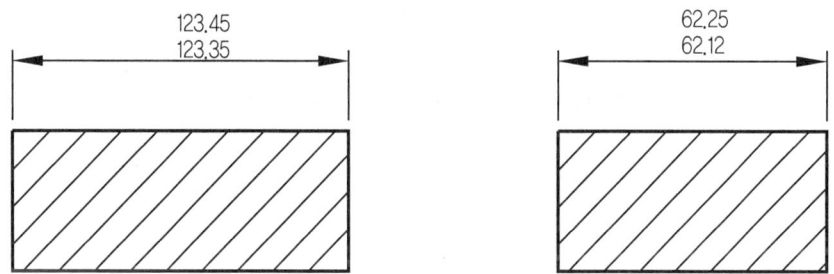

1.1.7. 지시선(Leader)

치수 문자가 오브젝트 안의 제자리에 들어가지 못할 때 그것을 밖으로 끌어내기 위해 사용되는 선이다.

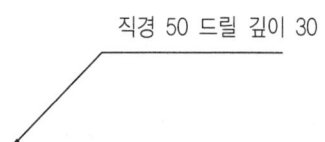

1.1.8. 중심선(Center Mark and Line) 또는 중심 표시(Center)

중심선은 원, 호의 중심을 표시하기 위한 십자 표시이고 중심선은 원의 중심을 통과하는 수직, 수평의 파단선이다.

1.1.9. 치수 분해하기

치수는 단일요소로 되어있는데 "EXPLODE", "치수변수(DIMASO)"를 이용하여 개별요소로 분해할 수 있다.

1.2. 치수기입 유형 설정

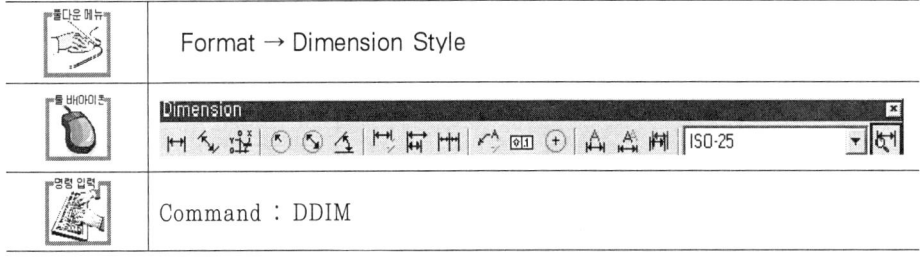

Dimension Style Manager 대화상자가 나타난다.

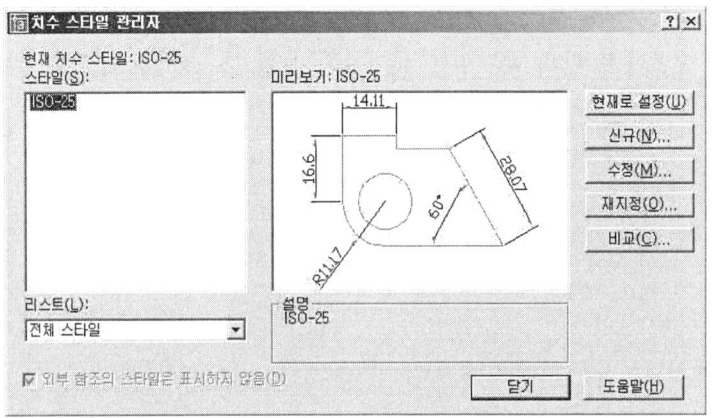

◉ Set Current
현재 선택된 Dimstyle을 적용한다.

◉ Rename
선택된 스타일의 이름을 변경한다.

◉ New
새로운 치수유형을 만든다.

◉ Compare
Dimstyle들을 서로 비교한다.

1.2.1. 새로운 치수유형을 만들고자 하는 경우
신규(New...)를 선택하면 다음과 같은 치수유형 생성 대화상자가 나타난다.

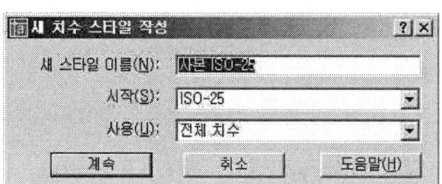

"새 스타일 이름"(New Style Name: Copy of ISO-25) 에 만들고자 하는 치수 유형의 이름을 기입한다.

"시작"(Start With: ISO-25)에 기준이 될 유형을 선택한다.

"사용"(Use for: All dimensions)에서 기준이 되는 유형에서 수정되거나 추가되는 부분을 선택한다. 그리고 "계속"(Continue)를 클릭한다. 새로운 우형에 대한 상세한 내용을 정의할 수 있도록 아래의 대화상자가 나타난다.

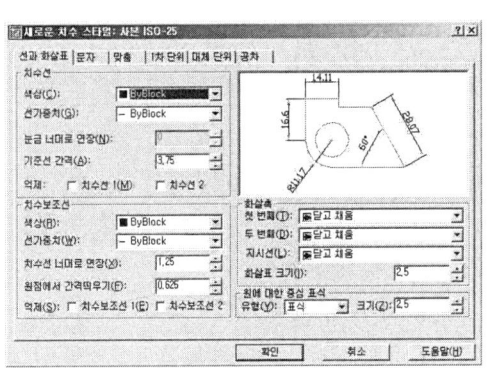 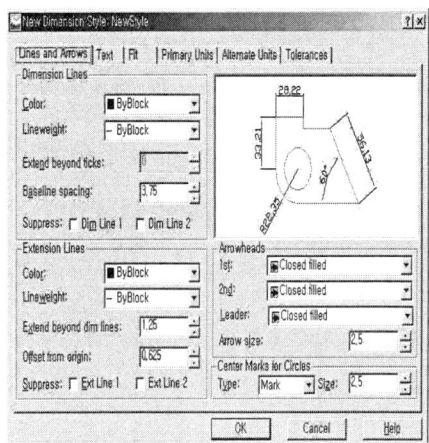

이 대화상자의 각 부분들을 살펴보도록 하자. 먼저 "선과 화살표"(Lines and Arrows)를 선택할 경우가 위의 그림과 동일하다.

1.2.2. 치수선의 형태 설정

 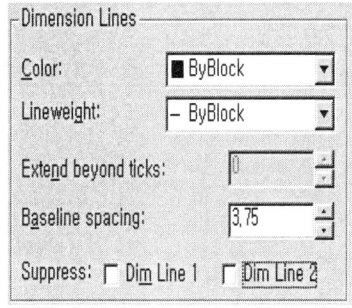

⊙ Color
치수선의 색상 지정

    Dimension Variable : Dimclrd

⊙ Lineweight
선의 두께를 정한다.

◉ Extend beyond ticks

화살표 대신 tick을 사용하는 경우 치수선이 치수보조선을 벗어나는 길이를 지정

    Dimension Variable : Dimdle

◉ Baseline spacing

기준선 치수 기입시 치수선과 티수선 사이의 띄울 간격을 지정

    Dimension Variable : Dimdli

◉ Suppress

치수 기입시 지정한 방향의 치수선을 생략한다.

    Dimension Variable : Dimsd1 or Dimsd2

1.2.3. 치수 보조선의 형태설정

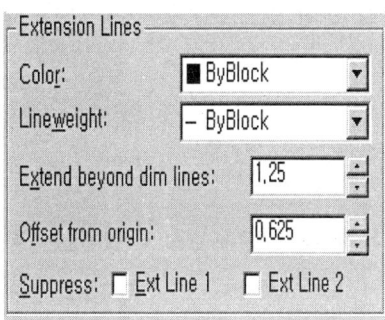

Color와 Lineweight는 치수선 설정과 마찬가지로 치수보조선의 색과 선의 굵기를 설정.

◉ Extend beyond dim lines

치수보조선이 치수선을 벗어나는 길이를 지정

    Dimension Variable : Dimexe

◉ Offset from origin

치수보조선의 원점과 치수보조선 사이의 간격 지정

Dimension Variable : Dimexo

ⓐ Suppress

1st : 첫 번째 치수보조선 생략

Dimension Variable :Dimse1

2nd : 두 번째 치수보조선 생략

Dimension Variable :Dimse2

1.2.4. 치수선의 화살표 모양설정

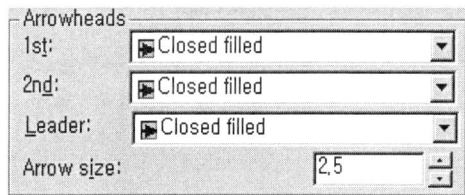

ⓐ 1st

첫 번째 치수보조선 끝에 있는 화살표 모양 지정

Dimension Variable :Dimblk1

ⓐ 2nd

두 번째 치수보조선 끝에 있는 화살표 모양 지정

Dimension Variable :Dimblk2

ⓐ Leader

지시선 치수 기입시 화살표의 모양을 지정

ⓐ Arrow size

화살표 크기 조정

Dimension Variable :Dimasz

1.2.5. 원의 중심표시

Type - 중심마크 조정
    Mark : 원, 호의 중심에 중심마크를 그린다.
    Line : 원, 호에 중심마크와 중심선을 그린다.
    None : 중심마크와 중심선을 그리지 않는다.
    Size : 중심마크의 크기 조정
        Dimension Variable :Dimcen

이제 문자에 대한 부분을 정의하기 위해 "문자"(Text)를 클릭하면 다음의 창이 나타난다.

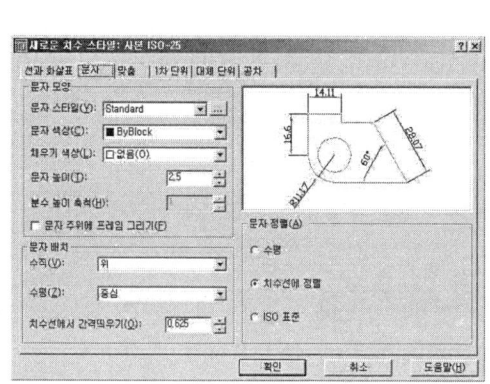
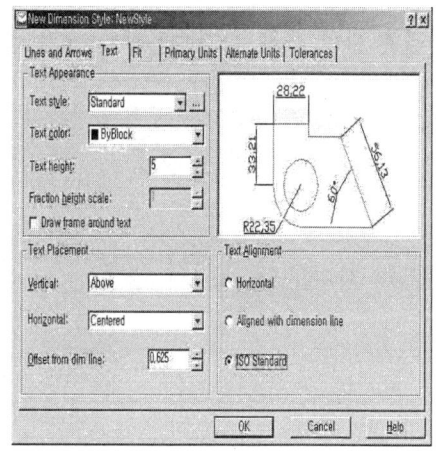

1.2.6. 치수문자의 기입형태 설정

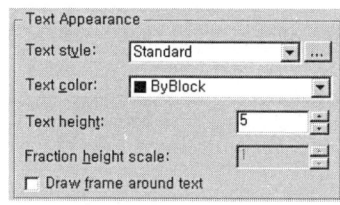

Text Style
문자유형을 지정, 단 현재 문자 유형이 정의된 것만 가능

  Dimension Variable :Dimtxsty

Text Color
치수문자의 색상 조정

  Dimension Variable :Dimclrt

Text Height
문자의 높이 지정

  Dimension Variable :Dimtxt

Fraction height scale
건축 단위 사용시 치수문자의 크기 설정

Draw frame around text
치수문자를 박스로 감싼다.

1.2.7. 치수문자 위치의 설정

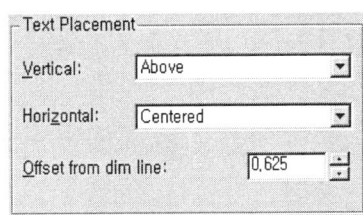

Vertical
치수문자를 치수선의 위, 사이, 아래에 위치시킬 수 있도록 설정

Horizontal
치수문자의 수평 위치를 지정

⊙ Offset from dim line

치수선과 치수문자 사이의 간격 지정

1.2.8. 치수문자의 정렬형태 설정

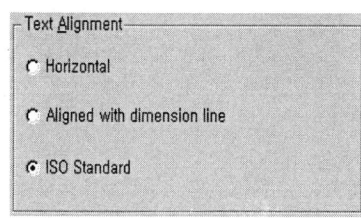

⊙ Horizontal

치수문자를 항상 수평으로 기입한다.

⊙ Aligned with dimension line

치수문자를 치수선과 평행하게 기입

⊙ ISO Standard

치수문자가 치수보조선 사이에 기입될 때는 치수선과 평행하게, 치수보조선 밖에 기입시는 수평방향으로 기입된다.

치수선 및 치수문자, 화살표의 배치를 정하기 위해 "맞춤"(Fit)을 선택한다.

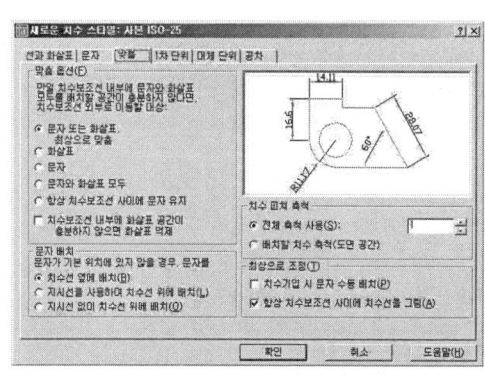

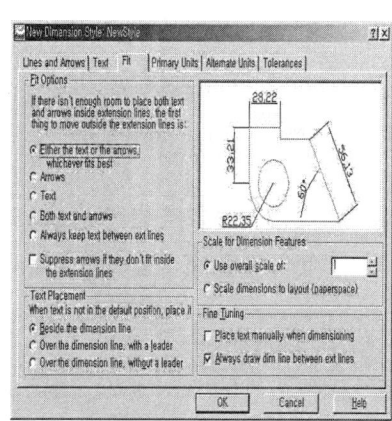

1.2.9. 치수문자와 화살표의 배치방법

⊙ Either the text or the arrows, whichever fits best

 치수가 기입될 부분이 화살표와 문자가 기입되기에 충분하다면 모두 치수선 안에 기입하고 충분하지 않다면 AutoCAD가 판단하여 치수문자와 화살표를 치수보조선 밖으로 배치시킨다.

⊙ Arrows

 공간이 충분하지 않다면 화살표는 치수보조선 안쪽에 기입하고 문자는 밖으로 배치한다. 만약 화살표가 들어갈 공간도 부족하다면 모두 밖으로 배치한다.

⊙ Text

 공간이 충분하지 않다면 치수문자는 치수보조선 안쪽에 기입하고 화살표는 밖으로 배치한다. 만약 문자가 들어갈 공간도 부족하다면 모두 밖으로 배치한다.

⊙ Both text and arrows

 공간이 부족할 경우 화살표와 치수문자 모두 치수보조선 밖으로 배치한다.

⊙ Always keep text between ext lines

 치수문자를 항상 치수보조선 안쪽에 기입한다.

⊙ Suppress arrows if they don't fit inside the extension lines

 화살표가 기입되기에 공간이 부족하면 화살표를 생략한다.

1.2.10. 치수문자의 위치설정

ⓐ Beside the dimension line
치수문자를 치수선 옆에 기입

   dimension variable : Dimtmove〈0〉

ⓐ Over the dimension line, with a leader
치수선과 치수문자를 지시선을 사용하여 문자를 기입

   dimension variable : Dimtmove〈1〉

ⓐ Over the dimension line, without a leader
지시선을 사용하지 않고 치수선에서 일정간격을 띄워 문자를 기입

   dimension variable : Dimtmove〈2〉

1.2.11. 치수기입 크기의 설정

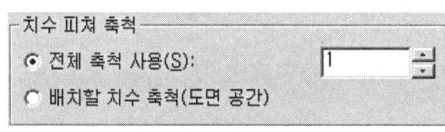
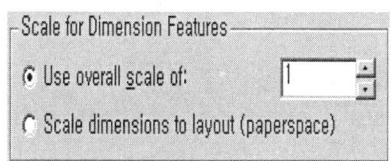

ⓐ Use overall scale of
치수기입시 화살표, 문자, 거리에 관련된 모든 설정값에 관한 크기를 지정한다.
(dimension variable : Dimscale)

◉ Scale to Paper Space
종이 공간에서의 치수요소에 대한 크기 조정 인수 값

1.2.12. 문자와 치수선의 임의적인 위치조정

◉ Place text manually when dimensioning
치수문자의 위치 설정값들을 무시하고 사용자가 임의의 위치를 지정하도록 한다. (dimension variable : Dimupt)

◉ Always draw dim line between ext lines
치수선을 항상 치수보조선 안쪽에 그린다. (dimension variable : Dimtofl)

지금부터는 치수로 사용할 치수문자의 단위를 설정하도록 한다. 단위 설정을 위해 "1차 단위"(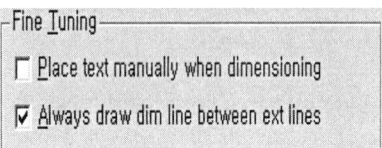)를 눌러 다음 화면이 나타나게 하자.

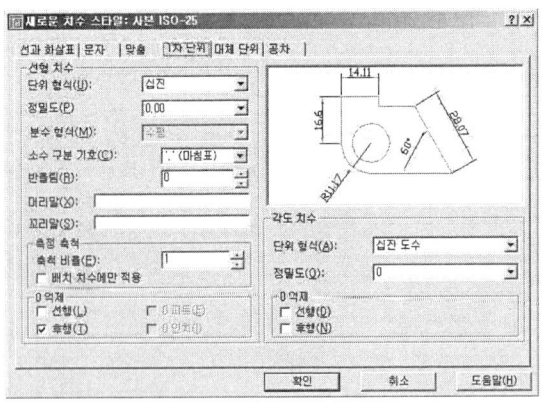
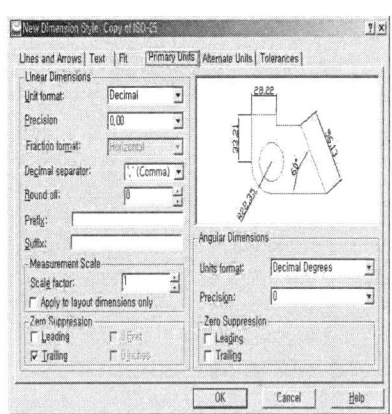

1.2.13. 선형치수의 단위설정

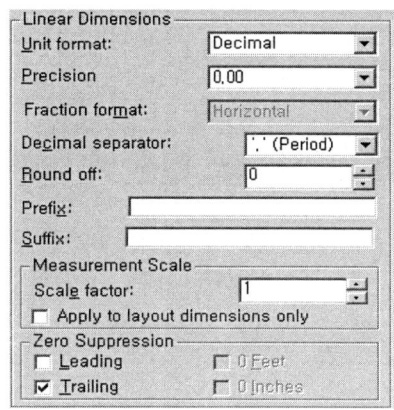

◉ Unit format

치수문자의 단위 설정(dimension variable : Dimlunit)

◉ Precision

치수문자의 소수부 자리수 설정(dimension variable : Dimdec)

◉ Fraction format

분수의 형태를 설정

◉ Decimal separator

치수문자의 정수부와 소수부의 구분자를 설정(dimension variable Dimdsep)

◉ Round off

치수 반올림에 관한 설정

◉ Prefix

치수문자 앞에 특정 문자를 붙여 기입한다.

◉ Suffix

치수문자 뒤에 특정 문자를 붙여 기입한다.

🔺 Scale factor

도면의 척도값을 입력(dimension variable : Dimlfac)

🔺 Zero Suppression

치수문자에 포함된 "0"를 제어하며 leading이 체크되면 0.05면 .05로 표시되고 Trailing이 체크되면 0.0500이 0.05로 표시된다.

1.2.14. 각도치수의 단위 설정

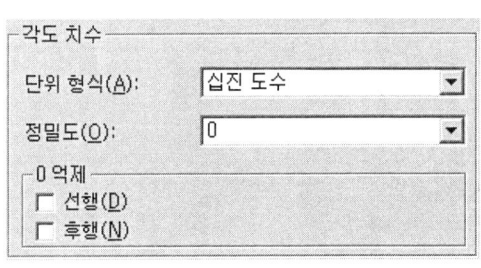 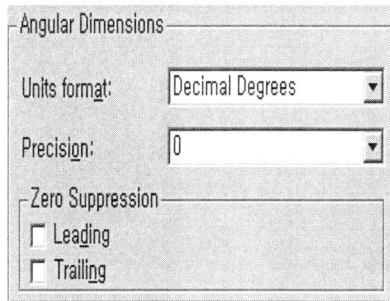

각도 치수에 대한 단위 설정을 위한 부분이며 설정 내용은 선형치수에서와 동일하다. 대체 치수의 기입 설정을 위해서는 "대체단위"(Alternate Units)를 누르고 다음과 같은 화면에서 설정을 수행한다.

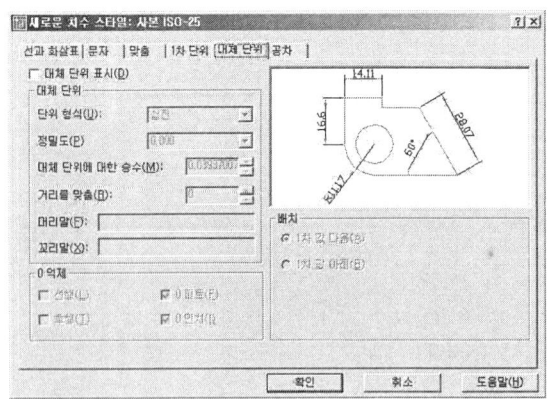 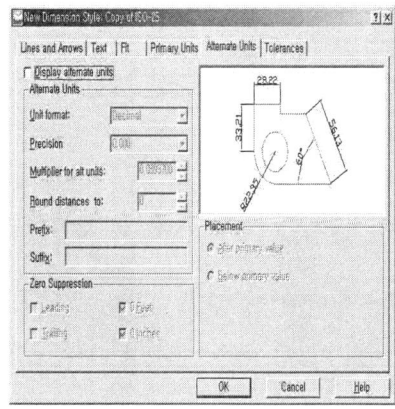

Primary Units에서와 내용은 동일하나 이 치수의 형태를 적용하려면 반드시 에 체크를 하여야 한다. 그리고 Placement에서 After primary value를 체크하면 치수문자 뒤에 Below primary value를 체크하면 치수 아래에 대체 치수가 기입된다.

허용공차의 표시 및 형식을 설정하기 위해서는 "공차"(☐ Display alternate units)를 누른다.

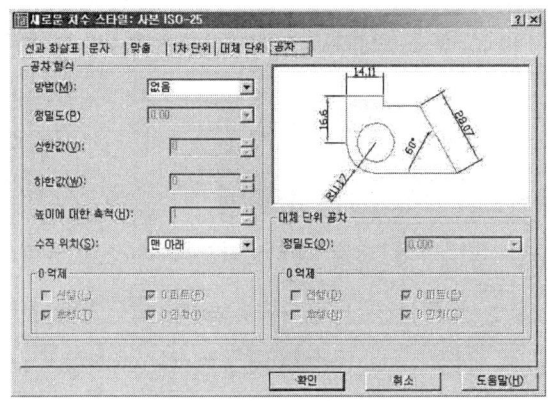 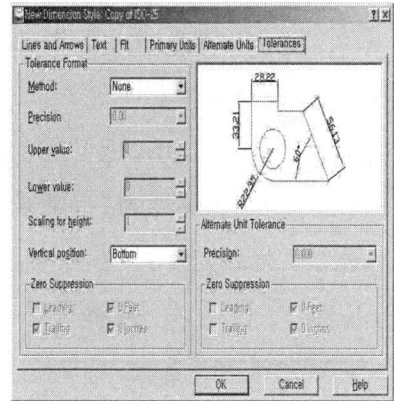

1.2.15. 공차형식의 설정

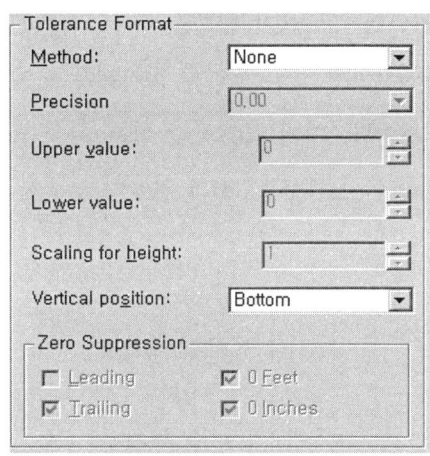

ⓐ Method
공차 값의 표시방법을 지정
None : 공차 표시를 하지 않음

Symmetrical : 최대 및 최소 허용오차 값이 같은 경우

Deviation : 최대 및 최소 허용오차 값이 다른 경우

Limits : 치수의 한계값을 입력하고자 할 경우

Basic : 치수문자를 사각박스로 감싸려는 경우

▲ Precision

공차값의 소수부를 설정하며 Upper value는 최대 허용오차값을 Lower value는 최소 허용오차값을 입력한다.

Scaling for height : 공차값의 크기를 제어한다.

Vertical position : 치수문자에 대한 공차값의 기입위치를 설정한다.

지금까지 새로운 치수기입 유형을 설정하는 방법들에 대해 살펴보았으며 수정을 위해서는 DDIM 초기화면의 Modify... 를 눌러 작업을 수행할 수 있으며 Override... 는 현재 선택된 치수유형에 바탕을 둔 새로운 치수유형을 만든다. 또, Compare... 는 치수유형을 서로 비교하고자 하는 경우에 사용하는 기능을 갖고 있다.

1.3. 치수 변수를 이용한 치수 환경설정

하나의 도면에서 때때로 아주 다양한 치수기입이 필요하다. 예를 들어 어떤 치수기입에서는 첫번째 혹은 두번째 확장선을 억제하거나 혹은 다른 치수에서는 공차를 줄 필요가 있을 것이다. 여기에는 각각 다른 특성을 가진 각각의 치수기입를 위해 서로 다른 치수변수(Dimension variable)의 지정이 필요하다.

■ 변수 사용방법

• 명 령 : 변수 명지정

  현재값 〈 〉새값 :

• DIM : 변수 명지정

  현재값 〈 〉새값 :

[1] DIMASZ(Arrow size : 초기값 0.18)

치수선 끝 부분의 화살표 크기를 조절해 준다.

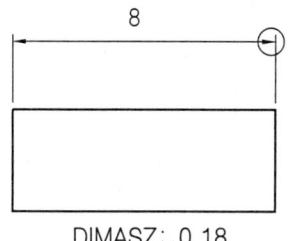
DIMASZ: 0.18

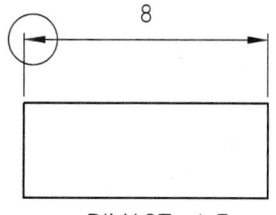
DIMASZ: 1.5

[2] DIMDEC(초기값 4)

   단위 치수의 소수부 자리수를 설정한다.

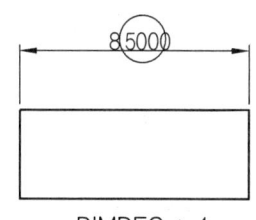
DIMDEC : 4

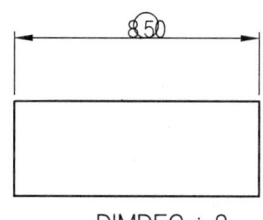
DIMDEC : 2

[3] DIMEXE(Extension above dimension line : 초기값 0.18)

   치수 보조선이 치수선 밖으로 나갈 수 있는 길이를 조절한다.

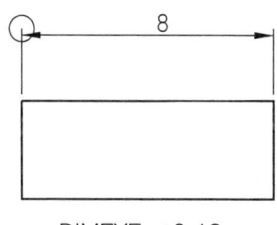
DIMEXE : 0.18

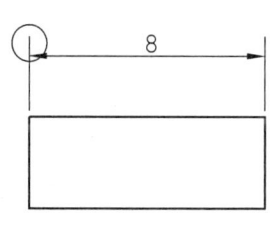
DIMEXE : 0.5

[4] DIMEXO(Extension line origin offset : 초기값 0.0625)

   측정 물체에서 치수 보조선이 떨어진 간격을 조절한다.

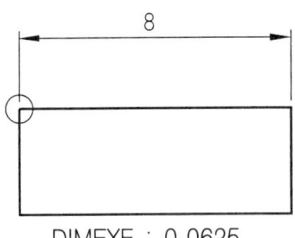 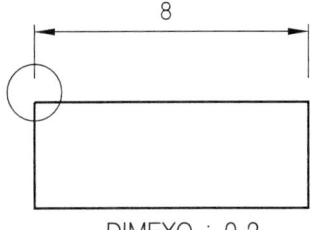

DIMEXE : 0.0625   DIMEXO : 0.2

[5] DIMSCALE(Overall scale factor : 초기값 1.0)
치수 표시에 적용되는 모든 변수값들을 조절해 준다.

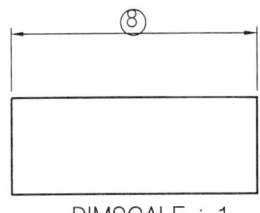 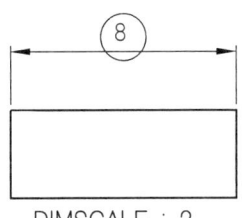

DIMSCALE : 1   DIMSCALE : 2

[6] DIMTAD(Text Above Dimension Line : 초기값 0)
치수문자를 치수선 위에 또는 치수선 사이에 기입할 것인지를 조절한다.

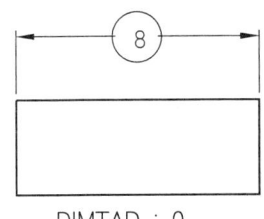 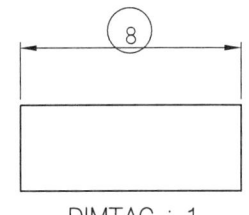

DIMTAD : 0   DIMTAC : 1

[7] DIMTIH(Text Inside Horizontal : 초기값 ON)
치수보조선 안에 기입된 치수문자를 수평으로 기입 또는 치수선과 평행하게 기입할 것인지를 조절한다.

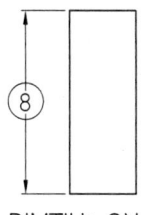
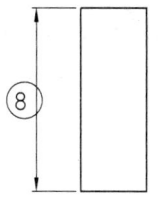

DIMTIH: ON   DIMTIH: OFF

[8] DIMTIX(Text Inside Extension Line : 초기값 0)

치수문자가 치수보조선 밖에 위치할 때 치수문자를 치수보조선 사이에 기입 또는 치수보조선 밖에 기입할 것 인지를 조절한다.

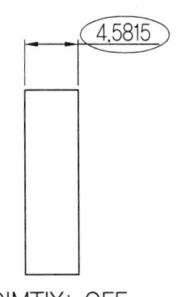
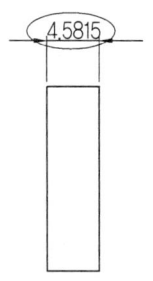

DIMTIX: OFF   DIMTIX: ON

[9] DIMTOFL(Text outside force line : 초기값 OFF)

치수선의 간격이 좁아서 치수가 들어갈 수 없을 때 자동으로 치수 보조선 밖으로 치수선이 표시되는데, 이때 치수선이 치수 보조선 안에 표시되는 것을 조절한다.

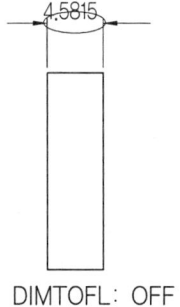
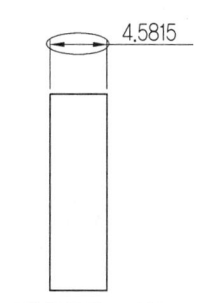

DIMTOFL: OFF   DIMTOFL: ON

[10] DIMTOH(Text Outside Horizontal : 초기값 ON)

치수보조선 밖에 기입된 치수문자를 수평으로 기입 또는 치수선과 평행하게 기입할 것인지를 조절한다.

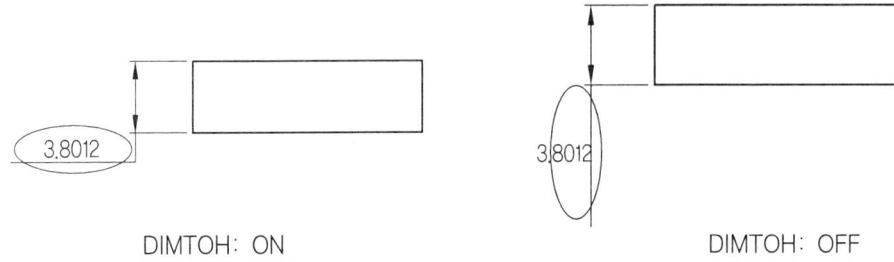

[11] DIMTXT (Text size : 초기값 0.18)

치수문자의 크기를 조절한다.

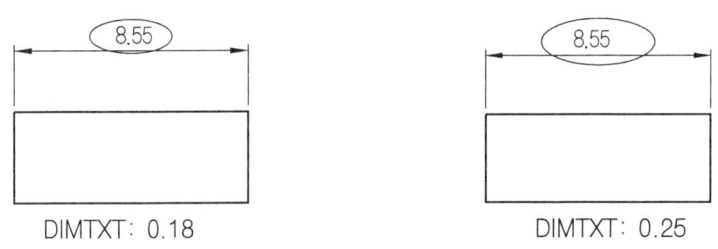

[12] DIMZIN(: 초기값 0)

치수문자의 소수점 앞에 자리의 0과 소수점 뒤에 자리의 0을 제어한다.

DIMZIN 0	0.1234	1234.0000
DIMZIN 4	.1234	1234.0000
DIMZIN 8	0.1234	1234
DIMZIN 12	.1234	1234

1.4. 치수 편집명령

1.4.1. UPDATE

기존의 치수 기입시 사용한 변수값으로 작업된 도면을 새로운 변수값으로 변경시키고자 할 때 사용한다.

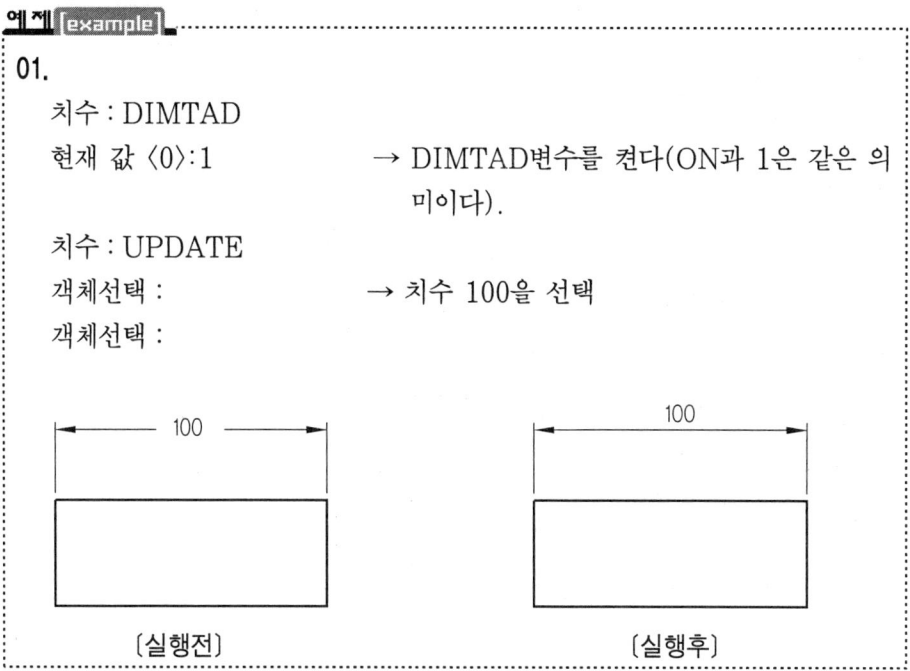

```
01.
    치수 : DIMTAD
    현재 값 <0>:1              → DIMTAD변수를 켠다(ON과 1은 같은 의
                                  미이다).

    치수 : UPDATE
    객체선택 :                  → 치수 100을 선택
    객체선택 :
```

1.4.2. NEWTEXT

기입한 치수에서 치수문자를 다른 치수문자로 바꾸기 위하여 사용한다.

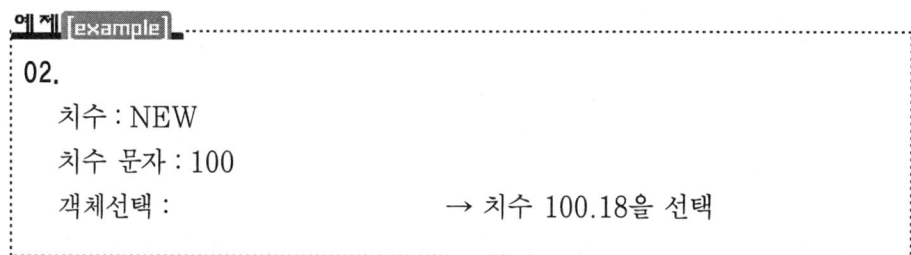

```
02.
    치수 : NEW
    치수 문자 : 100
    객체선택 :                  → 치수 100.18을 선택
```

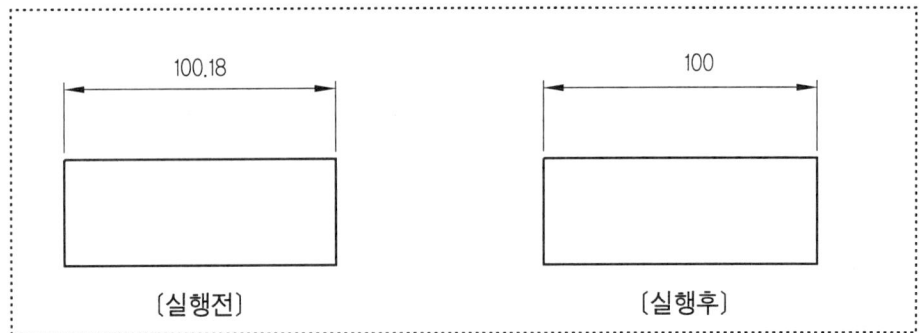

1.4.3. TEDIT

이 명령은 Linear, Radius 또는 Diameter 치수에서 문자를 여러 위치와 방향으로 조절하는데 이용된다. 이 명령은 오직 한번에 하나의 치수에서만 작용된다.

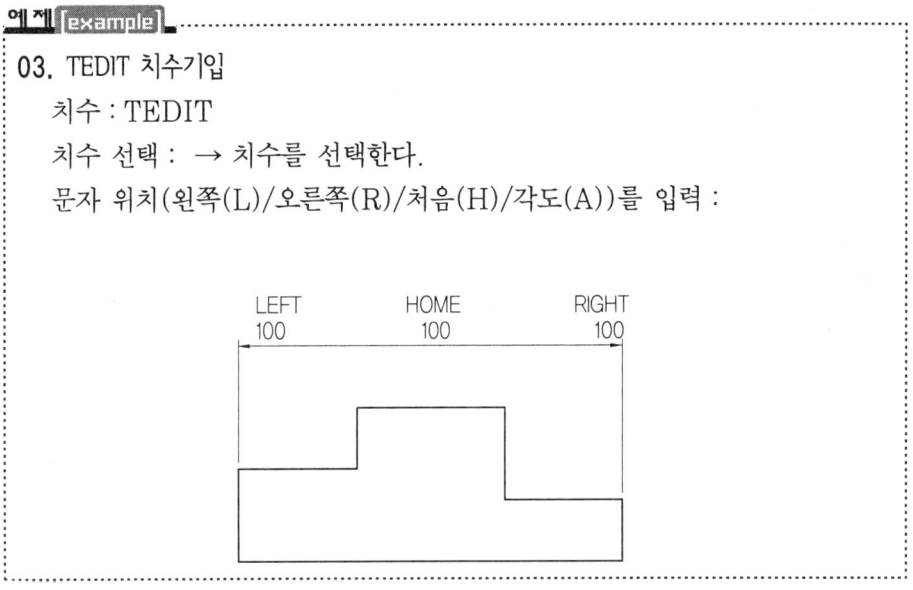

예제 example

03. TEDIT 치수기입

 치수 : TEDIT

 치수 선택 : → 치수를 선택한다.

 문자 위치(왼쪽(L)/오른쪽(R)/처음(H)/각도(A))를 입력 :

1.5. 치수 기입하기

1.5.1. 기준선(DIMBASELINE)

먼저 지정된 치수의 첫번째 치수보조선에서 시작되는 치수선을 기준으로 연속해서 선형 치수를 표시한다.

예제 example

04. 기준선 치수기입

- 명 령 : DIMZIN
  DIMZIN의 새 값 〈0〉 : 8

- 명 령 : DIMLINEAR
  첫번째 치수 보조선 원점 또는 리턴키를 눌러 선택 : end의 → P1 지정
  두번째 치수 보조선 원점 : end의 → P2 지정
  치수선 위치 (다중행 문자(M)/문자(T)/각도(A)/수평(H)/수직(V)/회전(R)) :
  치수문자 = 50

- 명 령 : DIM
  치수 : BASE
  두번째 치수보조선 원점 또는 선택하기 위한 리턴키를 누르십시오 : → P3 지정
  치수 문자 〈100〉 :
  두번째 치수보조선 원점 또는 선택하기 위한 리턴키를 누르십시오 : → P4 지정
  치수 문자 〈130〉 :

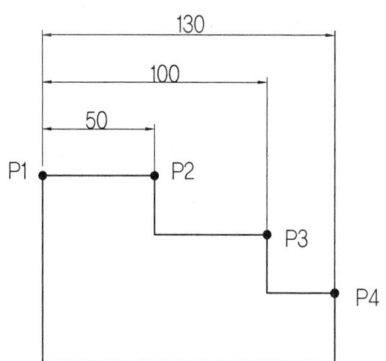

◀ "DIMBASE"명령을 사용하는 경우 측정된 치수값을 그대로 이용할 수밖에 없다. 만약, 측정된 값을 변경하려면 "DIM:"에서 명령을 지정한다.

◀ DIMDLI (Dimension line increment for Continuation : 초기값 0.38) 기준선(BASEline)을 치수 기입할 경우 치수선과 치수선 사이의 간격을 조절해 준다.

명 령 : DIMDLI
DIMDLI의 새값 ⟨2.0⟩ : 3.75

1.5.2. 연속치수(DIMCONTINUE)

먼저 기입된 치수의 두번째 치수 보조선으로부터 시작되는 치수선으로 선형치수를 표시한다. 이 명령은 긴 치수를 몇 개의 구간으로 나누어서 표시한다.

예제 example

05. 연속 치수기입

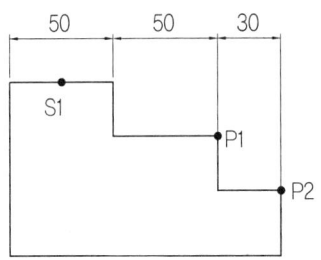

명 령 : DIMLINEAR
첫번째 치수보조선 원점 또는 리턴키를 눌러 선택:
두번째 치수보조선 원점 :　　　　　　　　→ S1 선택
치수선 위치(다중행 문자(M)/문자(T)/각도(A)/수평(H)/수직(V)/회전(R)) :
치수문자 = 50

명 령 : DIMCONT
연속된 치수 선택　　　　　　　전에 작성된 치수 선택
두번째 치수 보조선 원점 지정 또는 (명령취소(U)/⟨선택(S)⟩) : P1 지정

```
치수 문자 = 50
두번째 치수 보조선 원점 지정 또는 (명령취소(U)/〈선택(S)〉) : P2
지정
치수 문자 = 30
```

1.5.3. 각도치수(DIMANGULAR)

두 개의 평행하지 않은 직선사이의 각을 표시하고자 할 때 사용한다.

예제 [example]

06. 각도 치수기입법

```
명 령 : DIMANG
호, 원, 선을 선택하거나 리턴키 : S1          → S1 선택
두번째 선 : S2                              → S2 선택
치수 호 선 위치 (다중행문자(M)/문자(T)/ 각도(A)) : P1 → P1지정
치수 문자 〈36〉 :
```

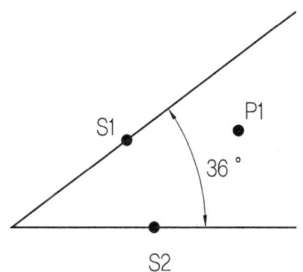

07. 원, 호의 각도 기입법

```
치수 : ANG
호, 원, 선을 선택하거나 리턴키 :              → S1 선택
치수 호 선 위치 (문자(T)/ 각도(A)) : T       → P1 지정
치수 문자 〈180〉 :
치수 호 선 위치 (문자(T)/ 각도(A)):
문자 위치 입력 (또는 리턴키) :
치수 : ANG
```

호, 원, 선을 선택하거나 리턴키 :　　　　→ S2 선택
치수 호 선 위치 (문자(T)/ 각도(A) :　　→ P2 지정
치수 문자 〈180〉:
치수 호 선 위치 (문자(T)/ 각도(A) :
문자 위치 입력 (또는 리턴키) :

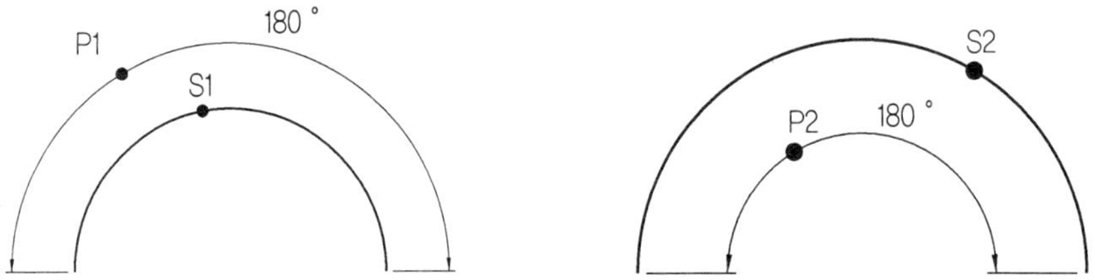

1.5.4. 중심점(CENter)

원이나 호의 중심선 또는 중심을 표시하는 명령어로 변수 "DIMCEN"에 따라 조절된다.

예제 [example]

08.

① 치수 : DIMCEN
　현재 값 〈2.5〉 새 값 : 1.5
　치수 : CEN
　호 또는 원 선택 :　→ 원 또는 호 선택

② 치수 : DIMCEN
　현재 값 〈2.5〉 새 값 : -5
　치수 : CEN
　호 또는 원 선택 :　→ 원 또는 호 선택

◀ DIMCEN(중심점 Mark size : 초기값 2.5)
　호나 원의 중심 표시나 중심선을 그리는 것을 조절한다.
　• DIMCEN (-) : 중심 선을 그린다.

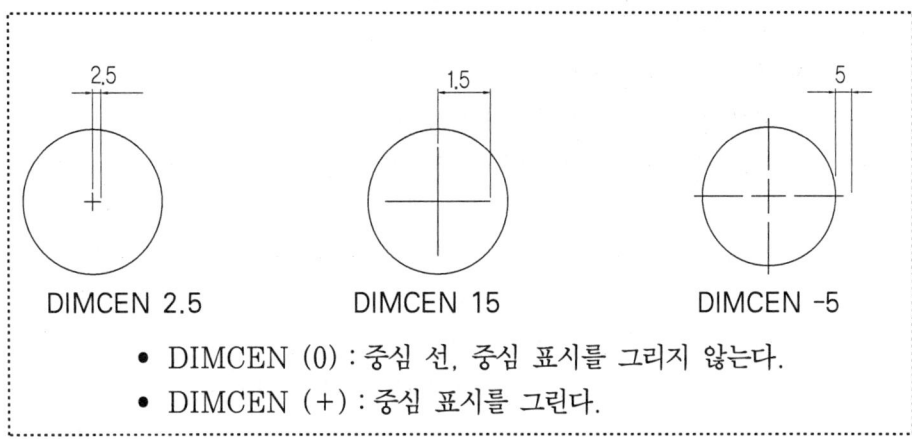

- DIMCEN (0) : 중심 선, 중심 표시를 그리지 않는다.
- DIMCEN (+) : 중심 표시를 그린다.

1.5.5. 지시선(LEAder)

오브젝트에 치수 기입이 불가능한 경우 치수선을 선(Line) 명령과 같은 방법으로 필요한 지점까지 놓은 다음 치수를 표시하는 방법이다.

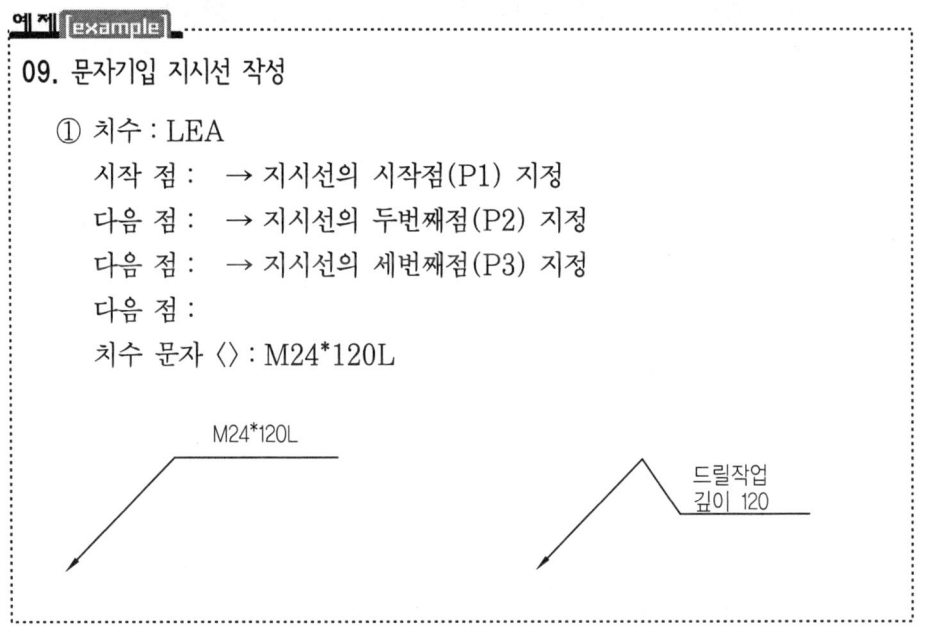

② 명　령 : LEADER
　　시작 점 :　　→ 지시선의 시작점 지정
　　다음점(형식(F)/ 주석(A)/ 명령취소(U))〈주석〉:　→ 지시선의 두번째
　　　　　　　　　　　　　　　　　　　　　　　　　　점 지정
　　다음점(형식(F)/ 주석(A)/ 명령취소(U))〈주석〉:　→ 지시선의 세번째
　　　　　　　　　　　　　　　　　　　　　　　　　　점 지정
　　주석 (또는 옵션의 경우 리턴키) : enter
　　공차(T)/복사(C)/블록(B)/없음(N)/〈다중문자(M)〉: → 다중문자(M)
　　　　　　　　　　　　　　　　　　　　　　　　　　　선택
이때 긴 문장을 사용하기 위한 도스의 에디터가 화면에 나타난다.

10. 치수 허용공차

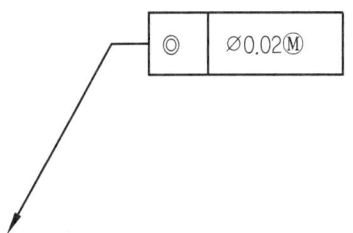

　　명　령 : LEADER
　　시작 점 :　　　　　　　　　　　　　　　→ 지시선의 시작점 지정
　　다음점(형식(F)/ 주석(A)/ 명령취소(U))〈주석〉:　→ 지시선의 두번째
　　　　　　　　　　　　　　　　　　　　　　　　　　점 지정

```
다음점(형식(F)/ 주석(A)/ 명령취소(U))〈주석〉: → 지시선의 세번째
                                                점 지정
주석 (또는 옵션의 경우 리턴키) : enter
공차(T)/복사(C)/블록(B)/없음(N)/〈다중문자(M)〉: T  →  공차(T)
                                                    선택
```

이때 허용공차에 대한 대화상자가 나타나므로 사용하고자 하는 기호를 지정하여 사용한다.

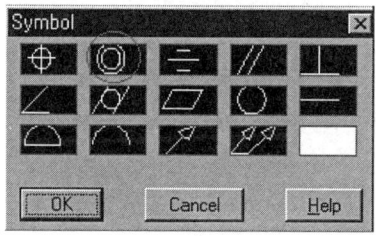

빨강색원을 클릭하고 "OK(확인)"버튼을 누른다. 그러면 다음 그림과 같은 대화상자가 나타난다.

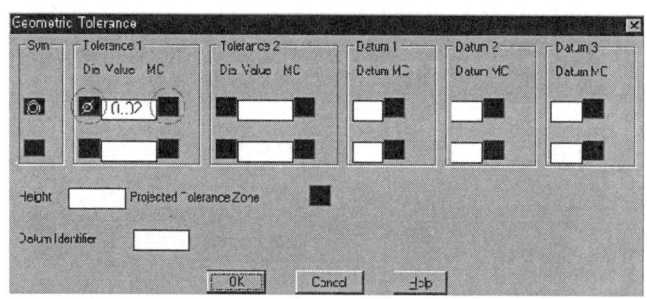

설계자가 원하는 공차기를 지정하면 그림과 같이 기하학적 공차 대화상자가 나타나서 기호에 해당되는 공차를 지정한다.

첫번째 빨강색원을 클릭하면 "지름기호"가 나타난다. 원 중간에 있는 흰색 공간에 "0.02"라고 기록한다.

두번째 빨강색원을 클릭하면 그림과 같이 대화상자가 나타난다.

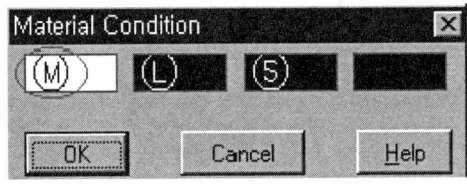

빨강색 타원을 클릭하고 "OK(확인)" 버튼을 누른다.

1.5.6. 종 좌표(ORDINATE DIMENSION) 명령

종좌표 명령은 기준점으로부터 수평(Horizontal) 및 수직(Vertical)의 치수를 기입한다. 이때 X는 기준점으로부터 시작한 X축 거리를 나타내고, Y는 기준점으로부터 시작한 Y축 거리를 나타낸다.

```
예제 [example]
11. X축 치수기입
 [1] 기준점 지정
    명 령 : UCS
    원점(O)/Z축(ZA)/3점(3)/객체(OB)/뷰(V)/X/Y/Z/이전(P)/복원(R)/저장(S)/
    삭제(D)/?/〈표준〉:
    원점 〈0,0,0〉: END의    → P1(원점을 지정한다)

 [2] X축 치수기입
    명 령 : DIM
    치수 : ORD
    특징 선택 : CEN의   → P2 지정
    지시선 끝점 (X기준 / Y기준/ 문자(T)) :
    치수 문자 〈41〉:
    치수 : ORD
    특징 선택 : CEN의 → P3 지정
```

지시선 끝점 (X기준/ Y기준/ 문자(T)) :
치수 문자 〈160〉:
나머지 부분의 치수 기입을 완성하여 보자.

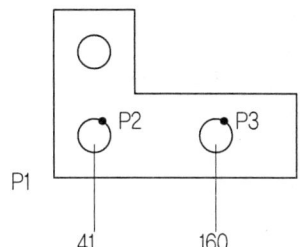

12. Y축 치수기입
   치수 : ORD
   특징 선택 : END의   → P2 지정
   지시선 끝점 (X기준/ Y기준/ 문자(T)) :
   치수 문자 〈37〉:

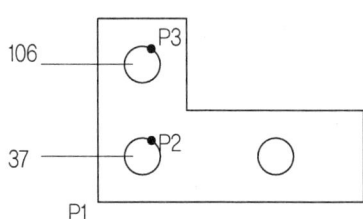

   치수 : ORD
   특징 선택 : END의   → P3 지정
   지시선 끝점 (X기준/ Y기준/ 문자(T)) :
   치수 문자 〈106〉:

1.6. AutoCAD의 치수기입 툴바

```
수직 및 수평 치수를 기입한다.
경사 치수를 기입한다.
종 좌표 형식의 치수를 기입한다.
반지름 치수를 기입한다.
지름 치수를 기입한다.
각도 치수를 기입한다.
Quick Dimension으로 객체를 선택하면 바로 치수를 기입할 수 있다.
기준선 형태의 좌표를 기입한다.
연속 치수를 기입한다.
지시선을 이용한 치수를 기입한다.
공차를 기입한다.
중심점 표시를 한다.
Dimension Edit
Dimension Text Edit
Dimension Update
Dimension Style
```

1.7. 도면연습

지금까지 연습한 도면들을 불러와서 치수를 기입해 보도록 하자.

치수의 기입에 있어 특정한 규칙은 정하지 않겠지만 최대한 도면을 사용하는 사람이 보았을 경우 깨끗하고 쉽게 치수를 이해할 수 있도록 하자.

제도 기초와 CAD의 적용

01 >>> 도면의 형식과 규격

    종이에 무엇인가를 표현하고자 한다면 우리는 그 준비로 문방구에서 필요한 크기의 종이를 구해오고 그릴 펜을 구하고, 제도판 위에서 필요한 작업을 수행하게 된다.

    AutoCAD 역시 처음 사용하는 것이라면 자신에 맞도록 준비를 해야만 한다. 처음 CAD를 사용할 때 설정을 정확하게 해두면 두 번, 세 번씩 환경을 설정하는 번거로움을 덜 수 있을 것이다. 먼저 수작업을 할 경우 KS 규격의 제도통칙을 따르게 되는데 그 규격에 대해 알아보도록 하자.

1.1 도면의 크기

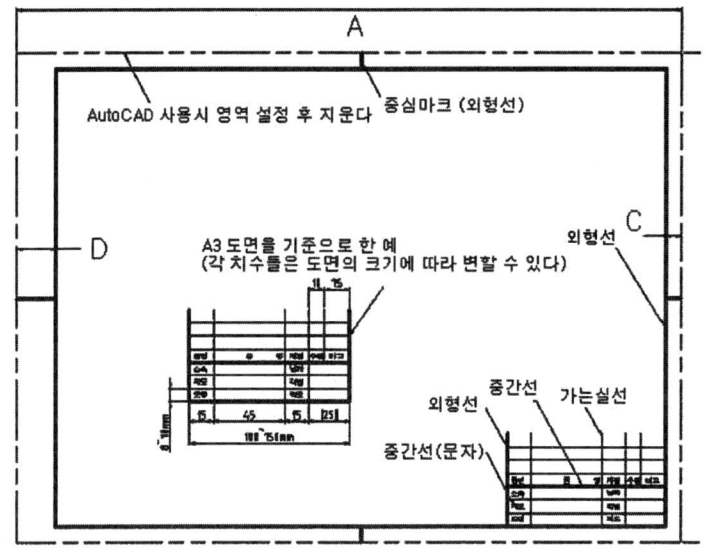

도면의 크기는 표 1과 같이 A열 크기를 사용한다.

[표 1] 도면용지 크기

제도지수의 치수			A_0	A_1	A_2	A_3	A_4
A * B			1189*841	841*594	594*420	420*297	297*210
도면의 테두리	C(최소)		20	20	10	10	10
	최소 D	철하지 않을 때	20	20	10	10	10
		철할 때	25	25	25	25	25

1.2. 척도의 표시

척도의 표시에서 실물의 크기를 그대로 그린 도면을 현척, 축소하여 그린 도면을 축척, 확대하여 그린 도면을 배척이라 하며 이 이외에 비례척도가 아닌 임의의 척도는 NS(Not to Scale)라 한다. 도면의 척도를 표시할 때는 다음과 같이 표시하고 KS 규격의 척도는 표 2와 같다.

$$A : B$$

도면의 크기 : 실제 물체의 크기

[표 2] KS 규격에 의한 척도 표시

종 류	척 도
배 척	(1/$\sqrt{2}$), (1/2)(1/2.5)(1/2$\sqrt{2}$), (1/3),(1/4), 1/5, (1/5$\sqrt{2}$),1/10, 1/20, (1/25), 1/50, 1/100, 1/200, (1/250)
현 척	1/1
축 척	($\sqrt{2}$/1), 2/1, (2.5$\sqrt{2}$/1), 5/1, 10/1, 20/1, 50/1, (100/1)

( )안의 척도는 가급적 사용을 피한다.

1.3. AutoCAD에 적용하기

도면의 크기를 AutoCAD에서 설정하기 위해서 먼저 CAD를 시작하도록 하자.

바탕화면의 아이콘(　)을 더블 클릭하거나 시작버튼(　시작)을 누르고 프로그램 그룹 (　프로그램(P)　)을 선택하고 "Autodesk" 그룹에서 AutoCAD2005를 선택한다. 이미 시작된 프로그램에서는 명령줄에 다음의 명령을 사용하여 도면 한계(A3)를 정할 수 있다.

```
Command : LIMITS
Reset Model space limits :
Specify lower left corner or [ON/OFF] 〈0.00,0.00〉:0,0.↵
Specify upper right corner 〈420.00, 297.00〉: 420, 297
```

지금 프로그램을 시작하는 경우라면 마법사를 사용하여 도면 환경을 설정할 수 있다. AutoCAD2005 시작화면에서 마법사를 선택하면 다음의 창이 나타난다.

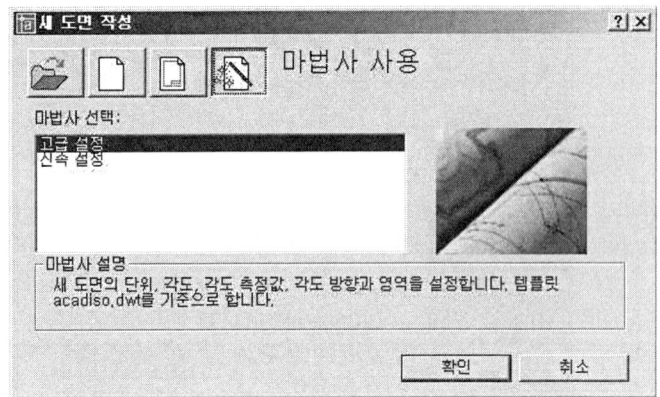

고급설정과 신속설정 중에서 고급설정을 선택하고 확인을 누른다.

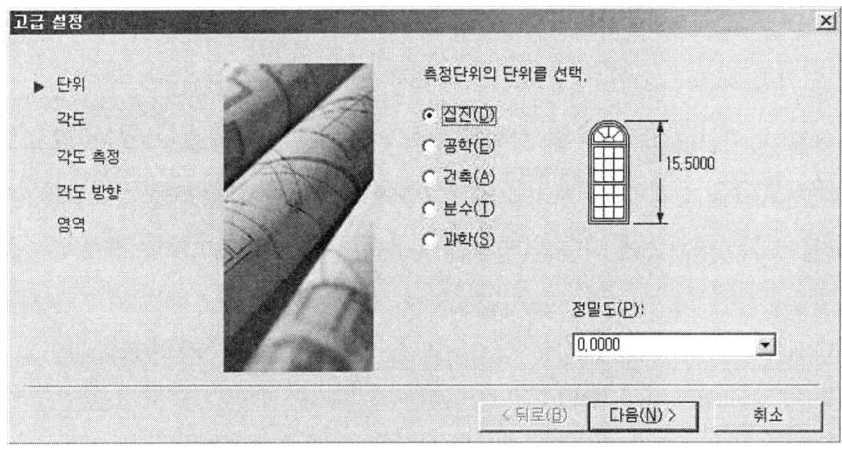

이제 단위부터 하나씩 환경설정을 시작하도록 한다. 먼저 단위는 십진 단위를 사용하고 정밀도는 소수점 2자리만 사용하기로 하자.

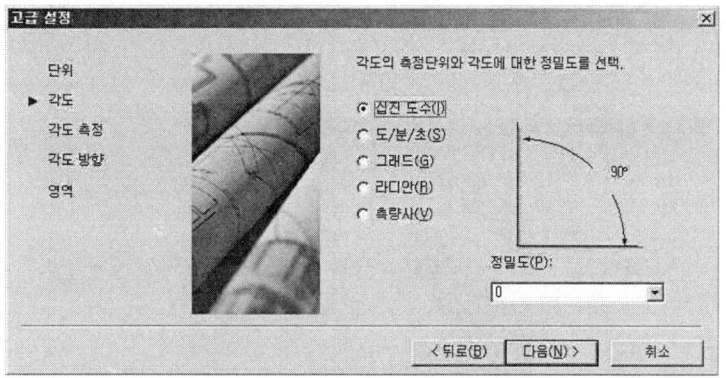

　각도 설정은 십진도수를 이용하고 역시 정밀도는 소수점 둘째자리까지 입력하는 것으로 설정한다.

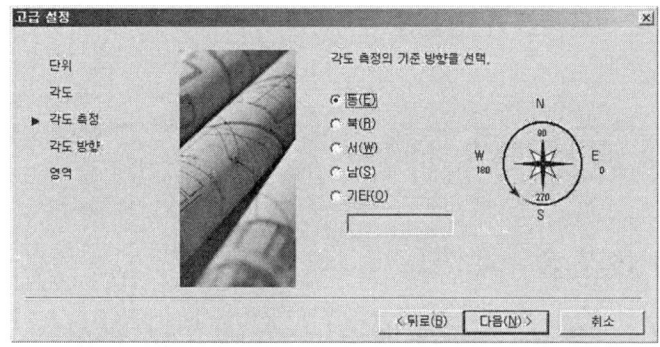

　각도 측정의 기본방향 즉 0도의 방향은 동쪽으로 한다. 시계의 3시 방향이 0도이다.

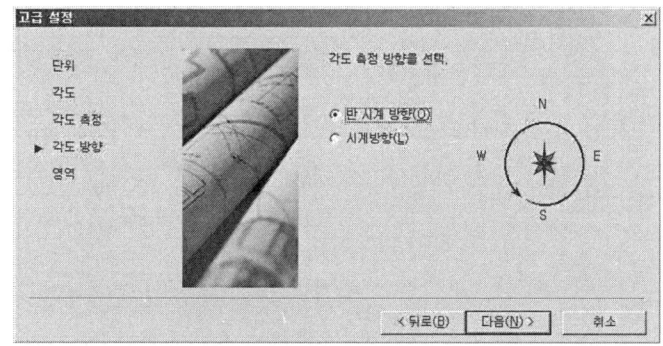

각도의 측정방향은 반시계방향으로 회전하는 것을 양(+)의 방향으로 정한다.

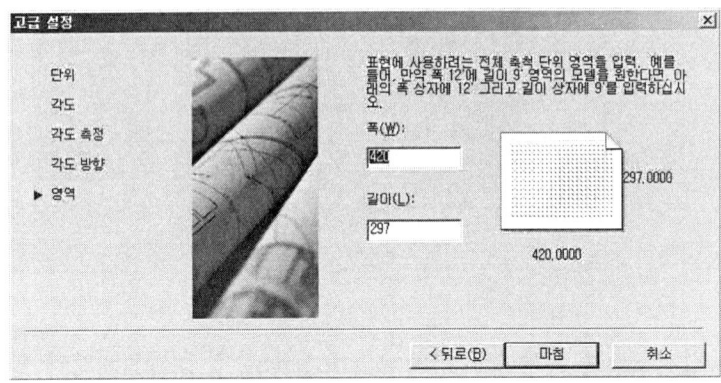

영역 즉 용지의 크기는 A3 용지 크기로 420×297로 정한 후 마침을 누른다. 이제 도면을 그리기 위한 기본적인 준비가 완료된 상태이다.

02 >>> 선의 굵기와 용도

2.1. 제도에서 선의 종류와 용도

[표 3] 선의 종류 및 굵기, 용도(KS 규격집 발췌)

용도에 의한 명칭	선의 종류			용 도	의선 사용예
외형선	굵은 실선		———	대상물의 보이는 부분의 모양을 표시하는선	1.1
치수선	가선 실선		———	치수를 기입하기 위한선	2.1
치수 보조선				치수를 기입하기 위하여 도형으로부터 끌어내는데 쓰는선	2.2
지시선				기술·기호 등을 표시하기 위하여 끌어내는 선	2.3
회전 단면선				도형내에 그 부분의 끊은 곳을 90회전하여 표시하는 선	2.4
중심선				도형의 중심선(4.1)을 간략하게 표시하는 선	2.5
수준면선(²)				수면, 유면 등의 위치를 표시하는선	2.6

용도에 의한 명칭	선의 종류		용 도	의선 사용예
숨은선	가는 파선 또는 굵은 파선	....	대상물의 보이지 않는 부분의 모양을 표시하는 선	3.1
중심선	가는 1점 쇄선	—·—·—	(1) 도형의 중심을 표시하는 선 (2) 중심의 이동한 중심궤적을 표시하는 선	4.1 4.2
기준선			특히 위치 결정의 근거가 된다는 것을 표시할 때 쓰는 선	4.3
피치선			되풀이하는 도형의 피치를 취하는 기준을 표시하는 선	4.4
특수 지정선	굵은 1점 쇄선	—·—·—	특수한 가공을 하는 부분 등 특별한 요구사항을 적용할 수 있는 범위를 표시하는 선	5.1
가상선([3])	가는 선 2점 쇄선	—··—··—	(1) 인접부분을 참고로 표시하는 선 (2) 공구, 지그 등의 위치를 참고로 나타내는 선 (3) 가동부분을 이동 중의 특정한 위치 또는 이동한계의 위치로 표시하는 선 (4) 가동 전 또는 가동 후의 모양을 표시하는 선 (5) 되풀이하는 것을 나타내는 선 (6) 도시된 단면의 앞쪽에 있는 부분을 표시하는 선	6.1 6.2 6.3 6.4 6.5 6.6
무게 줌심선			단면의 무게 중심을 연결한 선을 표시하는 선	6.7
	불규칙한 파형의 가는 실선 또는 지그재그선	～～	대상물의 일부를 파단한 경계 또는 일부를 떼어낸 경계를 표시하는 선	7.1
파단선	가는 1점 쇄선으로 끝부분 및 방향이 변하는 부분을 굵게 한 것([4])		단면도를 그리는 경우, 그 절단 위치를 대응하는 그림에 표시하는 선	8.1
절단선	가는 실선으로 규칙적으로 줄을 늘어 놓은선	/////	도형의 한정된 특정 부분을 다른 부분과 구별하는데 사용한다. 보기를 들면 단면도의 절단된 부분을 나타낸다.	9.1

용도에 의한 명칭	선의 종류		용 도	의선 사용예
특수한 용도의 선	가는 실선	———	(1) 외형선 및 숨은 선의 연장을 표시하는 선 (2) 평면이란 것을 나타내는 선 (3) 위치를 명시하는 선	10.1 10.2 10.3
	아주 굵은 실선	━━━	얇은 부분의 단선 도시를 명시하는 선	11.1

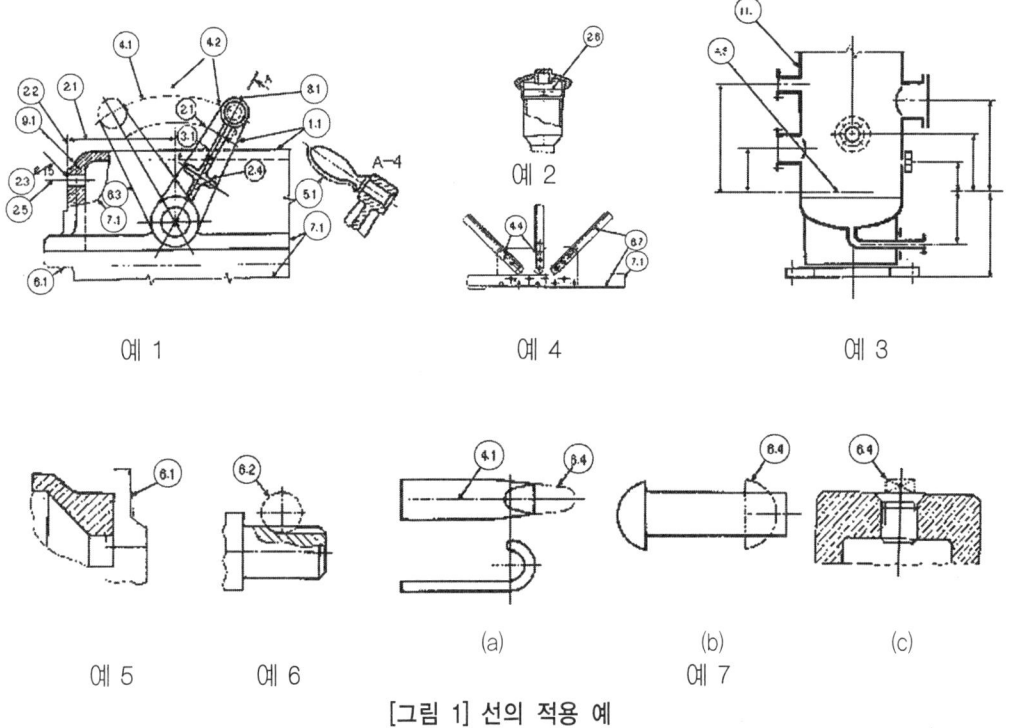

[그림 1] 선의 적용 예

　AutoCAD에서는 도면 작업시 실척으로 작업을 수행하고 출력시 척도를 조정하여 출력할 수 있으므로 척도에 대해서는 출력시에만 고려해 주면 아무런 문제가 없을 것이다.
　이제는 AutoCAD에서 선의 종류와 굵기를 설정하는 방법들에 대해 알아보기로 한다.

2.2. AutoCAD에 적용하기

일반적으로 CAD에서는 선의 굵기는 색깔로 선의 종류를 정의하는 것이 일반적이다. 색으로 설정된 것이 출력시 선의 굵기로 표현되기 때문이다.

AutoCAD의 경우 R14는 펜 플로터를 사용하지 않는 한 색으로 표현을 달리해야 하며 2000 이상의 버전에서는 내부적(Layer 사용)으로 선의 굵기를 조정할 수 있다.

먼저 CAD에서 사용되는 선의 용도와 굵기를 알아두어야 할 것이다.

① 가는선(0.1~0.25mm)
    중심선(Center)
    가상선(Phantom)
    해칭선(Continuous)
    파단선(Continuous)
    치수선, 치수보조선(Continuous)

② 중간선(0.3~0.4mm)
    은선, 숨은선, 파선(Hidden)
    문자, 치수문자(Continuous)

③ 굵은선(0.5~0.7mm)
    외형선(굵은 실선)(Continuous)

적용 예를 들면 가상선의 색을 붉은 색으로 설정하였다면 이와 같은 두께를 가지는 선들(중심선, 해칭선, 파단선, 치수선, 치수보조선) 역시 붉은 색으로 설정하여야 한다(반드시 이러한 것은 아니지만 출력시 색에 따라 출력되는 선의 굵기 조정이 가능하고 색이 많을수록 조정해야 하는 숫자가 늘어나 번거롭게 된다). 또, CAD에서 너무 많은 색을 사용하는 것은 출력의 품질을 떨어뜨리게 되고 만약 자격증을 준비하는 독자라면 이 부분은 정해진 색 이외의 색들은 수험장에서 출력되지 않는다는 것을 명심해야 할 것이다.

이제부터 Layer(도면층)의 개념을 도입하여 나 자신의 환경을 만들어 보도록 하자. 다른 필요한 부분들은 앞서 배운 명령들을 참조하면 될 것이다.

명령을 입력하는 경우는

    Command : Layer

툴바(Toolbar)를 사용하는 경우는

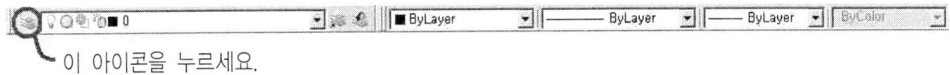
이 아이콘을 누르세요.

풀-다운(Pull-Down) 메뉴를 사용하는 경우는 형식(Format) 메뉴에서 도면층(Layer)을 선택하면 된다.

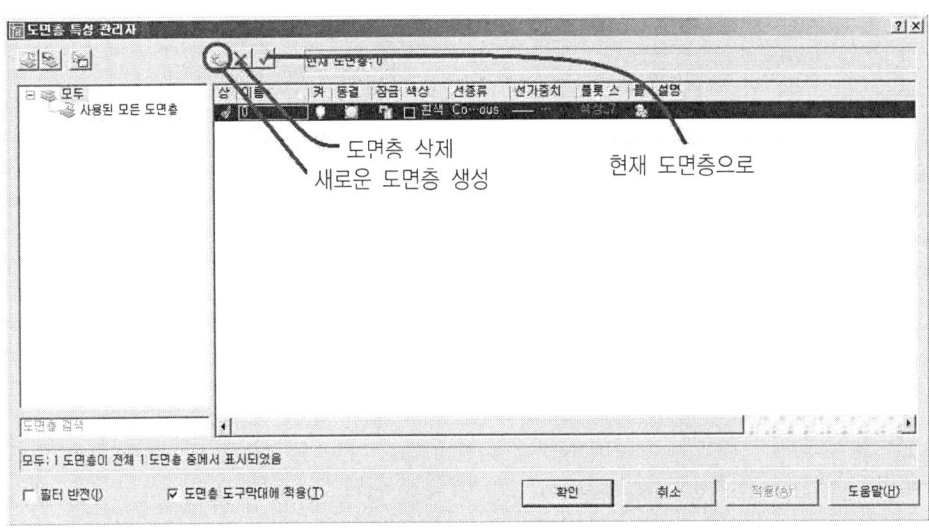

[그림 2] AutoCAD2005의 도면층 관리자

위의 그림에서 새로운 도면층 생성을 위한 아이콘을 클릭하면 다음처럼 새로운 도면층이 만들어지며 여기에 이 도면층의 이름 색상, 선의 종류 등을 설정하여 사용할 수 있다.

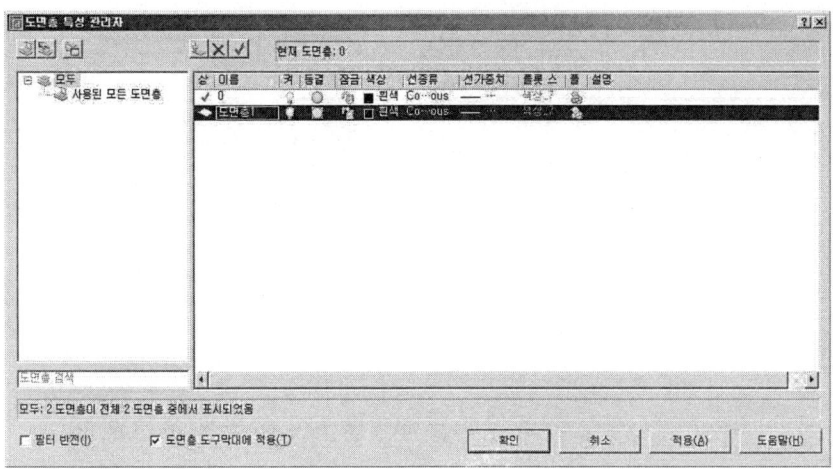

계속 선택을 수행하여 Layer를 3개 더 만든다.

Name	On	Freeze in all VP	Lock	Color	Linetype	Lineweight	Plot Style	Plot
0	♀	☼	🔓	White	Continuous	— Default	Color_7	🖨
Layer1	♀	☼	🔓	White	Continuous	— Default	Color_7	🖨
Layer2	♀	☼	🔓	White	Continuous	— Default	Color_7	🖨
Layer3	♀	☼	🔓	White	Continuous	— Default	Color_7	🖨

White로 되어 있는 색을 눌러 색을 바꾸려면 색상 선택 상자가 디스플레이 된다.

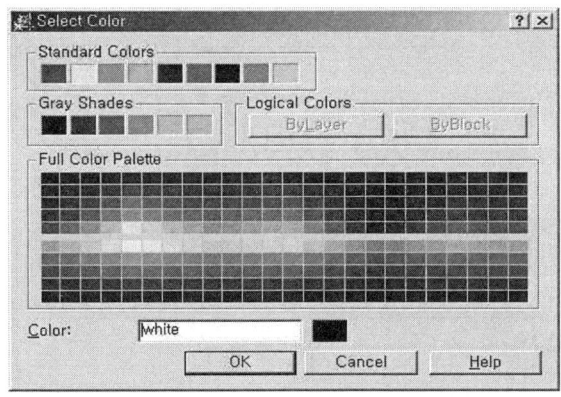

색상 대화상자가 나타나면 원하는 색을 선택한 후 "OK"를 누른다.

Continuous로 된 선 종류를 누르면 다음의 대화상자가 나온다. 현재 선의 종류가 연속선 하나 밖에 없으므로 Load 버튼을 눌러 선 종류를 더 확보하도록 하자.

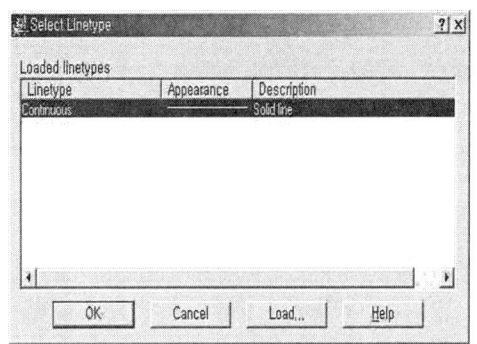
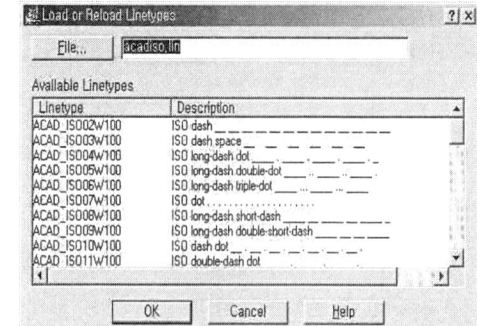

필요한 선의 종류를 확보하고 선의 종류를 바꾸면 다음과 같이 될 것이다.

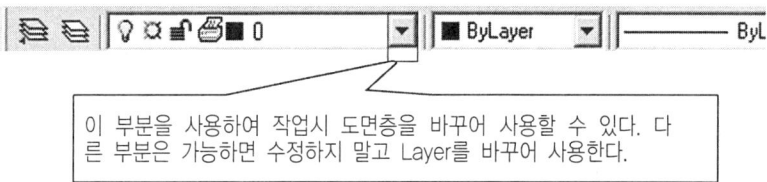

이 경우 선의 굵기도 바꿀 수 있으며 이것은 출력의 경험을 필요로 하는 부분이다.

이 부분을 사용하여 작업시 도면층을 바꾸어 사용할 수 있다. 다른 부분은 가능하면 수정하지 말고 Layer를 바꾸어 사용한다.

화면에 보이는 선의 종류가 정확하게 표현되지 않는다면 Ltscale 명령을 사용하여 조정할 수 있다. 나중에 치수에 대한 설명을 다시 하겠지만 KS 규격에 맞도록 치수변수도 설정해 보도록 하자.

```
Command : DIM
Dim : SCALE
Enter new value for dimension variable〈1.0000〉: 1.2
Dim : TIH
Enter new value for dimension variable〈1〉: 1
Dim : TOFL
```

Enter new valur for dimension variable⟨On⟩: ON
Dim TIX
Enter new value for dimension variable⟨Off⟩ : ON
Dim : TOH
Enter new valur for dimension variable⟨Off⟩: OFF
Dim:

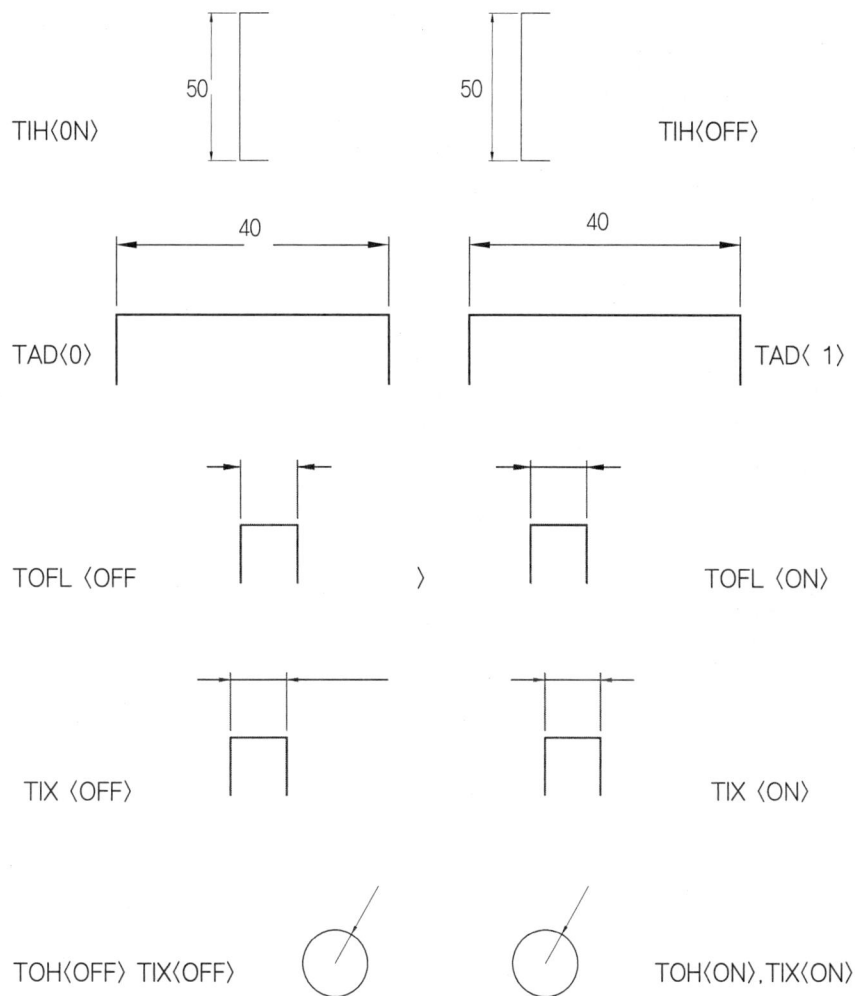

03>>> 나만의 원형도면 만들기

3.1. 원형도면 만들기

이 절에서 설명하는 모든 사항은 AutoCAD 2000을 기준으로 설명을 할 것이다. R14와의 차이는 R14에서는 선의 두께를 임의로 설정할 수 없다는 것 이외에는 별반 차이가 없으므로 상위 버전을 기준으로 설명을 하기로 한다.

먼저 도면의 크기를 정하기로 한다.

형식(Format) 메뉴에서 도면한계(Drawing Limits)를 선택한다.

명령행(Command Line)에는 "limits"를 입력한다.

도면의 크기는 A3지(420*297)를 기준으로 한다.

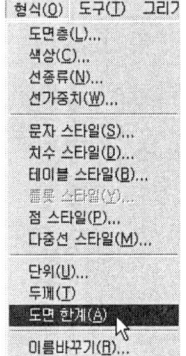

```
Command: LIMITS
Reset Model space limits:
Specify lower left corner or [ON/OFF] <0.0000,0.0000>:
Specify upper right corner <420.0000,297.0000>:
Command:
```

다음은 단위를 설정하도록 한다.

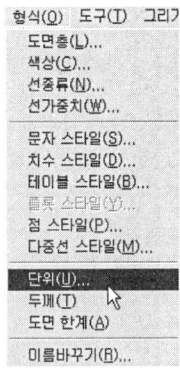

명령행에는 "units"를 입력한다.

십진 단위를 사용하고 소수 이하 2자리까지 표현하기로 하자. 또, 각도 역시 십진 단위를 사용하고 소수점 이하 2자리를 표현하기로 한다. 또, 반 시계방향을 양의 방향으로, 3시 방향을 0도로 한다.

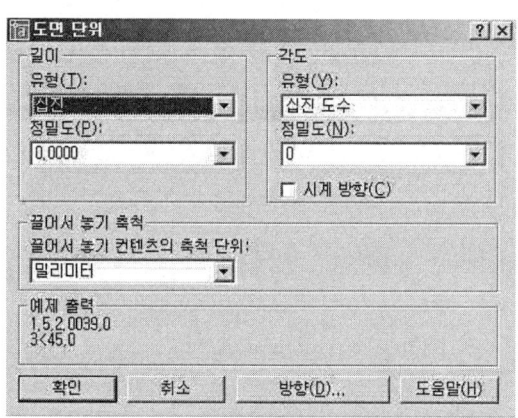

위 대화상자에서 "방향(Direction…)"을 누르면 다음의 대화상자로 방향을 정할 수 있다.

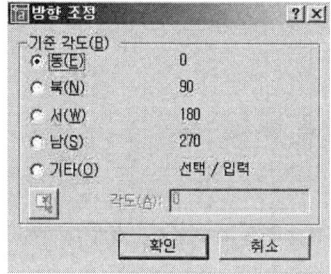

다음으로 도면층(Layer)을 설정해 보도록 하자.

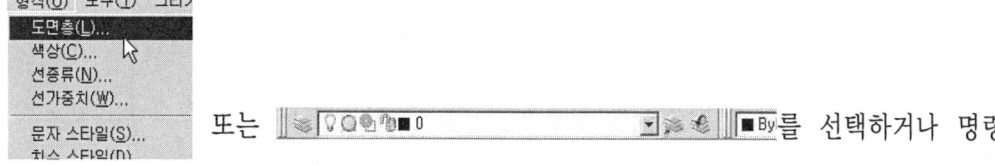

를 선택하거나 명령행에 "Layer"를 입력한다.

이제 다음의 대화상자가 나타날 것이다.

새로운 도면층의 생성은 다음 그림에서 마우스가 위치한 아이콘을 클릭하면 가능하며, 모든 아이콘에 대한 설명은 마우스를 아이콘 위에 올려놓으면 기능에 대한 설명이 나타난다.

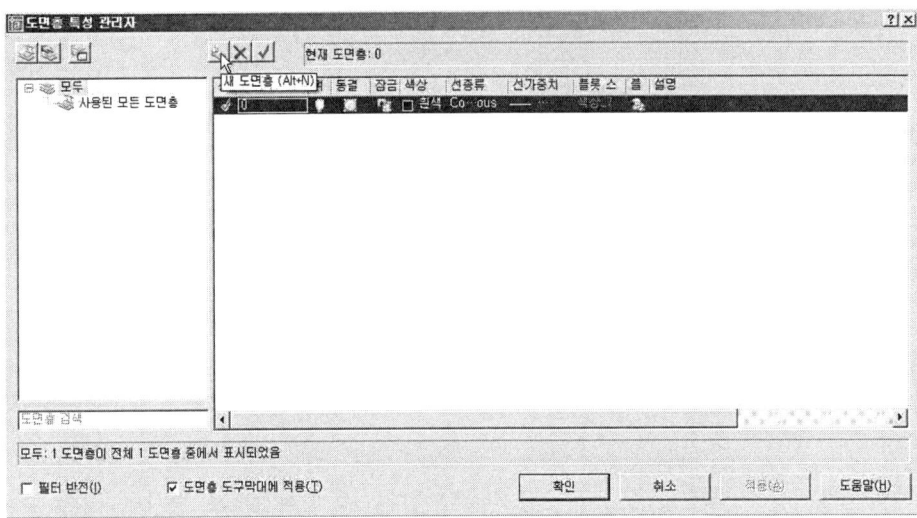

현재 도면층(Layer)은 0라는 이름을 가진 하나만이 존재하나 앞 절에서처럼 몇 개를 추가 시키도록 한다.

추가 후 Layer는 다음과 같도록 하자.

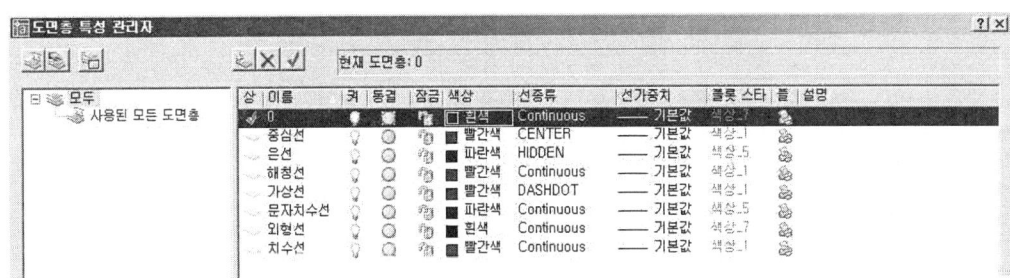

도면에 테두리선과 중심마크를 추가하도록 하자. 중심마크를 할 때에는 Osnap를 사용하면 편리할 것이다.

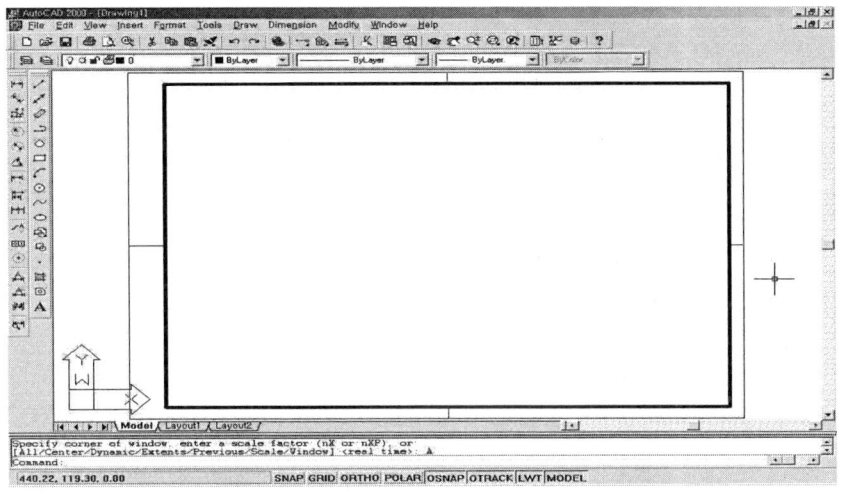

이제 표제란을 만들어 보도록 하자. 1.1의 내용을 참조하면 도움이 될 것이다. 먼저 수평선과 수직선을 긋는다(다른 방법을 사용하여도 무방하다. 본 교재에서는 가능한 많은 명령을 습득할 수 있는 방향을 선택하도록 한다).

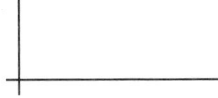

이 수평선과 수직선을 "OFFSET"이나 "ARRAY" 명령을 사용하여 다음과 같이 배열되도록 한다.

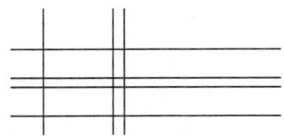

이 배열된 선들을 잘라서(TRIM 이용) 다음의 모양이 되도록 한다.

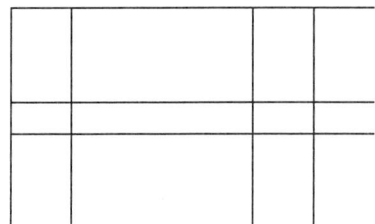

위의 모양에서 선의 굵기를 바꾸도록 하자. 물론 이 과정은 도면층(Layer)을 변경시키면 쉽게 가능하다.

첫번째 방법은 바꾸고자 하는 선들을 마우스로 선택한다.

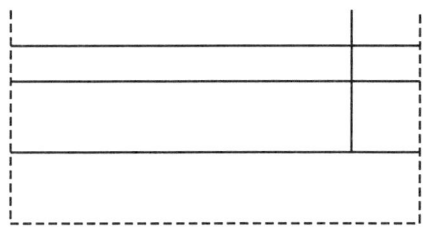

선택된 선들이 점선으로 바뀌었을 것이다. 다음으로 상단의 "Object Properties Toolbar"에서 레이어를 변경한다.

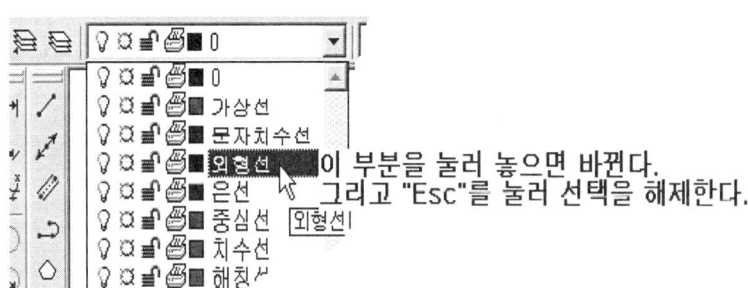

수정 후 모습은 다음과 같다.

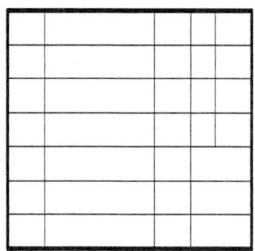

이제 필요한 문자를 기입하도록 한다. 문자를 기입하기 전 "형식(format)" 메뉴에서 "문자스타일(Text Style)"을 바꾸도록 한다.

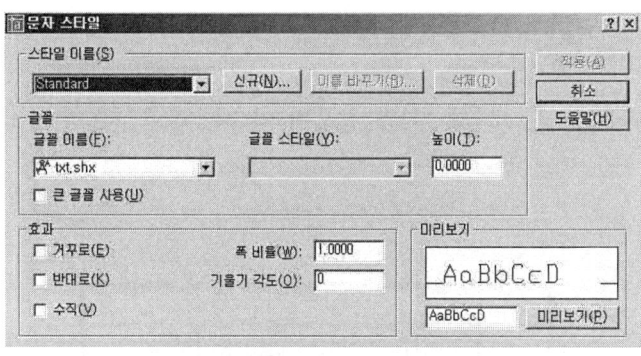

대화상자에서 new를 선택

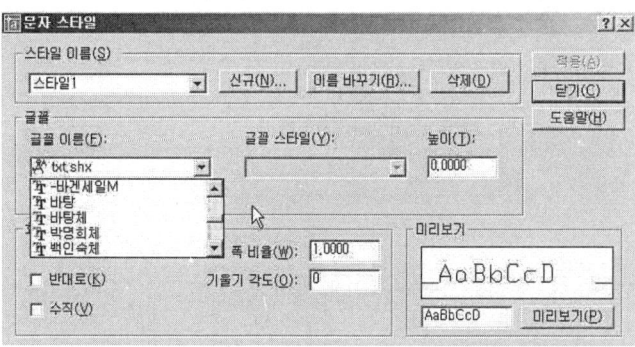

Font 부분에서 돋움체를 선택한 후 "적용(Apply)"를 눌러 적용시키고 "닫기(Close)"로 창을 닫는다.

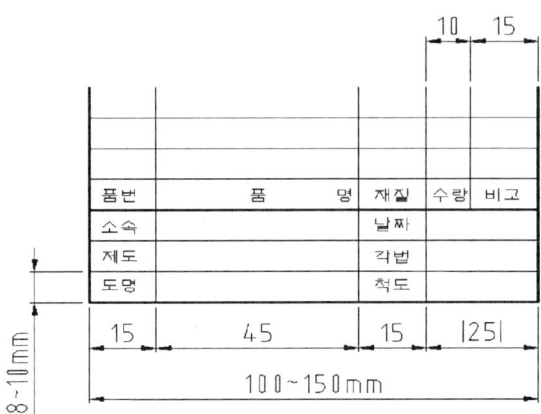

문자를 완전히 입력한 후 모습은 위와 같으며 치수는 참고 치수이다. 완성된 원형 도면은 다음과 같다.

품 번	품 명	재 질	수량	비 고
소 속		날 짜		
제 도		각 법		
도 명		척 도		

이 상자를 "Move" 명령을 사용하여 이동시킨다.

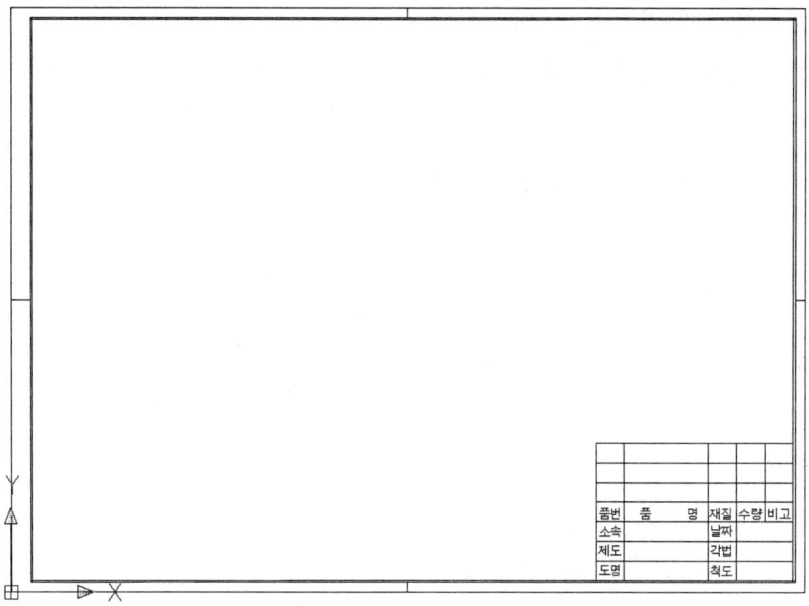

다음으로 이 도면을 계속 사용할 수 있도록 템플릿 도면으로 저장해 두도록 한다.

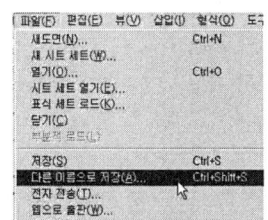 형식을 "*.dwt"로 저장한다.

이제 언제든지 도면 작업을 시작할 때 시작화면에서 "Use a Template"를 선택함으로써 환경뿐만 아니라 표제란과 테두리선이 있는 자신의 도면을 만들 수 있다.

3.2. 템플릿을 이용한 새로운 도면의 작성

지금까지의 작업을 종료하고 새로운 도면을 다시 만들어 보도록 하자. 지금부터는 기존에 만들어진 원형도면(Template)을 사용할 것이다.

파일 메뉴에서 "새도면(New)"를 선택하거나 "기본도구 모음(Standard Toolbar)"에서 를 선택한다. 다음의 화면에서 "템플릿 사용(Use a Template)" 아이콘을 선택하도록 한다.

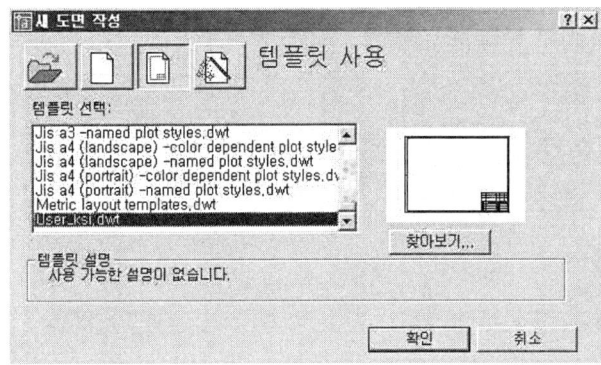

파일을 찾았으면 "확인(OK)" 버튼을 눌러 시작하도록 한다.

자신이 제작한 원형도면 이외에 기존에 저장되어 있던 원형도면을 이용하여 시작할 수도 있다.

도•면•실•습

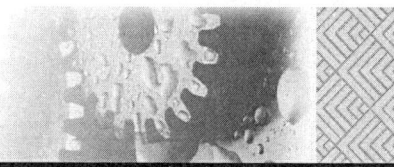

다음의 원형도면들 중 하나를 선택하여 자신에게 맞는 작업 환경과 설정들을 포함하는 원형도면을 만들어 보도록 하자.

01. 예제 도면 1

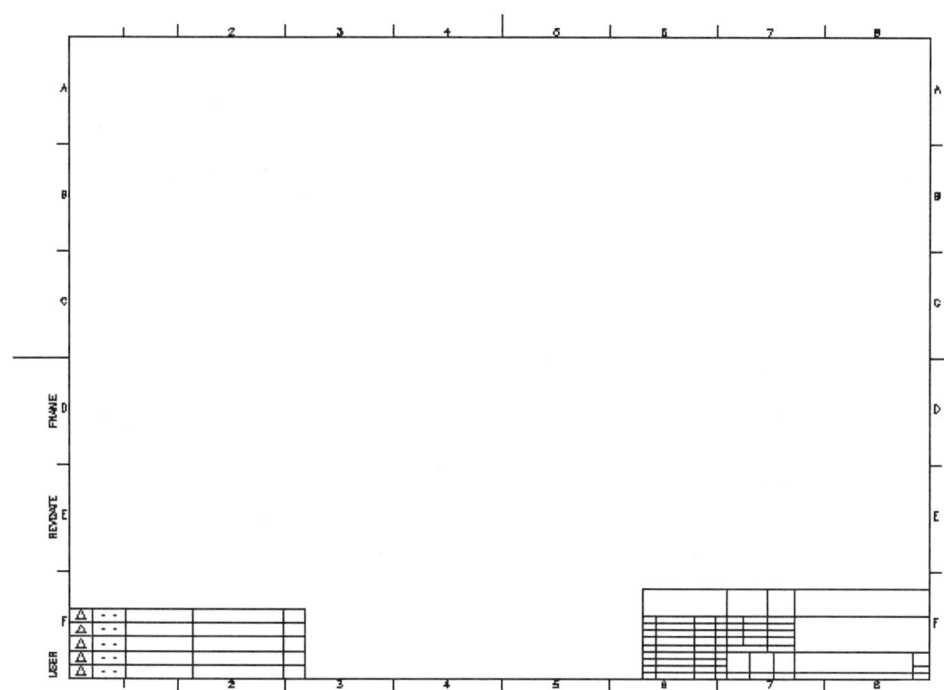

02. 예제 도면 2

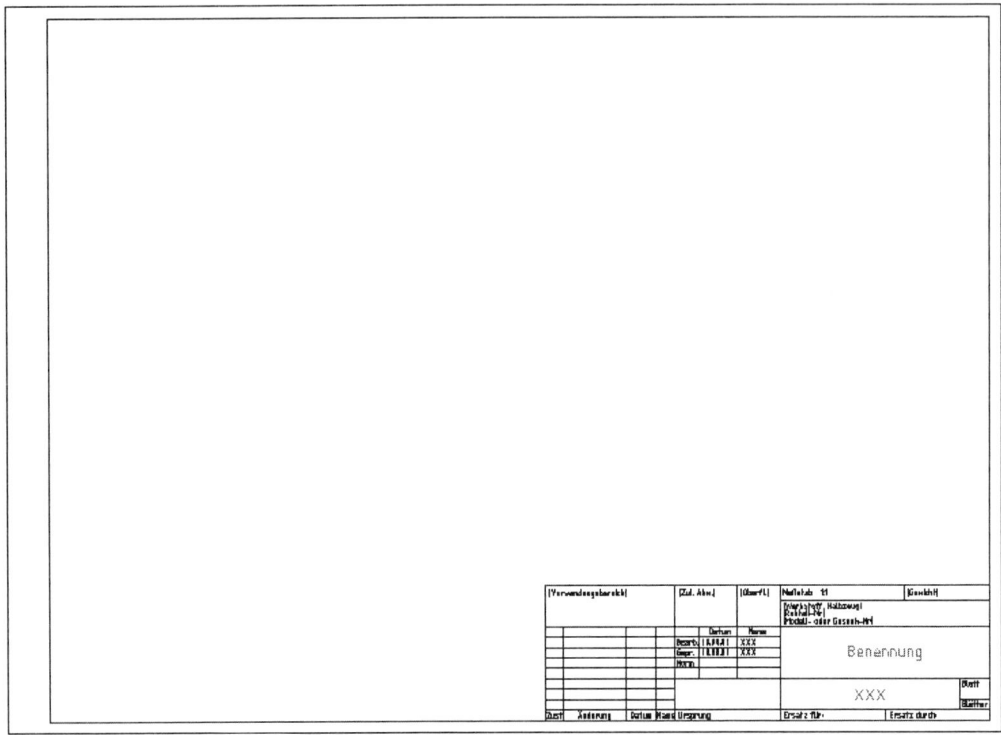

CHAPTER 05 도형의 표시방법

01 >>> 물체의 표현

1.1. 투상법

하나의 평면에 광선을 비추어 그 면에 옮겨진 그림으로 물체의 모양을 표시하는 것을 투상법이라 한다. 이 때 옮겨진 그림을 투상도라 한다. 투상도는 눈의 위치, 물체를 보는 방향에 따라 크기나 도형이 달라진다.

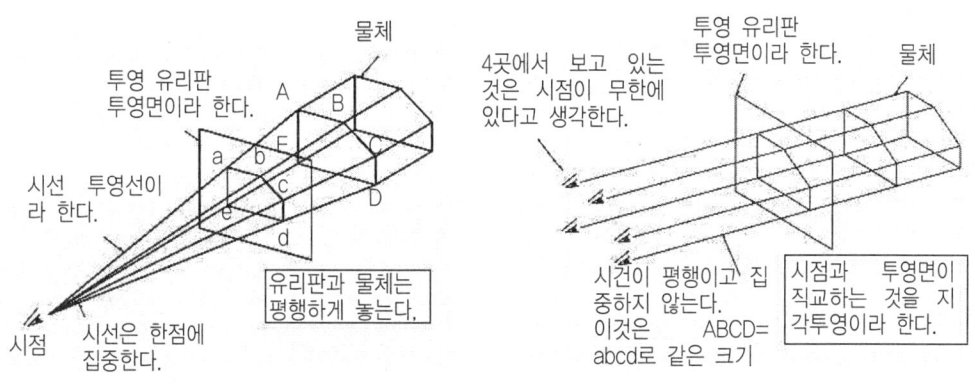

(a) 투시투영(건축 도면에 쓰인다)   (b) 평행투영(기계도면에 쓰인다)

[그림 1] 투상법

1.2. 투상도의 배치(3각법)

시선의 방향	투상도의 종류	
	명 칭	기 호
A	전면	정면도(front view)	F
B	상면	평면도(top view)	T
C	우면	우측면도(right side view)	SR
D	좌면	좌측면도(left side view)	SL
E	하면	하면도(bottom view)	B
F	후면	배면도(rear view)	R

KS 규격에서는 투상법으로 3각법을 기준으로 하고 있으며 투상도를 그릴 경우 필요 이상의 도면을 그리지 않도록 유의해야 한다. 다음 그림은 3각법에 의한 투상도의 배치를 보여준다.

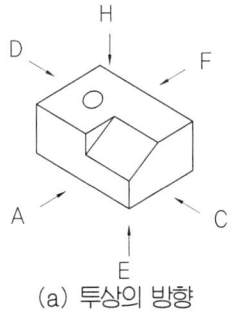

(a) 투상의 방향

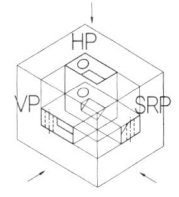 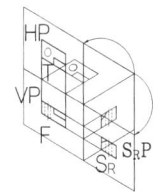 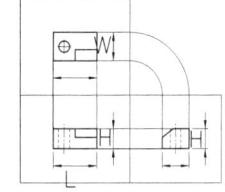

(b) 3각 투상도의 배치

[그림 2] 3각법에 의한 투상도들의 배치

1.2.1. 올바른 투상도의 선택방법

투상도는 물체의 형상 및 특징이 가장 뚜렷한 부분을 정면도로 하여 꼭 필요한 투상도만을 그려야 한다. 이것을 주투상도라 한다.

불필요한 투상도의 추가는 시간의 낭비와 함께 도면 사용자에게 혼돈을 가중 시키게 된다. 주투상도를 선택할 때 주투상도가 2개인 경우는 숨은선이 적은 도면을 주투상도로 선택한다. 또, 도면은 어느 누가 보더라도 이해하기 쉽고 간단명료하게 그려야 한다.

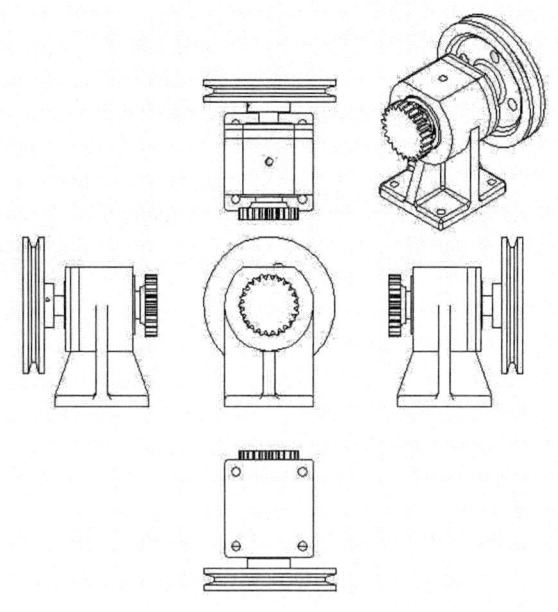

[그림 3] 올바른 투상도 선택방법

이 도면의 경우 평면도, 정면도, 우측면도 이 외의 다른 투상도는 불필요하다. 좌측면도는 우측면도와 방향만 바뀌었을 뿐이며 배면도는 정면도와 저면도는 평면도와 같은 형상이다.

1.2.2. 주투상도 배치시 유의사항

주투상도는 정면도를 중심으로 반드시 같은 선상 위에 배치하여야 한다. 투상도가 서로 어긋나지 않도록 도면을 작도하고 물체의 특성과 치수를 기입할 공간을 충분히 고려하여 공간을 확보한 다음 투상도를 그리는 것이 바람직하다.

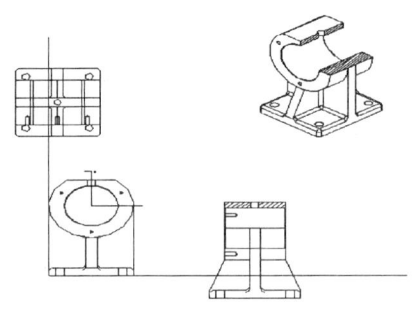

[그림 4] 잘못된 투상도의 배치

위 그림의 경우 정면도에 대해 평면도와 측면도가 서로 어긋나 있다. 이러한 배치는 절대적으로 피해야 한다. 사용자로 하여금 혼돈을 가져오고 또, KS 규격에도 어긋나는 일이다.

1.2.3. 주투상도의 작도

투상도를 작도하는 기본적인 사항들을 열거하면

① 길이에 관한 투상도는 정면도와 평면도, 저면도와의 관계에서 나타난다.

② 높이에 관한 투상도는 정면도와 측면도와의 관계에서 얻어진다.

③ 폭에 관한 투상도는 측면도와 평면도 저면도의 관계에서 나타난다.

다음 그림이 실질적으로 투상도의 기법을 적용한 예를 보여주고 있다.

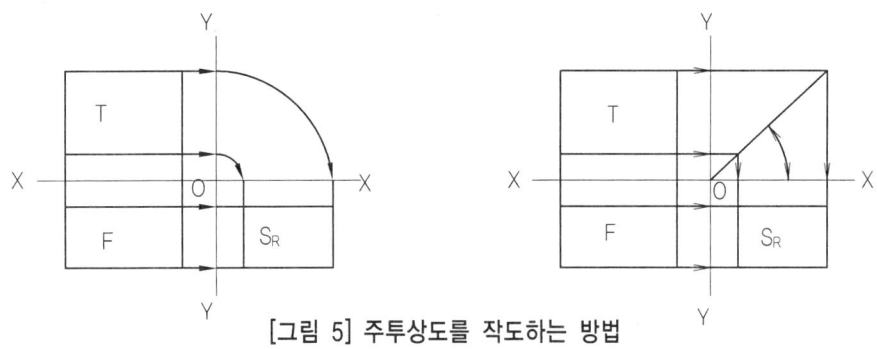

[그림 5] 주투상도를 작도하는 방법

1.2.4. 입체도

구조물의 조립 상태나 조립순서 등을 쉽게 알 수 있도록 한 개의 투상도로 세면의 형상을 나타낼 수 있는 투상도법을 입체도법이라 한다.

그 종류로는 등각 투상도법, 부등각 투상도법, 사투상도법이 있으나 기계제조에서는 주로 등각 투상도법을 이용하여 물체를 나타낸다.

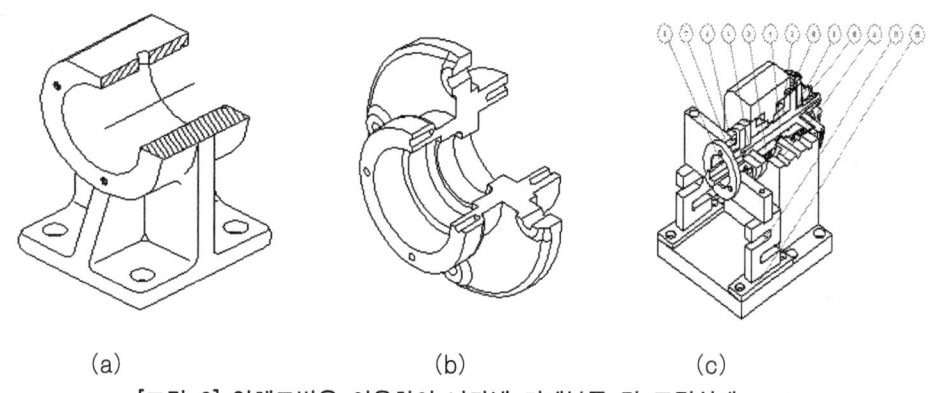

(a) (b) (c)
[그림 6] 입체도법을 이용하여 나타낸 기계부품 및 조립상태

여기서는 기계제도에 많이 사용되는 등각 투상도법에 대해서만 알아보도록 하자.

등각 투상도란 X축과 Y축이 수평면에 대해 각각 30°를 이루고 있으며 내각이 120°를 가지며 Z축에 대해서는 등각을 이루는 작도법을 말한다. 이 등각 투상도법은 입체도법 중 가장 많이 이용된다.

AutoCAD에서는 Snap 명령을 입력한 후 옵션 Style을 지정한 후 Isometric을 지정하면 사용할 수 있으며 각 면으로의 전환은 F5 키를 이용하면 된다.

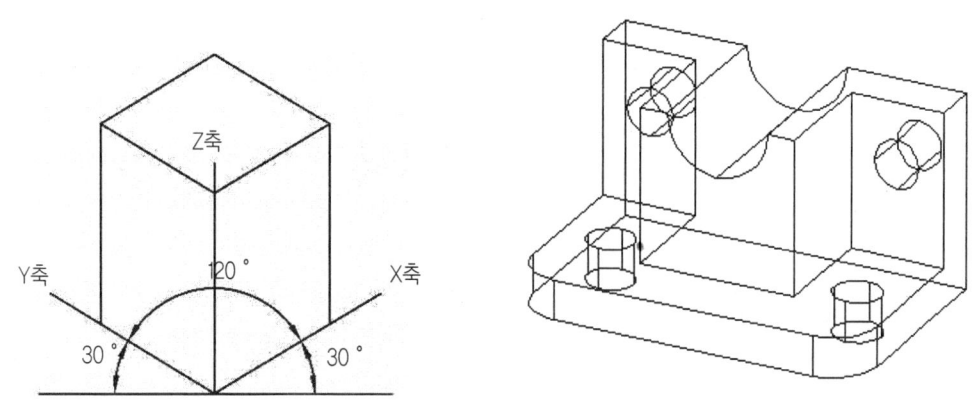

[그림 7] 등각 투상도

관련 지식(1)	평면, 한 면에 경사진면, 3면에 경사진면, 곡면의 투상	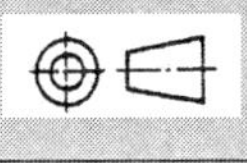	투상법칙	A0411

① 수평·수직평면

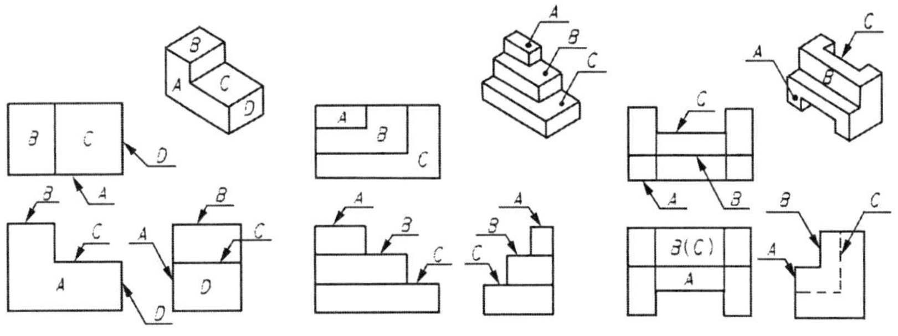

② 한 면에 경사진 면

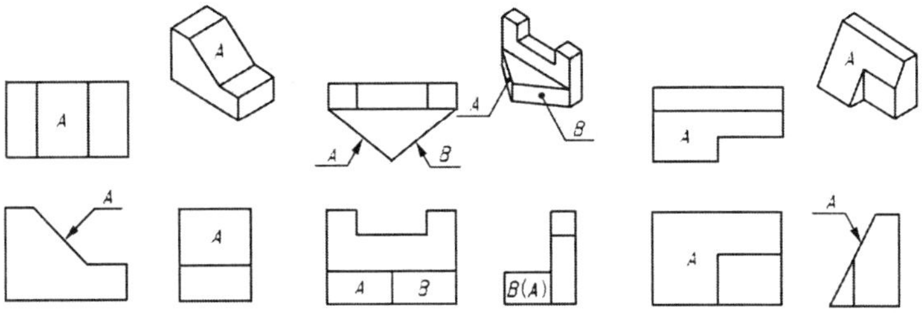

③ 삼면에 경사진 면

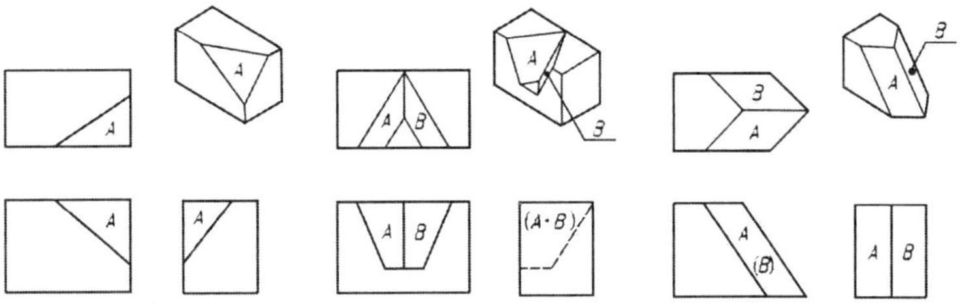

④ 원주·원호곡면

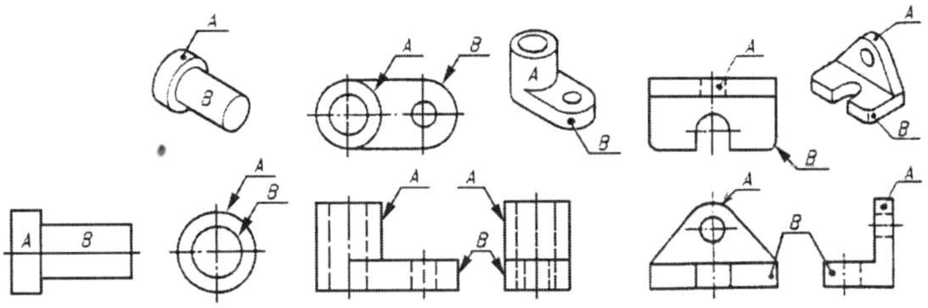

| 관련
지식(2) | 투상도의 배치와 작성방법 예 | | 투상도 작성법 | AO412 |

① 투상도의 배치

- F= 정면도
- T= 하면도
- S_R= 우측면도
- S_L= 좌측면도
- R= 배면도

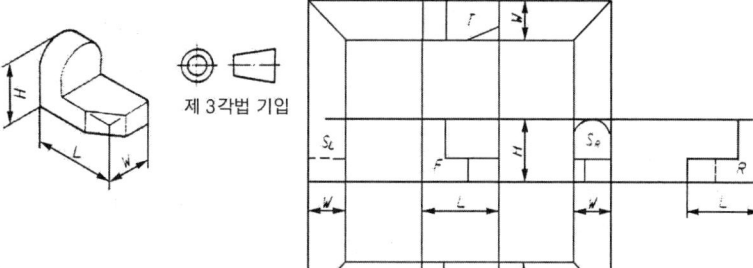

② 정면도의 작성

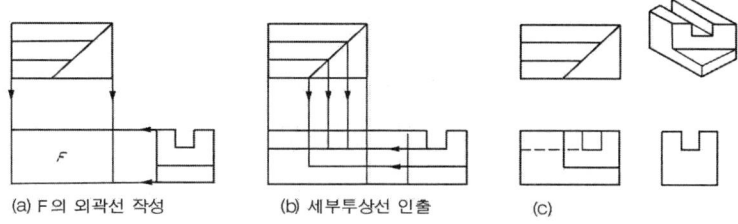

(a) F의 외곽선 작성　　(b) 세부투상선 인출　　(c)

③ 평면도의 작성

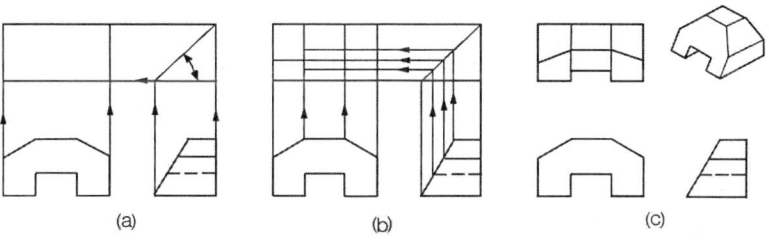

(a)　　(b)　　(c)

④ 좌측면도의 작성

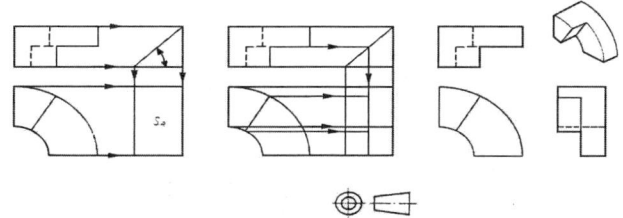

| 문제(1) | 투상도에 대응하는 입체도를 찾아 ─위에 기입하자 | | 투상도 | BO413 |

| 문제(2) | 입체도를 참고로 누락된 선을 기입하고 삼면도를 완성하여라. | | 투상도 | BO414 |

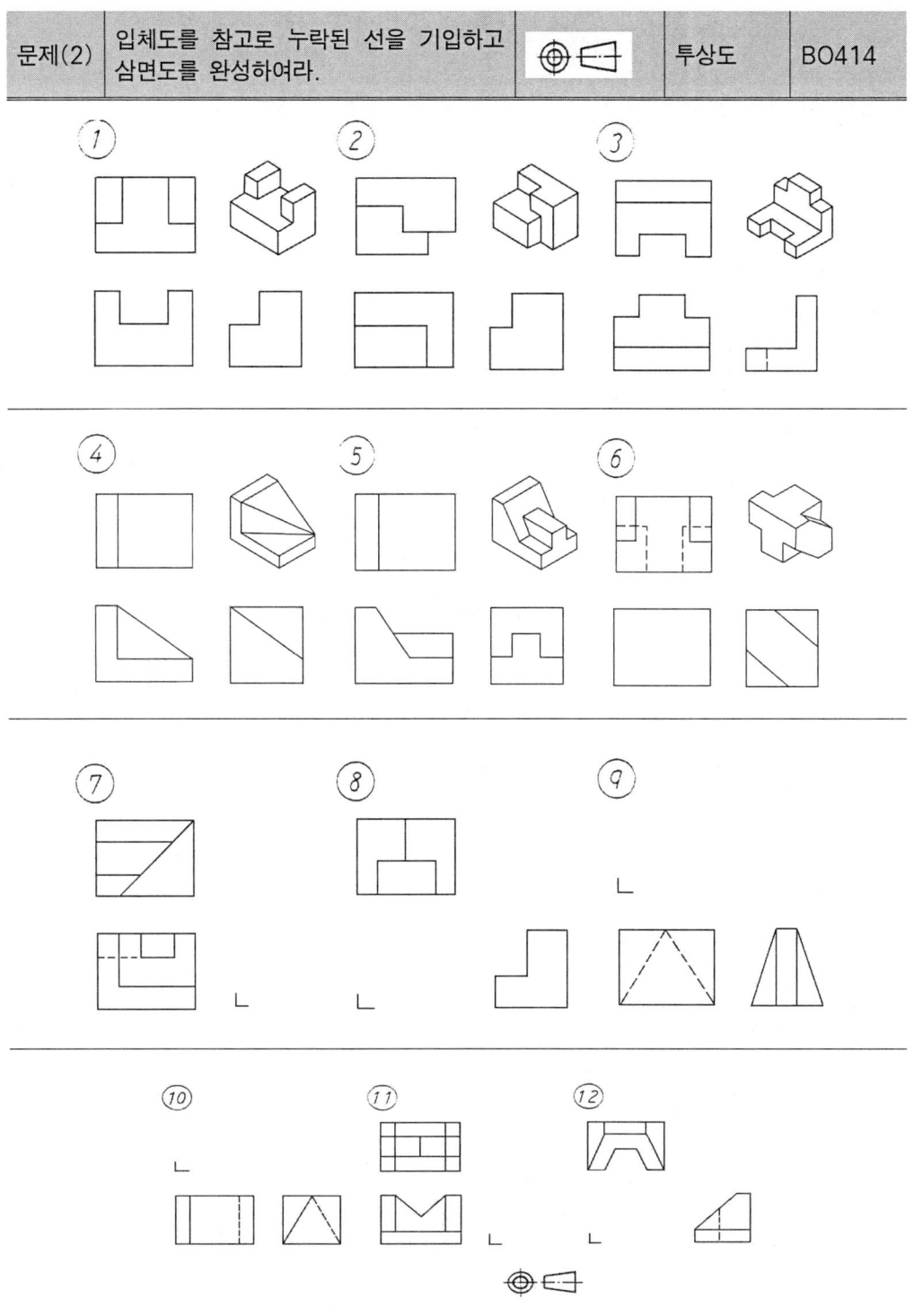

| 문제(3) | 지시에 따라 문제에 답하고 도면을 완성하시오 | 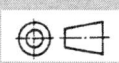 | 투상도 | BO415 |

① 정면도에 대응하는 좌측면도와 입체도의 기호를 아래공란에 기입하시오.

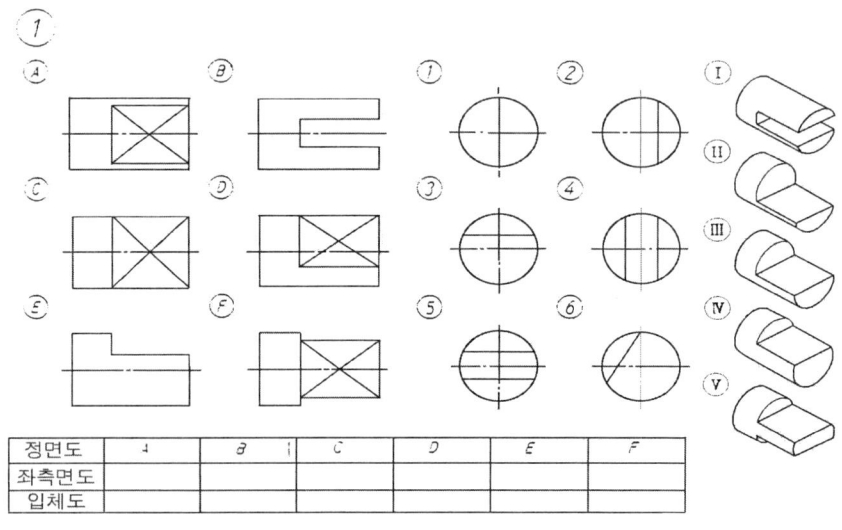

정면도	A	B	C	D	E	F
좌측면도						
입체도						

② 평면도와 자측면도를 완성하시오.　　　③ 평면도와 정면도를 완성하시오.

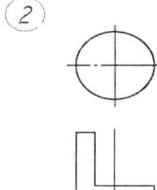 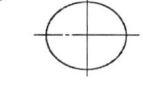 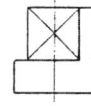

④ 3면도를 완성하시오.　　　⑤ 평면도와 정면도를 완성하시오.

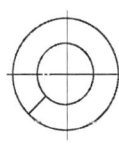  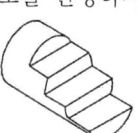

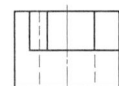 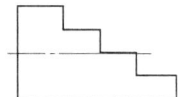 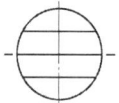

| 문제(4) | 문제의 도면을 보충하여 3면도를 완성하시오. | | 투상도 | BO416 |

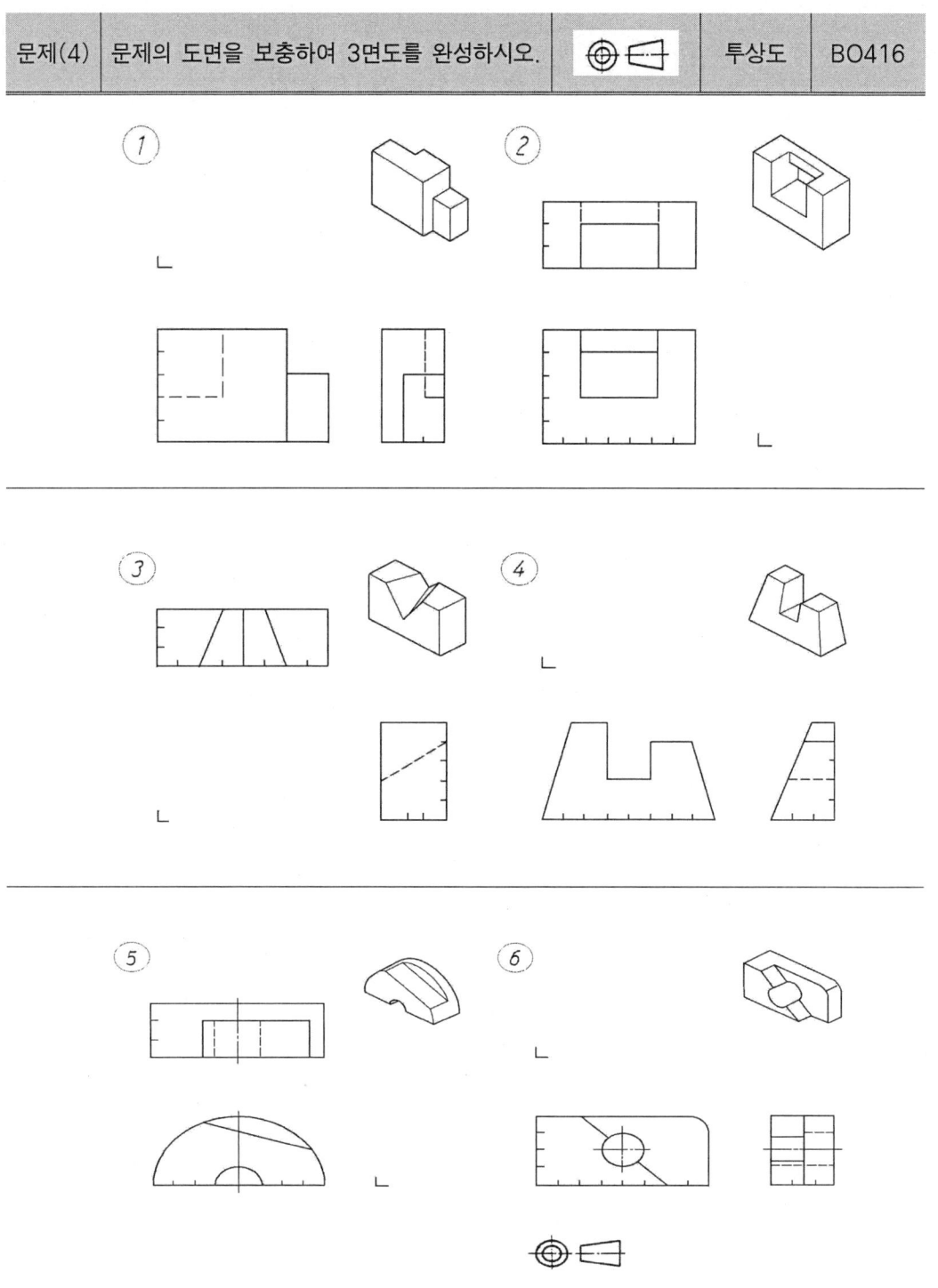

| 문제(5) | 3면도를 완성하시오. | 투상도 | BO417 |

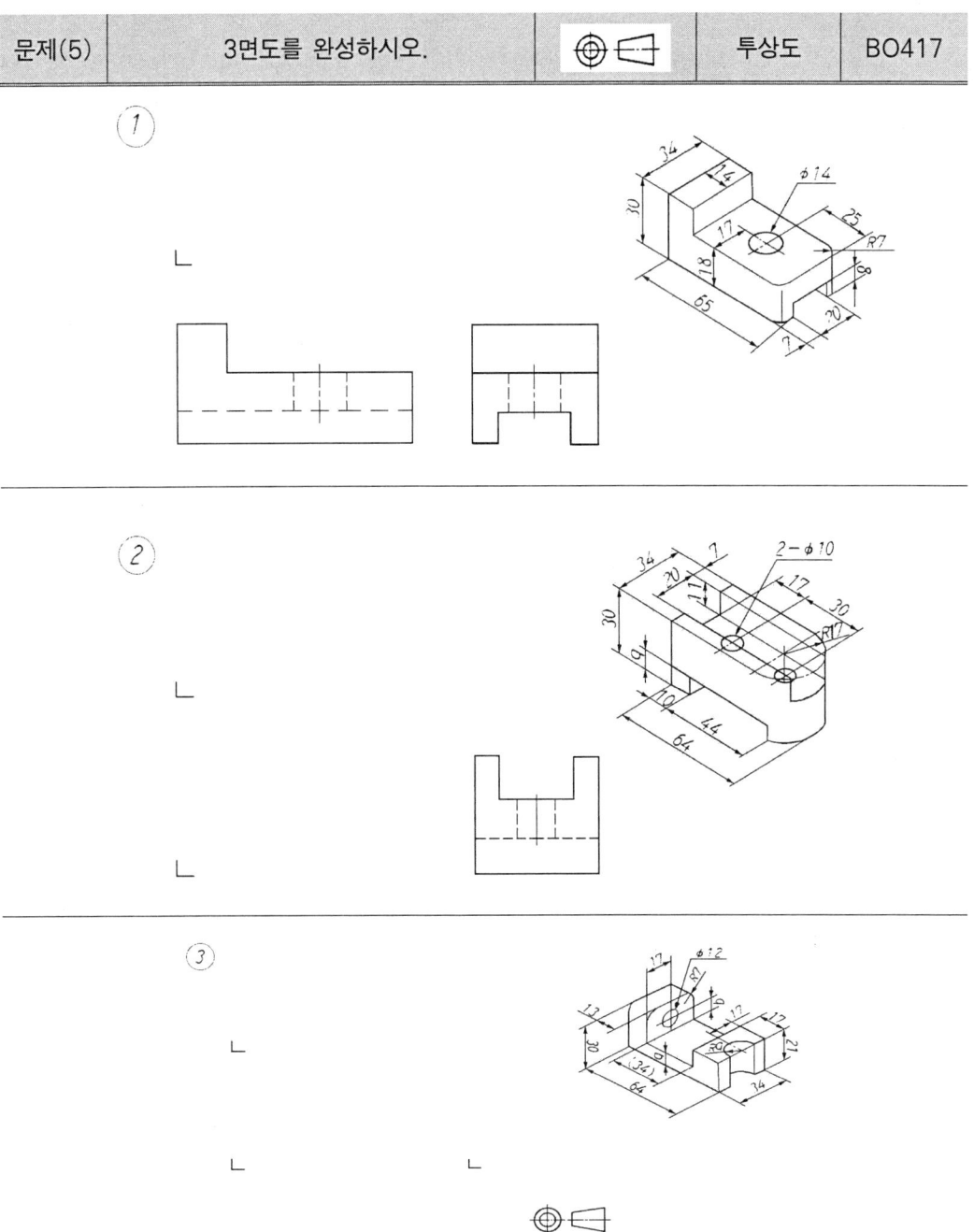

1.3. AutoCAD로 등각투상도 만들기

다음과 같이 먼저 "SNAP" 명령을 사용하여 좌표계를 바꾸도록 한다.

```
Command: SNAP
Specify snap spacing or [ON/OFF/Aspect/Rotate/Style/Type] <10.0000>: S
Enter snap grid style [Standard/Isometric] <S>: I
Specify vertical spacing <10.0000>:

Command:
```

또는 풀다운 메뉴에서

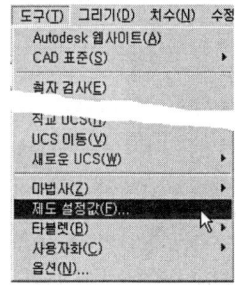   선택하면 다음의 화면이 나타난다.

"Snap and Grid" 탭에서 "스냅 및 모눈(Snap type & style)" 부분에서 "등각투영스냅 (Isometric snap)"을 On 시킨다.

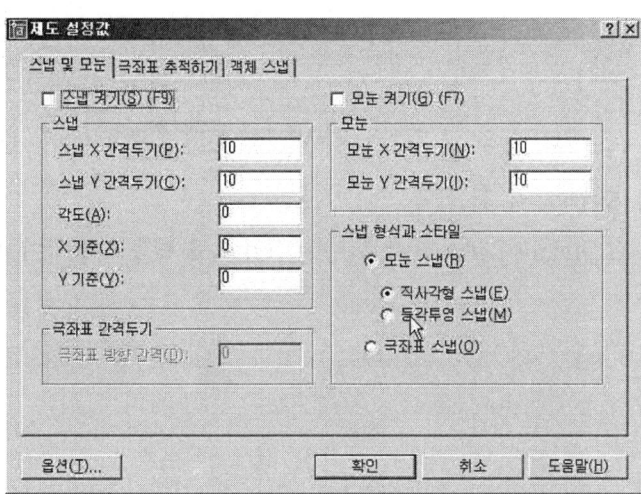

OK를 선택한 후 화면상의 십자형 커서를 주목해 보면 모양이 바뀐 것을 볼 수 있다.

이제는 기능키 "F5"를 한번 누를 때마다 커서가 바뀐다. 또한 명령행에 시점에 대한 정보가 나타난다.

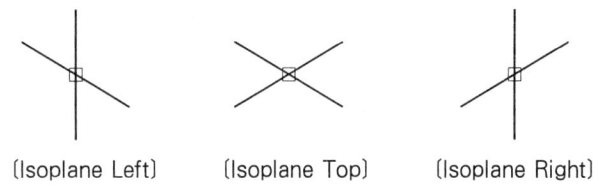

1.3.1. 육면체 그리기

기능키 "F8"을 누르거나 상태 표시줄의 SNAP GRID ORTHO POLAR OS 를 눌러 커서가 수직 및 수평으로만 움직이도록 하자.

"F5" 키를 눌러 〈Isolpane Left〉 상태로 만든 "Line" 명령을 사용하여 사각형을 그린다.

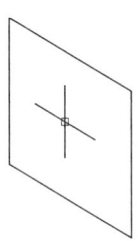

다시 "F5" 키를 눌러 〈Isolpane Right〉 상태로 만든 "Line" 명령을 사용하여 옆면의 사각형을 그린다.

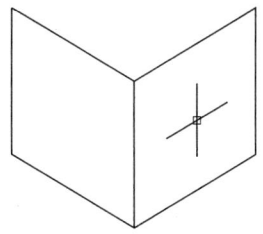

또, 다시 "F5" 키를 눌러 〈Isolpane Top〉 상태로 만든 "Line" 명령을 사용하여 윗면의 사각형을 그려 완성한다.

위 육면체를 만드는데 있어 Trim 명령이 유용하게 사용될 수 있을 것이다.

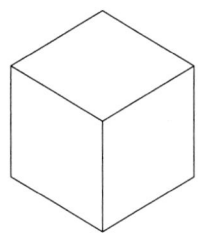

1.3.2. 축 만들기

[1] 등각투상 원 그리기

등각투상 상태에서의 원은 일반적인 상황에서의 원과는 다르다. 등각투상에서의 원은 Circle 명령으로 그리는 것이 아니라 Ellipse 명령에서 Isocircle이라는 옵션을 사용하여 그린다.

먼저 축 중심선을 그린다.

"F5" 키를 눌러 〈Isolpane Top〉 상태로 만든 "Line" 명령을 사용하여 축 중심선을 그린다. 그리고 〈Isolpane Left〉 상태에서 Ellipse 명령을 사용하여 등각원을 그린다. 이 때 Object Snap을 End로 하여 중심선의 끝을 등각원의 중심으로 삼는다.

```
Command: ELLIPSE
Specify axis endpoint of ellipse or [Arc/Center/Isocircle]: I
Specify center of isocircle: END
of
Specify radius of isocircle or [Diameter]: 10
```

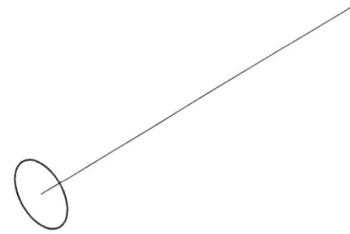

Copy 명령을 사용하여 중심선의 반대 편 끝에 하나를 더 만들도록 한다.
앞쪽에 조금 전보다 더 큰 원을 그리도록 한다.

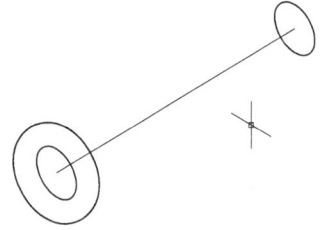

앞의 두 원을 Copy하여 다음과 같이 만들고 앞쪽의 큰 원은 지운다.

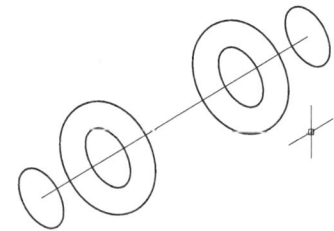

다음 단계는 원의 사분점들을 연결하여 실린더 모양을 만든다. "Line" 명령을 사용하며 Osnap은 사분점(QUA)을 사용하면 다음과 같이 연결할 수 있다.

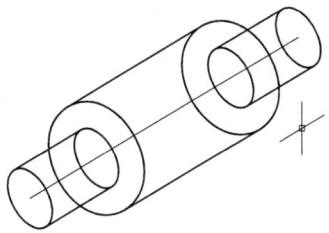

이제는 보이지 않는 부분의 선들을 "TRIM" 명령을 사용하여 잘라내도록 한다.

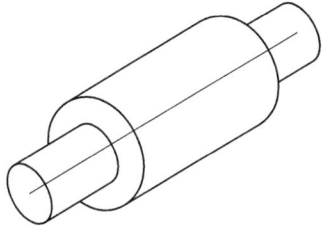

모따기 한 모형을 만들기 위해 작은 원을 그린 후 "COPY" 명령을 사용해 적당한 크기로 앞쪽으로 이동시킨다.

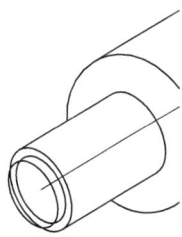

이 그림에서 "TRIM" 명령을 사용하여 다음처럼 만든다.

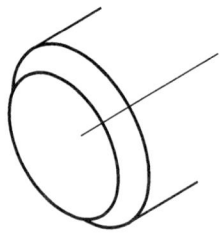

이 부분을 뒷면에도 만들도록 한다. 물론 "COPY" 명령을 사용하여 복사하면 된다.

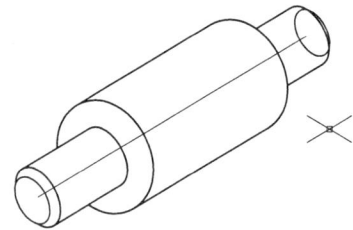

이 뒷부분도 "TRIM"을 이용해 보이지 않는 부분을 잘라낸다. 그리고 중심선을 지우면 다음과 같이 축이 된다.

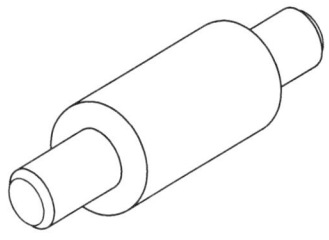

다음은 이 축에 키와 키 홈을 만들어 보도록 한다.
〈Isometric right〉 상태에서 축의 중심 P1에서 선을 위쪽으로 긋는다.

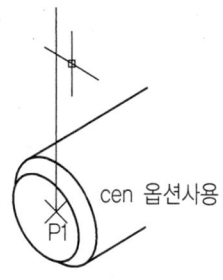

〈Isometric top〉 상태에서 축의 원과 선이 만나는 교점으로부터 안쪽으로 선을 다음과 같이 긋는다. 그리고 키의 크기에 해당하는 교차선을 긋는다.

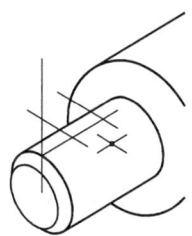

이 그림에서 선의 교차점을 중심으로 하는 원을 그린다.

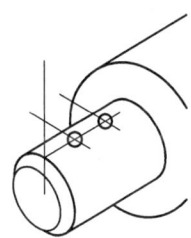

다음 그림처럼 원과 직선이 만나는 교차점을 연결하는 직선을 긋는다.

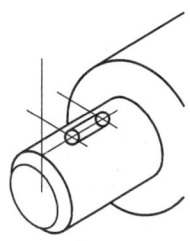

"TRIM" 및 "ERASE" 명령을 사용하여 불필요한 부분을 지운다.

키 홈 모양을 아래 위로 복사하여 키와 키 홈을 만들 수 있도록 해 둔다. 이때 〈Isometric Left〉 상태에서 작업을 한다.

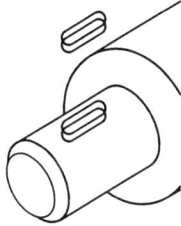

앞서 했었던 것들과 마찬가지로 불필요한 부분들을 지우고 원의 사분점을 연결하고 다음과 같이 만들어 보도록 한다.

"MIRROR" 명령을 사용하여 아래 그림처럼 만든다.

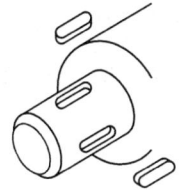

Mirror된 물체를 이동 즉, "MOVE" 명령으로 아래처럼 옮긴다.

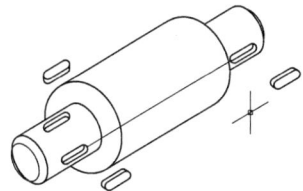

이 명령이 끝나면 다음처럼 키 홈이 두개 있는 축이 완성된다.

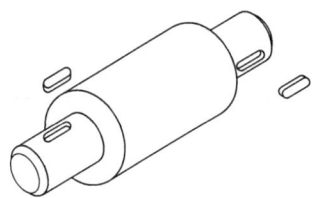

02>>> 투상도 순서 정하기

2.1. 투상도의 선택방법

주투상도 만으로 물체의 형상을 완전히 표현할 수 없을 경우 주투상도를 보충할 수 있는 다른 투상도를 추가한다. 추가시 투상도의 수는 가급적 적은 것이 바람직하다.
① 물체는 될 수 있는 대로 자연스러운 위치상태로 나타낸다.
② 물체의 특징을 가장 잘 나타낼 수 있는 면을 정면도로 선택하고 정면도만으로는 모양이나 치수를 표시할 수 없을 때에는 평면도나 측면도 등을 사용한다.
③ 물체의 주요면은 될 수 있는 대로 투상면에 평행 또는 수직으로 나타낸다.

④ 정면도를 중심으로 우측면도와 평면도를 그리는 것을 원칙으로 한다.
⑤ 정면도와 평면도, 또는 정면도와 측면도 어느 것으로 표시해도 좋을 때에는 투상도를 배치하기 좋은 쪽을 선택한다.
⑥ 링(ring), 벨트 풀리, 기어 등과 같이 원형으로 표시되는 투상도는 정면도로 선택하지 않고 평면도 혹은 측면도로 표시한다.
⑦ 관련 투상도는 될 수 있는 대로 은선을 쓰지 않고 그려야 하며, 서로 비교 대조가 불편할 때에는 은선으로 표시해도 좋다.
⑧ 도형은 그 물체의 가공방법을 기준으로 하여 그것을 가공할 때 놓이는 상태와 같은 방향으로 그린다.

위의 내용에 대해 상세히 알아보도록 하자.

2.1.1. 정면도만으로 물체의 표현이 가능한 경우

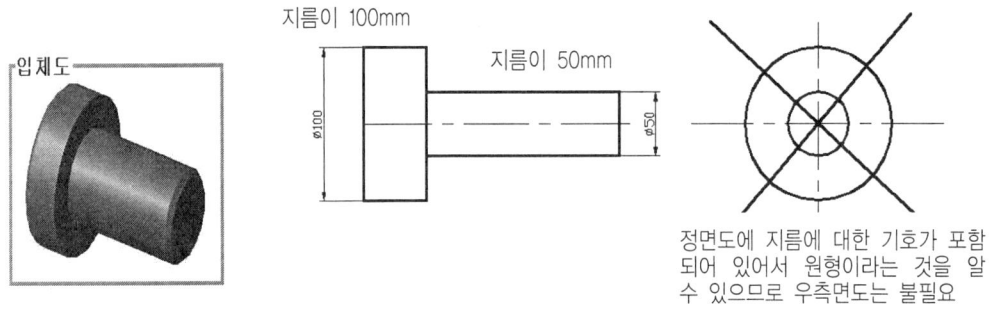

정면도에 지름에 대한 기호가 포함되어 있어서 원형이라는 것을 알 수 있으므로 우측면도는 불필요

다음의 입체도 역시 정면도와 판두께 값만 있으면 되므로 측면도는 필요가 없다.

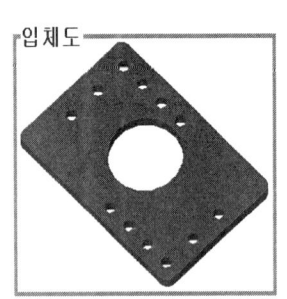
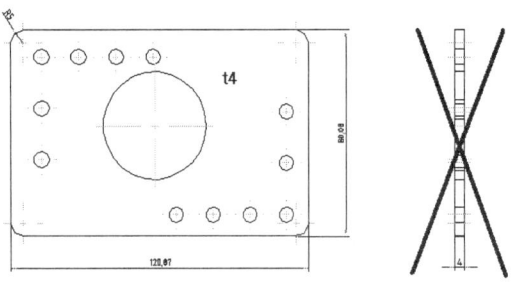

정면도에 두께 t= 4mm라는 표시인 t4가 있으므로 두께를 표시하는 우측면도는 필요가 없으며 구멍의 크기와 위치를 표시한다면 정면도 만으로 충분하다.

2.1.2. 정면도와 평면도만으로 표현이 가능한 경우

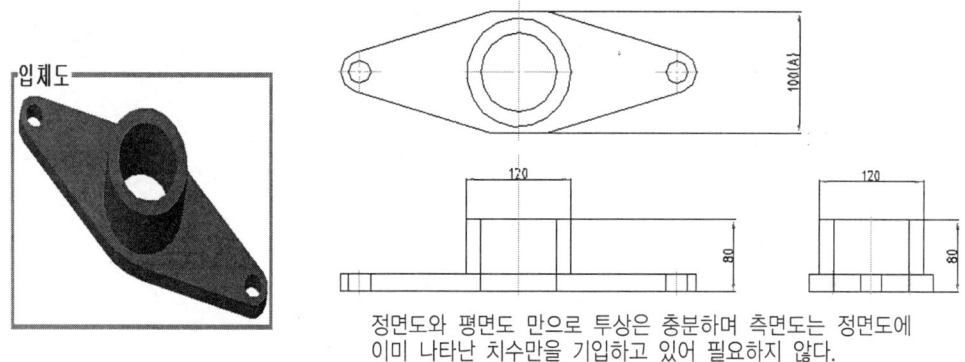

정면도와 평면도 만으로 투상은 충분하며 측면도는 정면도에 이미 나타난 치수만을 기입하고 있어 필요하지 않다.

2.1.3. 정면도와 측면도 만으로 표현이 충분한 경우

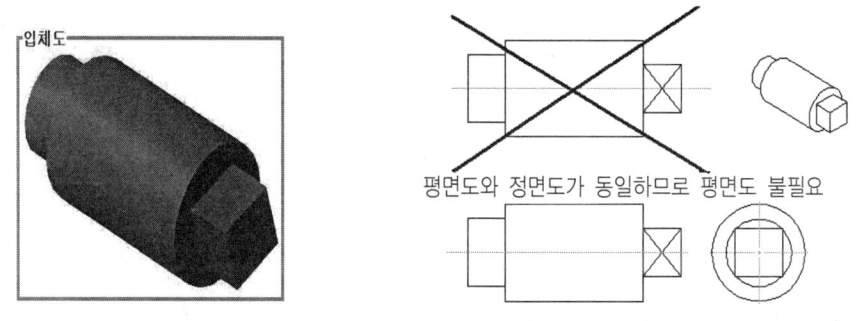

평면도와 정면도가 동일하므로 평면도 불필요

2.1.4. 정투상을 보조하는 여러 가지 투상도

[1] 보조 투상도

경사면이 있는 대상물 중 경사면의 실형을 나타낼 필요가 있을 때 보조 투상도를 사용
① 경사면과 마주보는 위치에 보조 투상도를 그린다.

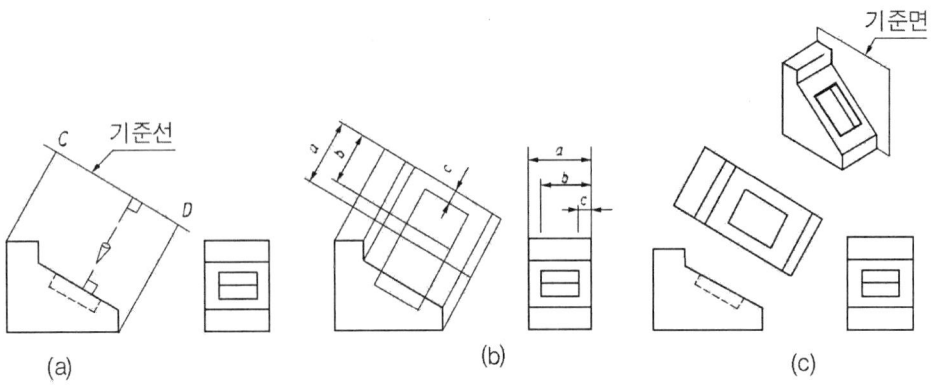

[그림 8] 보조투상도의 작성방법

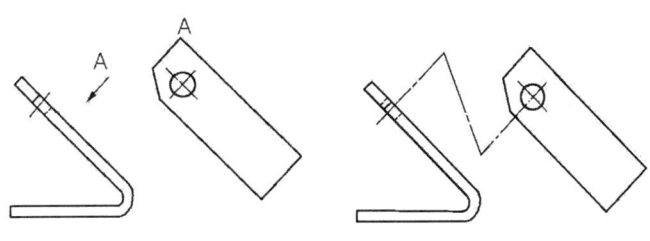

[그림 9] 지시 또는 인출선에 의한 보조투상

② ①의 경우가 불가능한 경우는 그 위치를 화살표와 영문자의 대문자로 표시하고 문자는 방향에 관계없이 모두 위로 향하며 꺾은 중심선으로 연결하여 투상관계를 표시하여도 된다.
③ 보조 투상도는 필요한 부분만 그리는 것이 좋다.

[2] 부분 투상도

도면의 일부분만을 표시하는 것으로도 만족하는 경우에는 필요한 부분만 부분 투상도를 사용하여 나타낸다. 생략한 부분과의 경계를 파단선으로 표시한다.

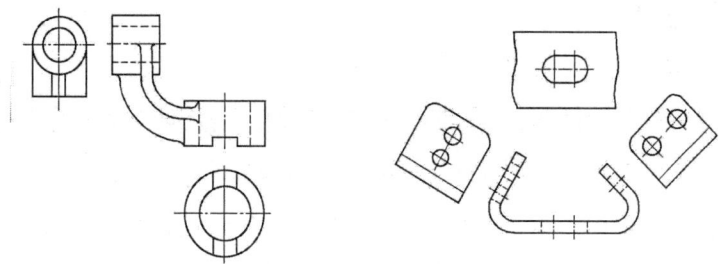

[그림 10] 부분 투상도

[3] 국부 투상도

대상물의 국부만을 표시하는 방법으로 투상 관계를 표시하기 위하여 원칙적으로 추가되는 그림 위에 중심선, 기준선, 치수보조선 등으로 연결한다.

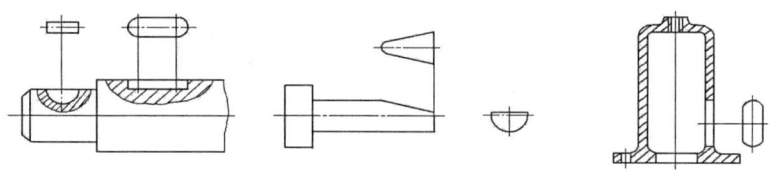

[그림 11] 국부 투상도

[4] 회전 투상도

대상물 중 회전이 가능한 부분은 회전을 시켜 그 실형을 그릴 수 있다. 오독할 우려가 있을 경우에는 작도에 사용한 선을 남긴다.

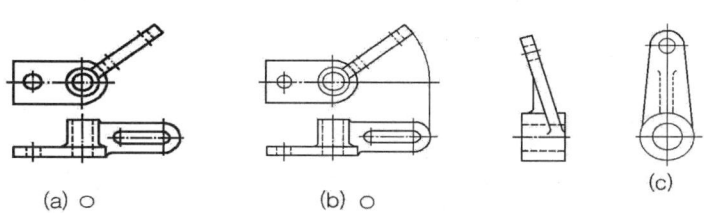

[그림 12] 회전 투상도

[5] 반복도형의 생략

① 반복도형이 규칙적으로 나열되었을 때

② 반복도형이 특정한 위치에만 규칙적으로 나열되어 있을 때 : 피치선과 중심선과의 많은 교차 중에서 특정한 교점에만 반복도형이 나열되어 있을 때에는 그 양 끝부(한 끝은 1피치분) 또는 요점만을 실형으로 도시하고, 기타는 그 특정한 교점만을 그림기호로 표시한다(a). 다만, 혼동되지 않을 경우에는 특정한 교점의 전부를 그림기호로 표시해도 좋다.

③ 반복 도형이 불규칙적으로 나열되어 있을 때 : ②에 준하여 실형의 도시를 전부 또는 대부분을 생략하고 그림기호에 의하여 표시한다.

④ 2종류 이상의 반복도형이 나열되어 있을 때 : 그 종류마다 서로 다른 그림 기호에 의하여 표시한다.

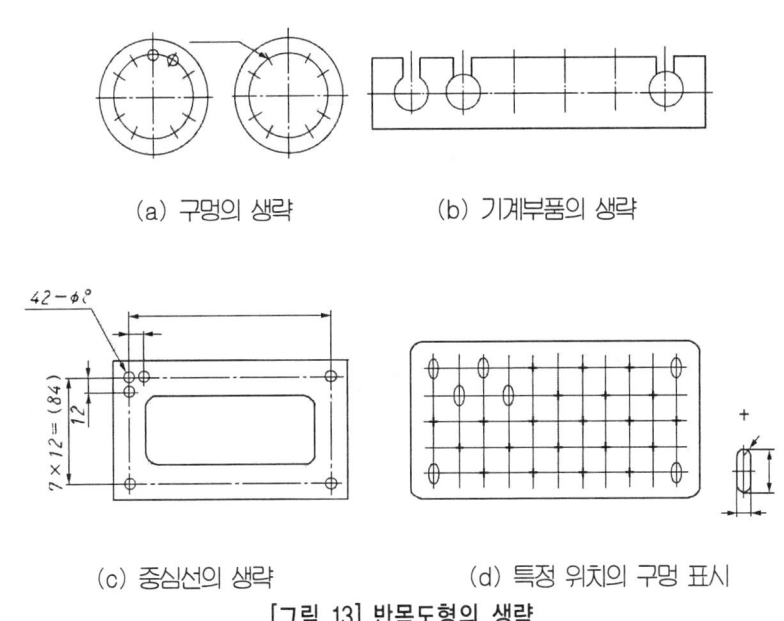

(a) 구멍의 생략　　　　　　(b) 기계부품의 생략

(c) 중심선의 생략　　　　　(d) 특정 위치의 구멍 표시

[그림 13] 반복도형의 생략

[6] 중간부분의 생략에 의한 도형의 단축

같은 단면의 부분이나 같은 모양이 규칙적으로 나열되어 긴요한 부분만을 근접시켜서 도시할 수 있다. 이 경우 잘라버린 끝부분은 파단선으로 표시한다.

또한, 요점만을 도시하는 경우, 혼동되지 않는다면 파단선을 생략해도 좋다. 또 긴 테이퍼 부분, 또는 기울기 부분을 잘라 버리고 도시할 때에는 경사가 완만한 것을 실제의 각도로 도시하지 않아도 좋다.

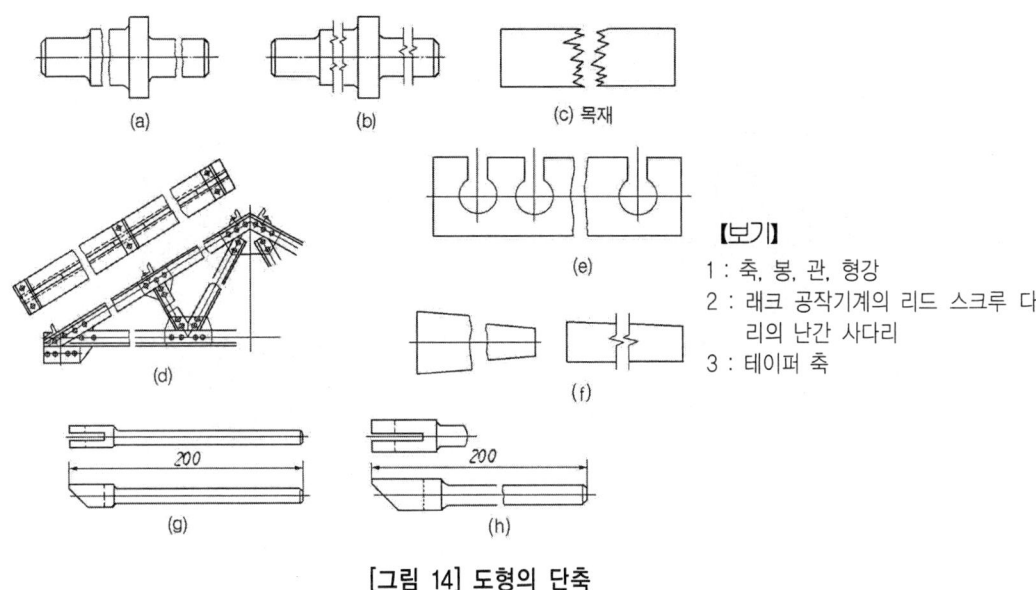

[그림 14] 도형의 단축

[7] 부분 확대도(상세도)

특정 부분의 도형이 작기 때문에 그 부분을 상세히 도시하거나 치수를 기입할 수 없을 때에는, 그 부분을 가는 실선으로 둘러싸고, 또한 영문자의 대문자로 표시하는 동시에 그 해당부분을 다른 곳에 별도로 확대해서 그리고 표시의 문자 및 척도를 부기한다.

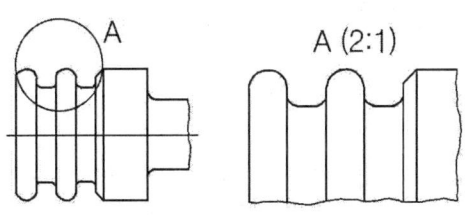

[그림 15] 부분 확대도

2.2. 투상도의 배치 및 방향

투상도를 배치할 때는 제품을 가공할 때를 고려하여 실제로 작업자가 가공을 하는 방향으로 배치하도록 한다. 이러한 경우는 선반의 내경가공, 외경가공, 나사절삭 등 주로 선반에서 작업이 이루어지는 부품들에 해당된다.

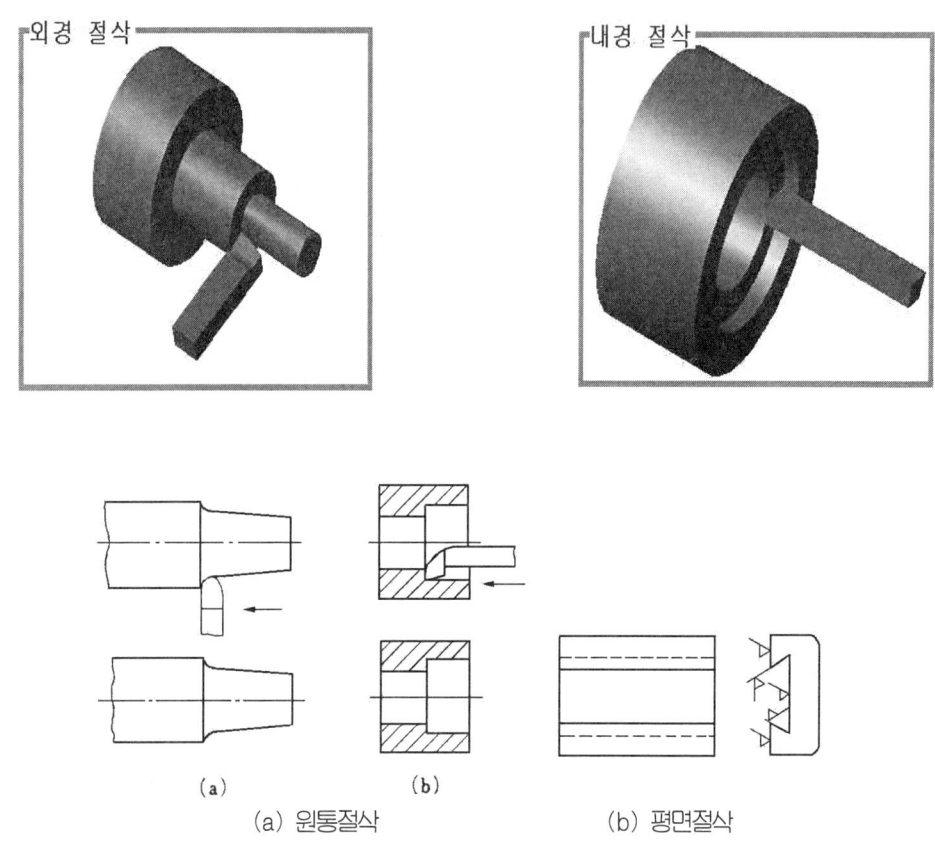

(a) 원통절삭   (b) 평면절삭

[그림 16] 공정기준에 의한 투상도의 배치

2.3. 단면도법

도면상에 은선으로 표현되는 내부형상 혹은 보이지 않는 면을 명확하게 표현하기 위해 가상적으로 필요한 부분을 절단하여 투상한 다음 도면으로 나타낸 것이 단면도이다. 다음의 그림은 물체의 내부 형상을 이해하기 쉽도록 단면도의 형태로 표현한 것이다. 그리고 베이스 고정 부분의 볼트 구멍에 대해서도 단면을 행함으로써 국부적인 형상을 이해하는데 도움을 주도록 하고 있다.

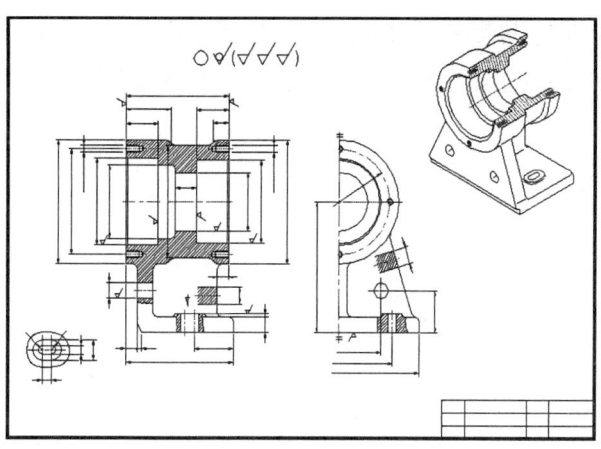

만약 위의 도면을 단면도의 형식이 아닌 은선을 사용하여 표현하였다면 등각투상도가 없다면 매우 이해하기 힘들고 또, 복잡한 형식의 도면이 될 것이다.

2.3.1. 단면 표시의 원칙

① 숨은선은 되도록이면 생략하도록 한다.
② 절단된 면과 절단되지 않은 면을 구별하기 위하여 절단면에 45°의 가는 실선을 3~5mm 간격으로 해칭한다.

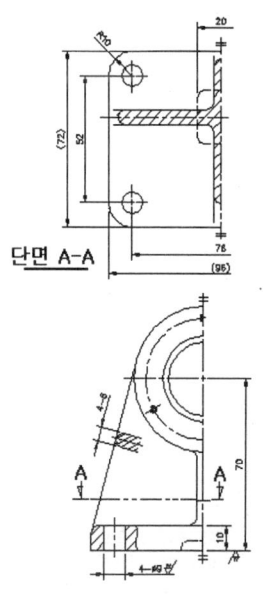
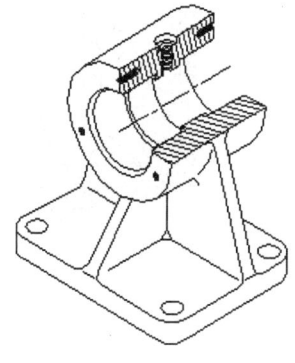

③ 단면시 단면을 보는 방향의 화살표와 문자로 표시를 한다. 그러나 절단면과 단면도의 관련이 분명한 경우 표시방법의 일부 또는 전부를 생략할 수도 있다.

2.3.2. 전단면도(온단면도)

원칙적으로 대상물의 기본적인 모양을 가장 잘 표현할 수 있도록 절단면을 정하며 절단선은 기입하지 않는다. 물체의 형상은 반드시 대칭이어야 한다.

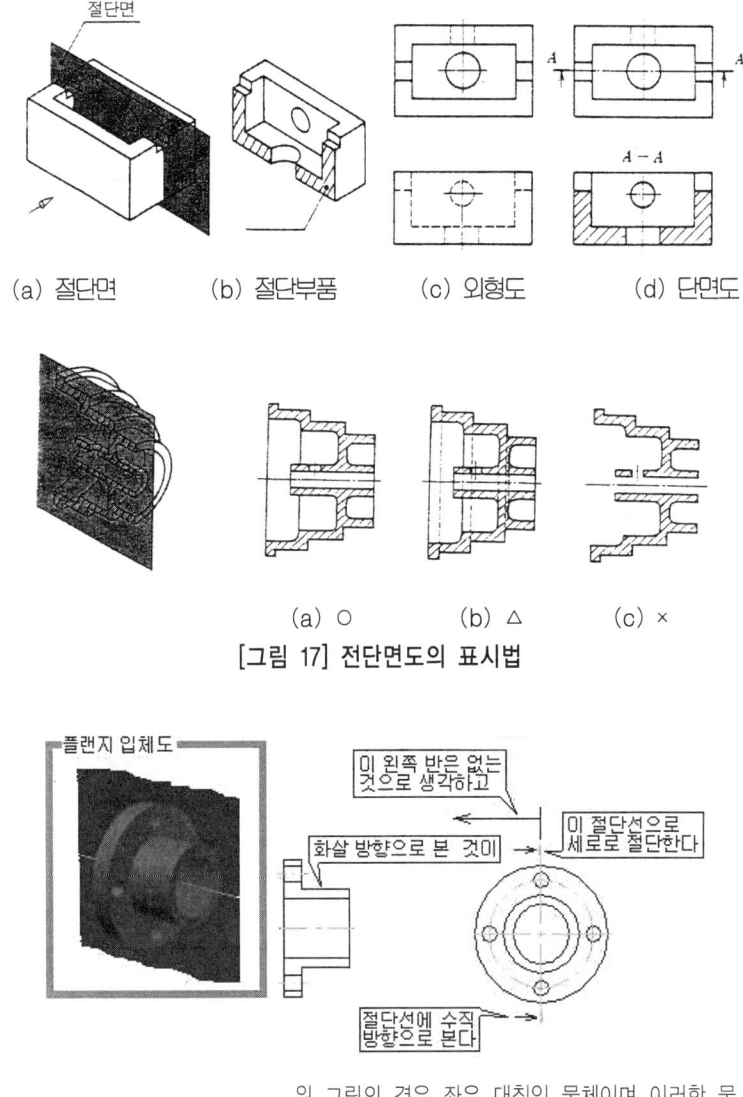

[그림 17] 전단면도의 표시법

위 그림의 경우 좌우 대칭인 물체이며 이러한 물체는 반만 그리고 대칭 표시를 써 준다.

2.3.3. 반 단면도(한쪽 단면도, 1/4 단면도)

상하좌우 각각 대칭인 물체에 있어서 중심선을 기준으로 1/4에 해당하는 한쪽만 절단하고 나머지 부분은 그대로 표현하여 대상물의 내부 및 외부의 형상을 동시에 나타내는 단면도이다.

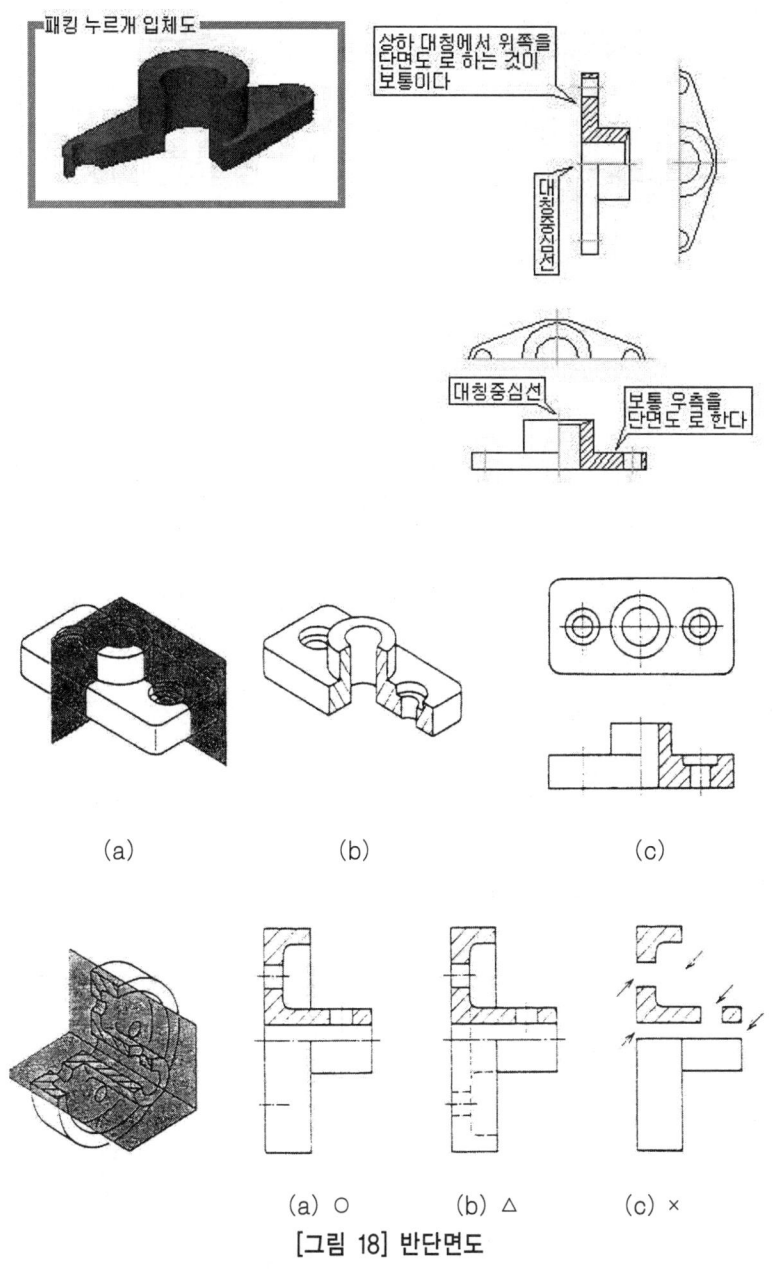

[그림 18] 반단면도

2.3.4. 부분 단면도

물체의 필요 부분만 절단하여 투상하는 기법이며 적용범위가 가장 넓다. 물체의 형상에 관계없이 표현이 가능하고 절단한 부분은 파단선을 이용하여 경계를 표시해 준다.

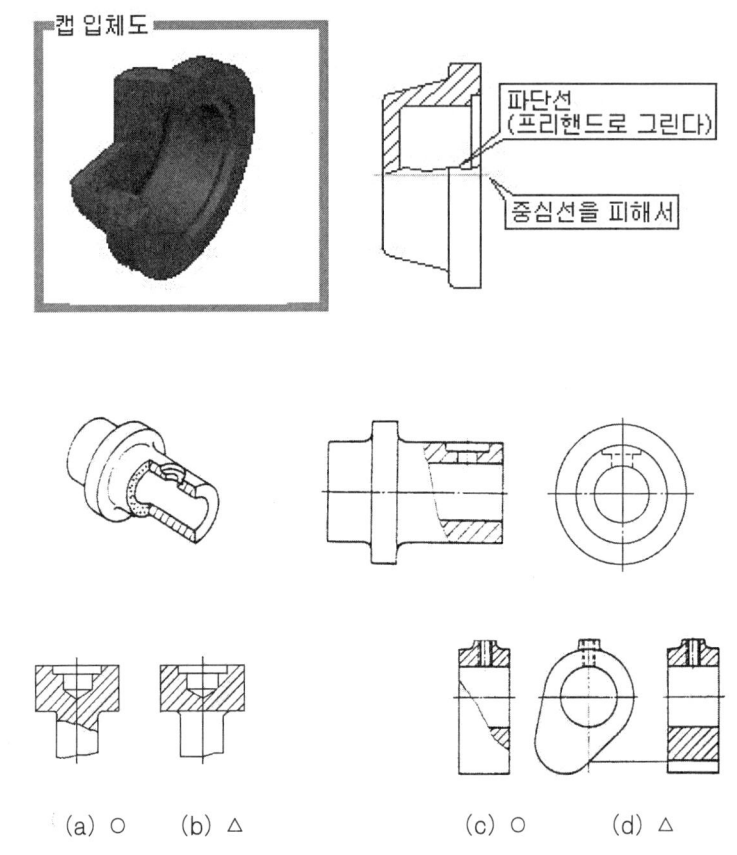

[그림 19] 부분 단면도

2.3.5. 회전 단면도

절단면을 그 위치에서 90° 회전시켜 투상하는 기법으로 암이나 리브, 형강 등에 주로 적용된다.

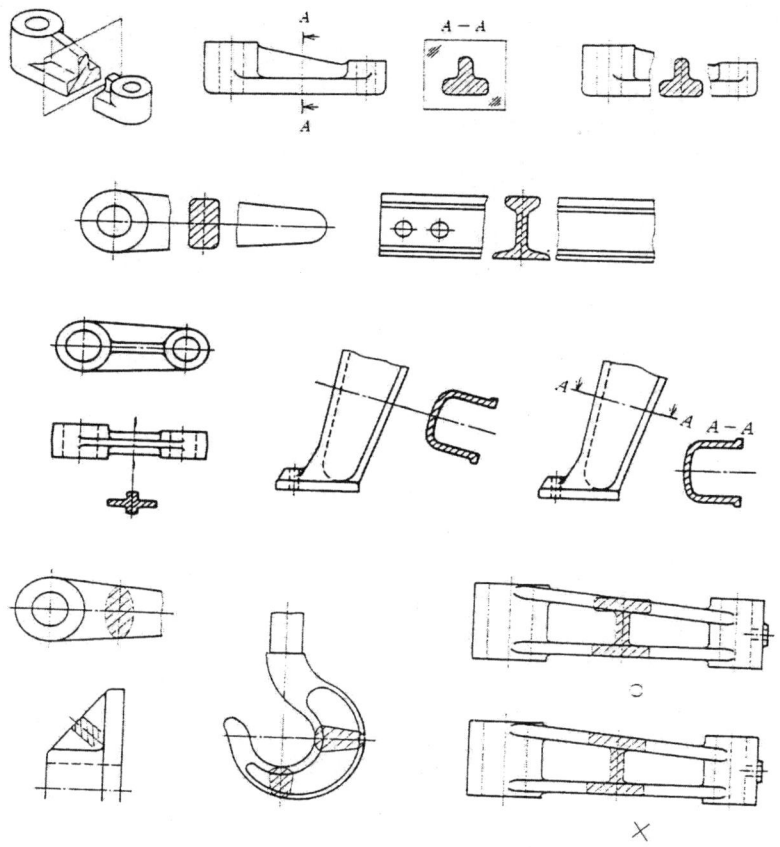

[그림 20] 여러 가지 회전 단면도

2.3.6. 조합에 의한 단면도

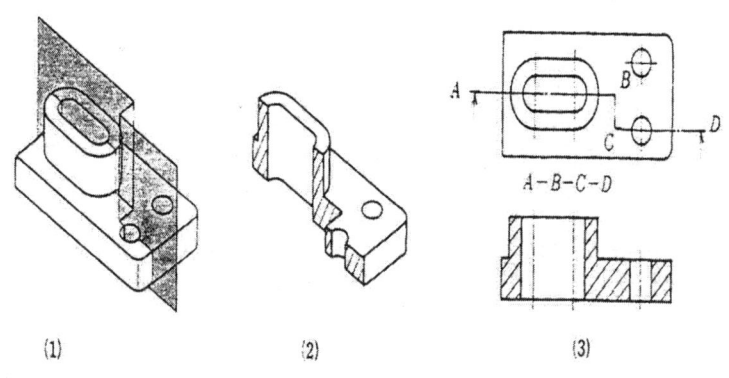

[그림 21] 계단 단면도

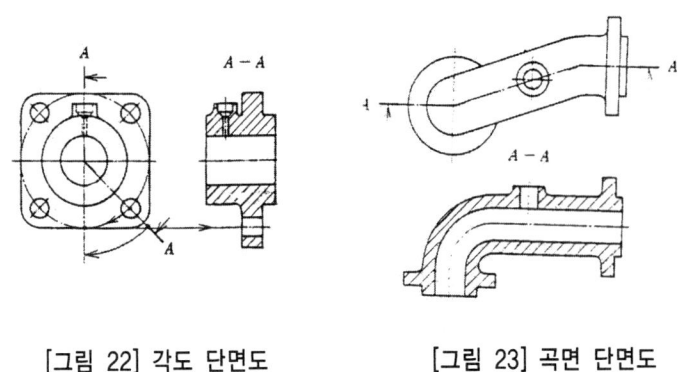

[그림 22] 각도 단면도　　　　[그림 23] 곡면 단면도

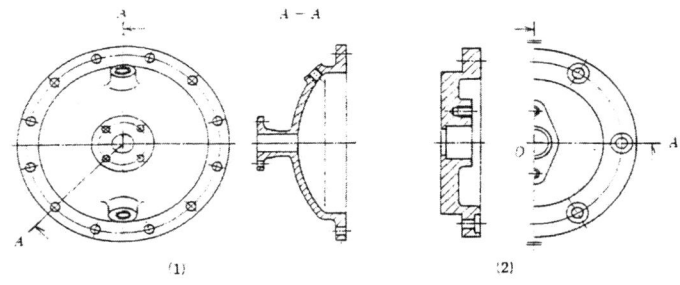

[그림 24] 각도 단면도

2.3.7. 평행인 두면의 조합 단면도

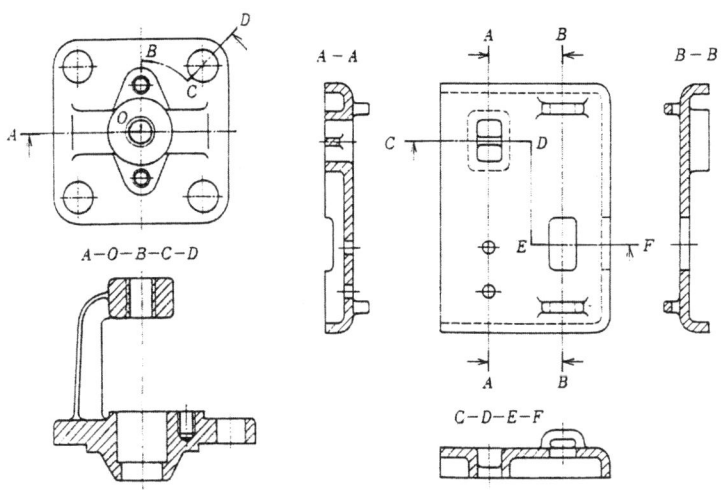

[그림 25] 조합 단면의 예

2.3.8. 다수 단면에 의한 물체의 표시

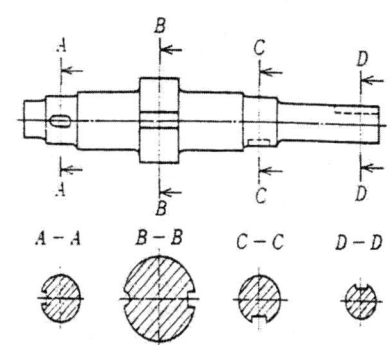

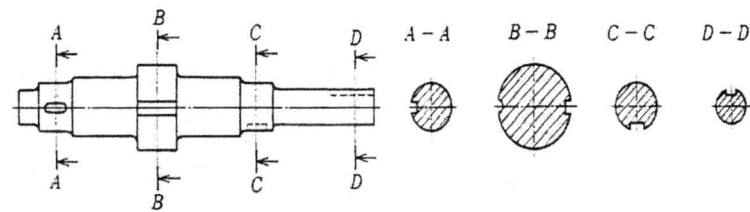

[그림 26] 인출 회전에 의한 단면도

단면도 제작시 다음의 부품들에 대해서는 절단하지 않는다.

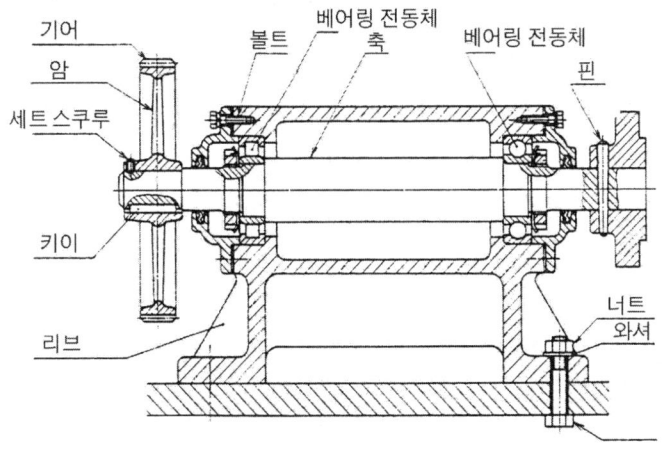

[그림 27] 길이방향으로 절단하지 않은 제품

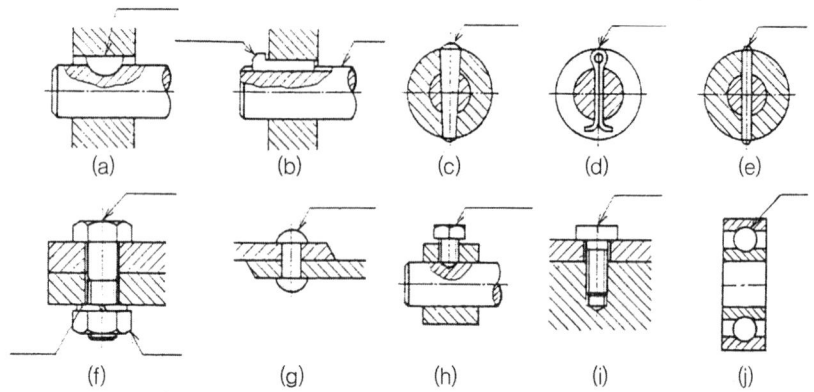

[그림 28] 길이방향으로 절단하지 않은 제품

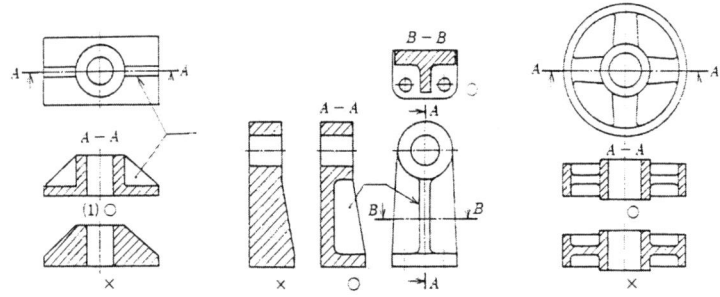

[그림 29] 리브 및 아암의 단면 표시

2.3.9. 생략도

물체가 대칭인 경우 즉 도형이 대칭으로 그려지는 경우 중심선을 기준으로 한쪽을 생략할 수 있다. 한쪽 도형을 그리고 그 중심선의 양단에 2개의 짧은 가는 실선을 나란히 긋는다.

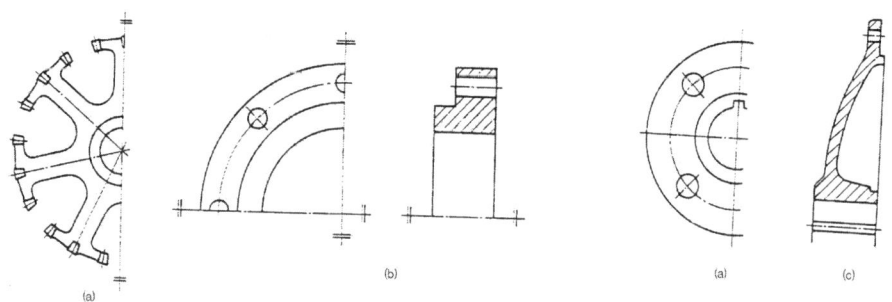

[그림 30] 대칭도시기호도   [그림 31] 대칭도시 기호상세도

2.4. 특수한 경우의 도시

단면도법이나 생략도법을 제외한 특수한 경우의 도시방법에 대해 알아보도록 하자.

2.4.1. 일부분이 평면인 경우의 도시

도형내의 특정부분이 평면으로 이루어진 경우 평면 부위를 가는 실선으로 대각선을 긋는다.

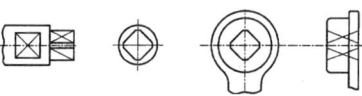

2.4.2. 도형이 구부러진 경우의 도시

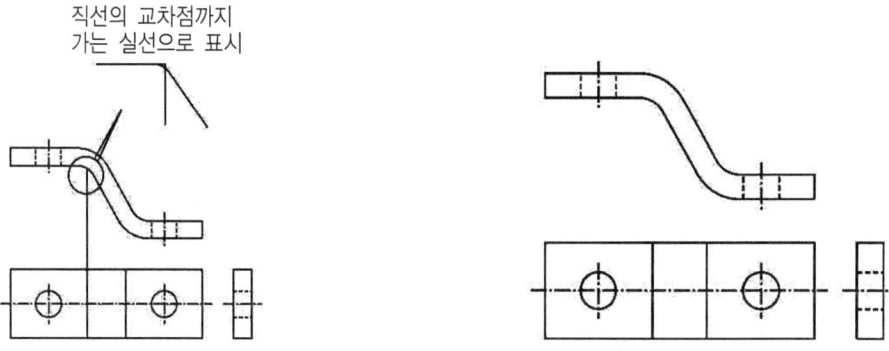

2.4.3. 리브의 끝을 도시하는 방법

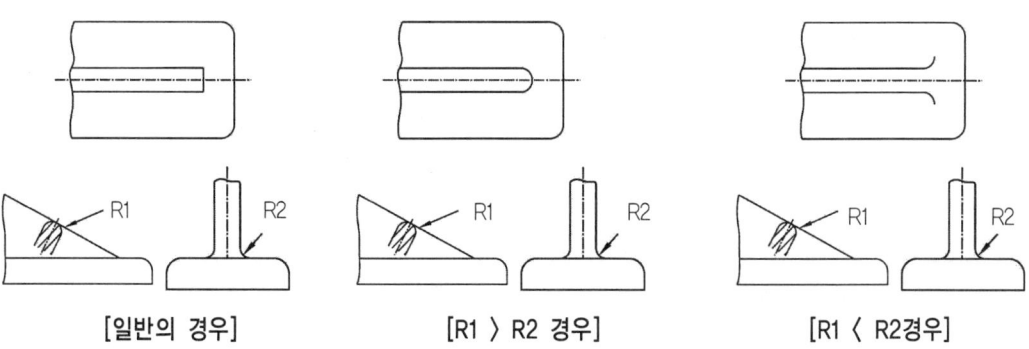

2.4.4. 특수한 가공부분을 표시하는 방법

물체의 면에 특수한 가공을 요하는 경우 그 범위를 외형선에서 부터 약간 띄워서 굵은 1점 쇄선으로 표시할 수 있다.

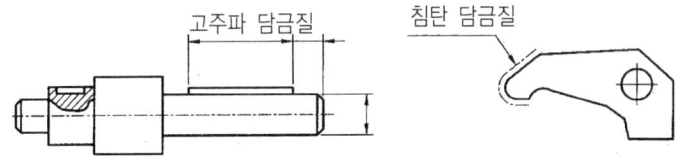

| 관련지식 | 단면도의 종류와 표시방법 | 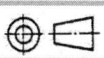 | 단면도 | A0622 |

① 전단면도

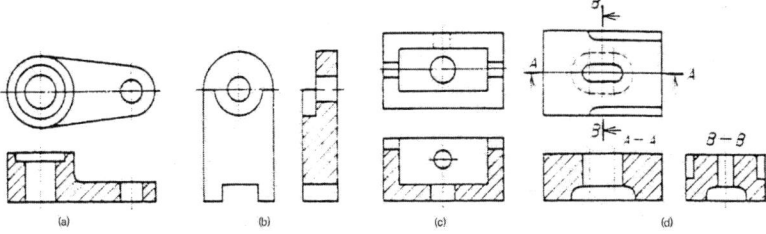

② 한쪽 단면도, 반단면도

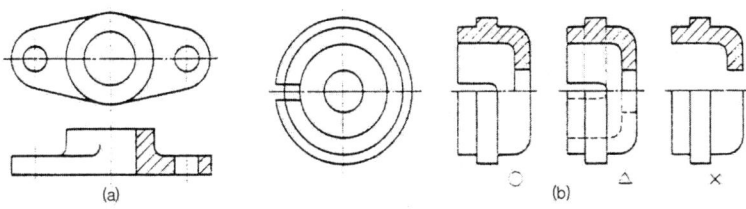

③ 부분 단면도

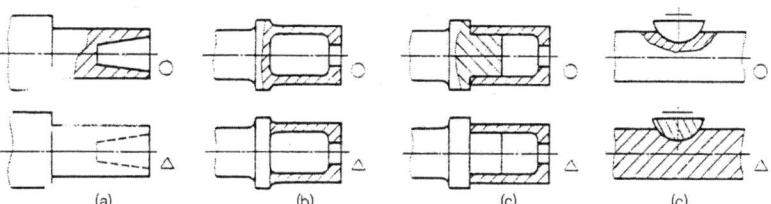

④ 회전 단면도

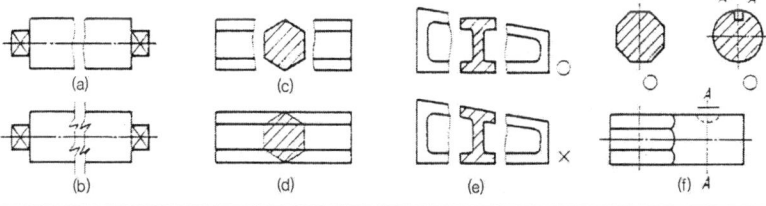

⑤ 기타

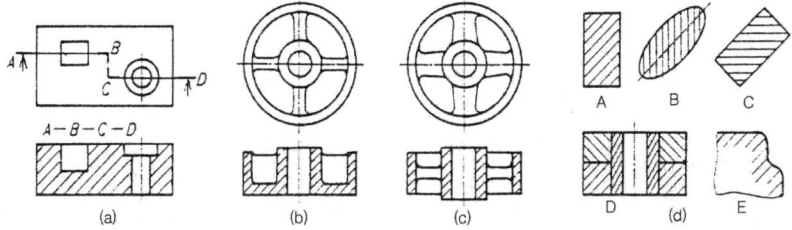

문제(1)	정면도를 전단면도를 완성하라.		단면도	BO623

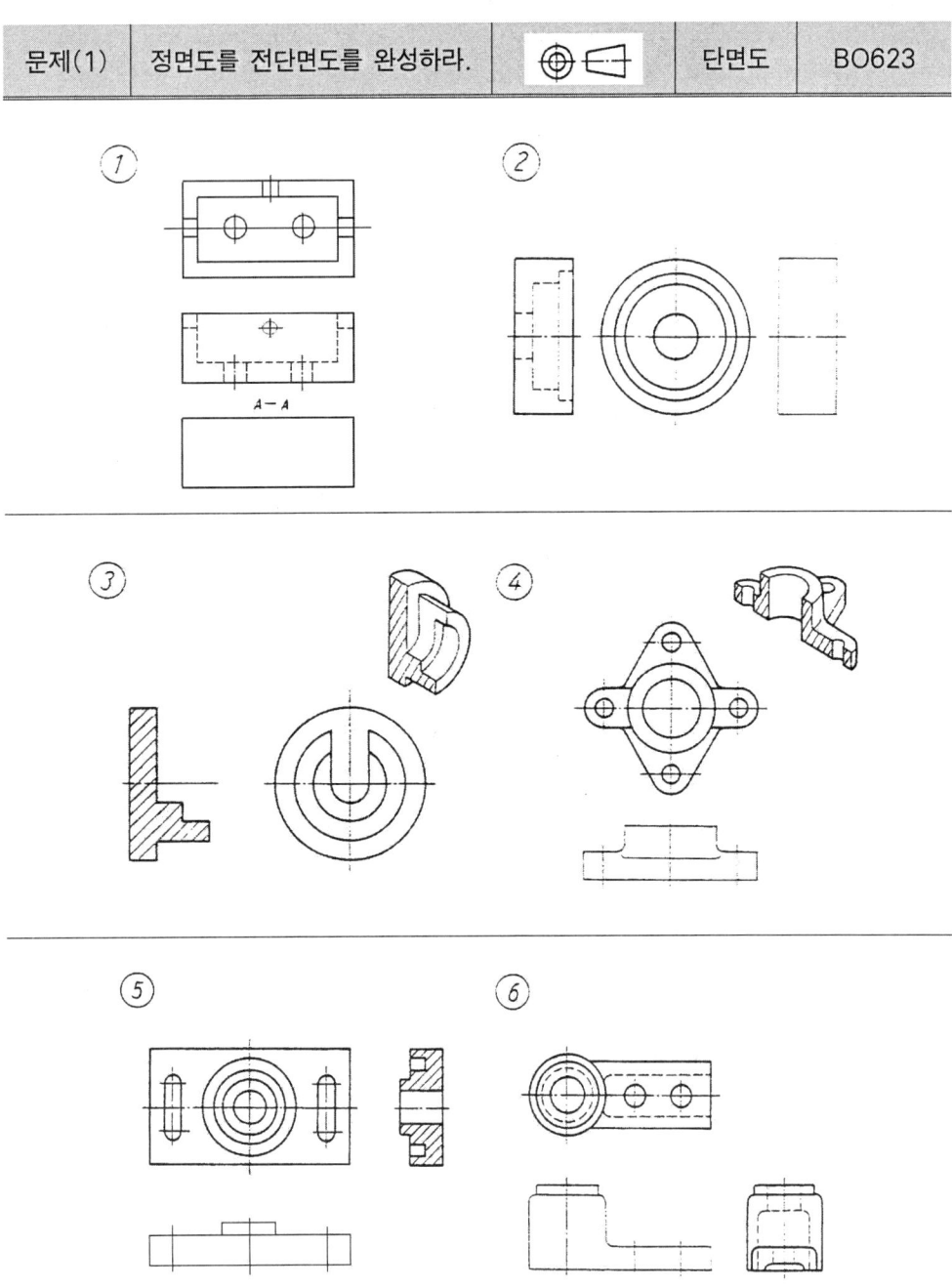

| 문제(2) | 지시된 단면도를 완성하라. | | 단면도 | BO624 |

① 반단면도　　　　　　　　　② 반단면도

③ 반단면도　　　　　　　　　④ 반단면도

⑤ 부분 단면도　　　　　　　　⑥ 부분 단면도

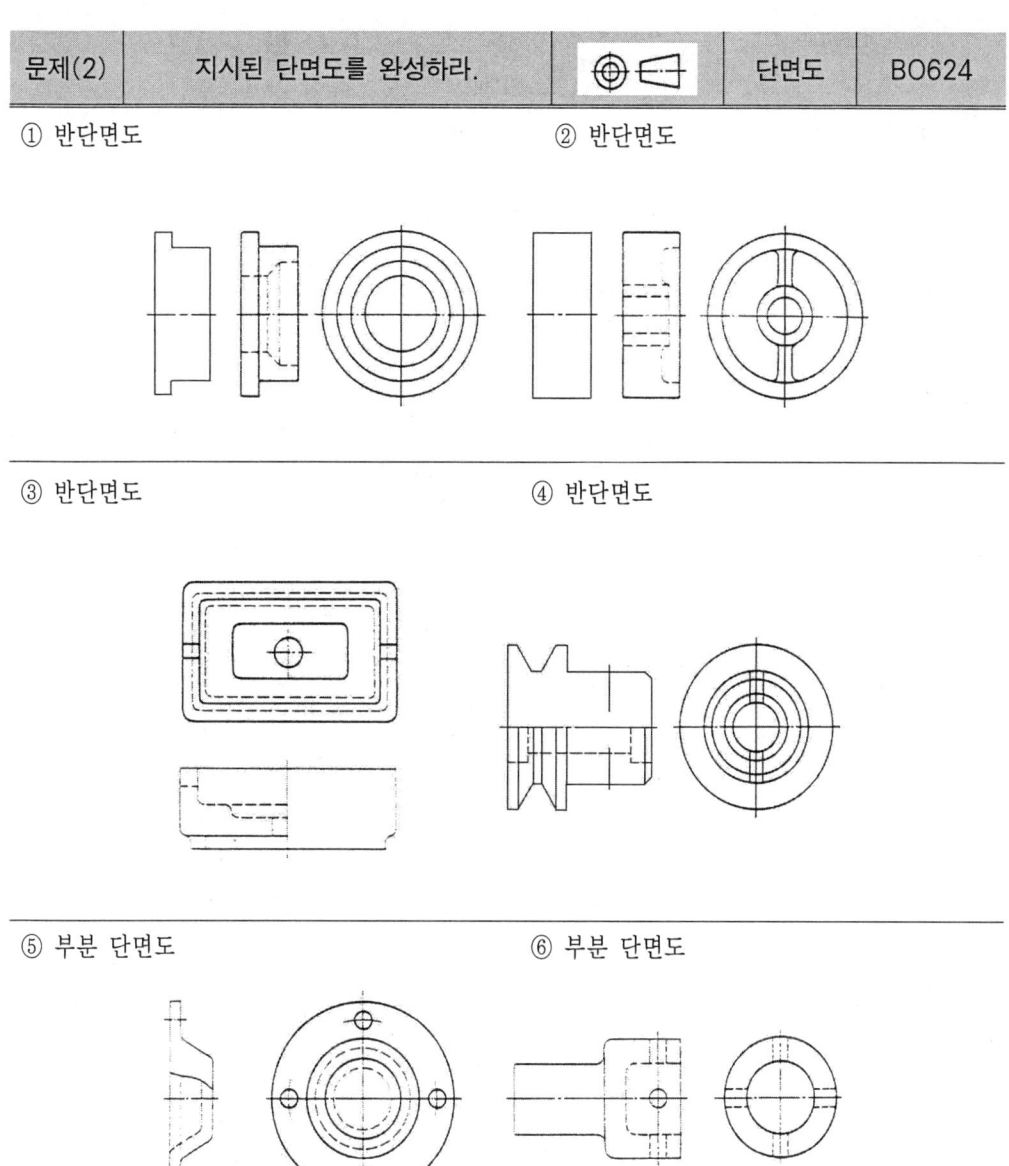

| 문제(3) | 지시된 단면도를 완성하라. | | 단면도 | BO625 |

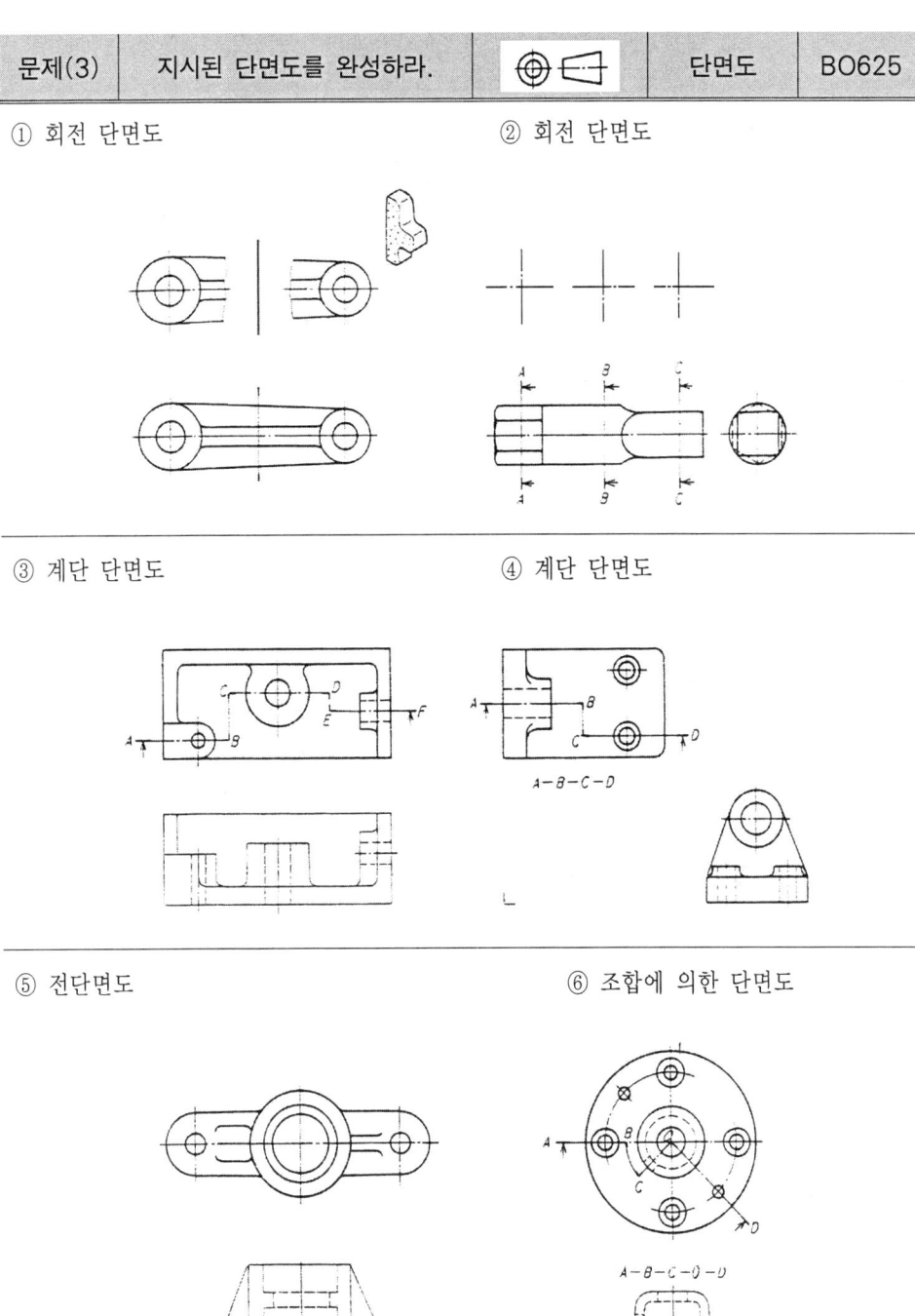

① 회전 단면도

② 회전 단면도

③ 계단 단면도

④ 계단 단면도

⑤ 전단면도

⑥ 조합에 의한 단면도

| 관계지식 | 특수투상도의 예 | | 특수 표시도 | A0829 |

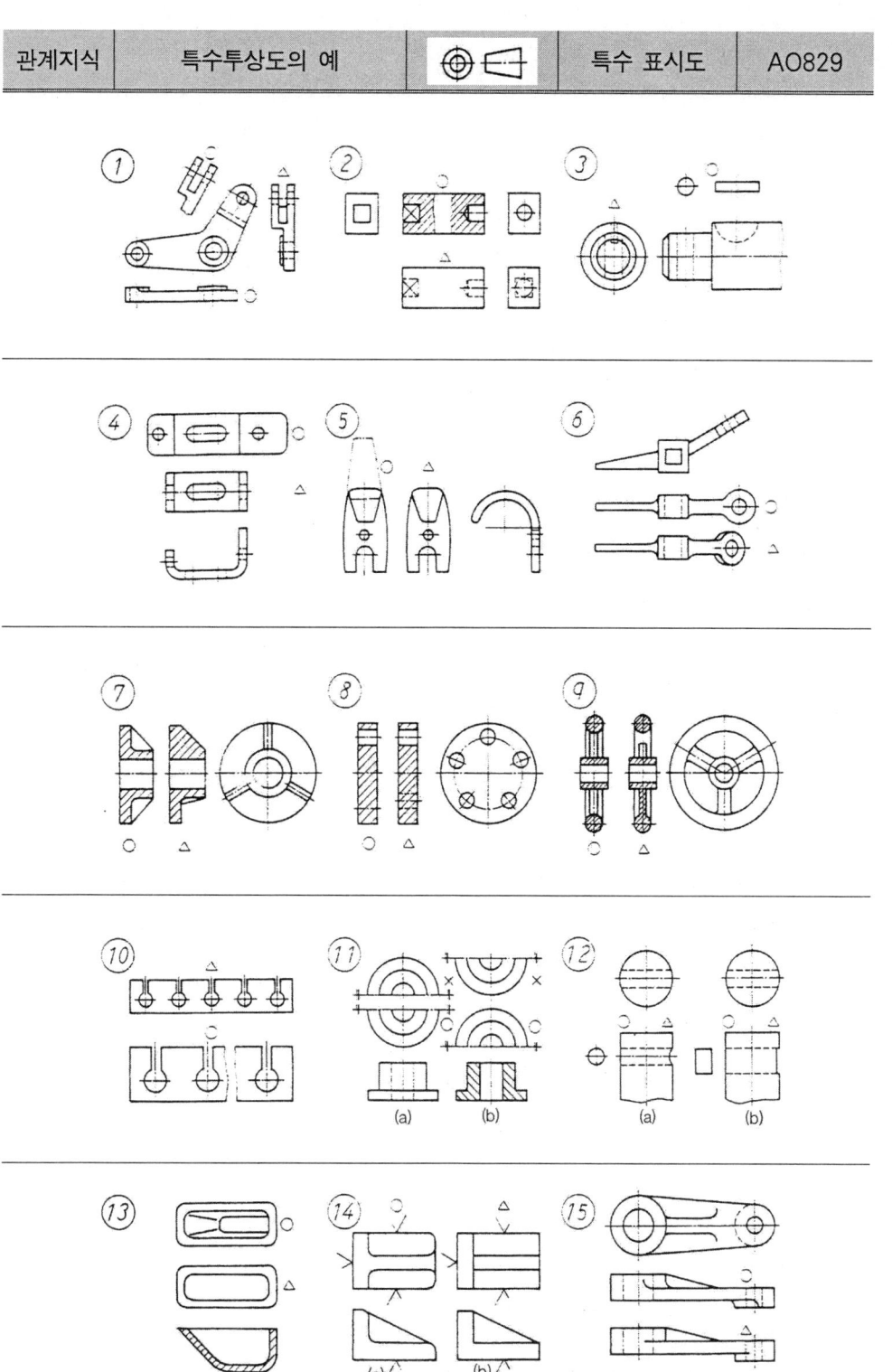

| 문제(1) | 지시된 방향에서의 투상도를 그려라 |  | BO830 |

① 국부 투상도　　　　　　　　　　　② 국부 투상도

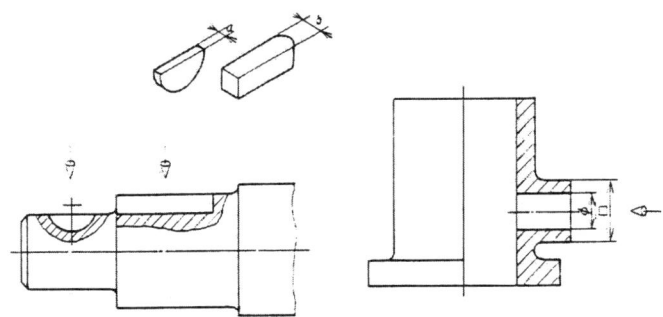

③ 부분 투상도　　　　　　　　　　　④ 부분 투상도

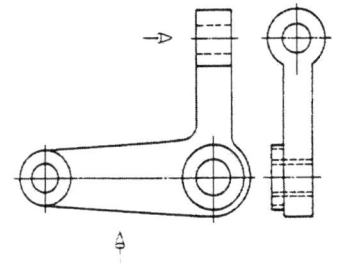　　　　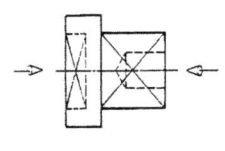

⑤ 부분 투상도　　　　　　　　　　　⑥ 전단면도

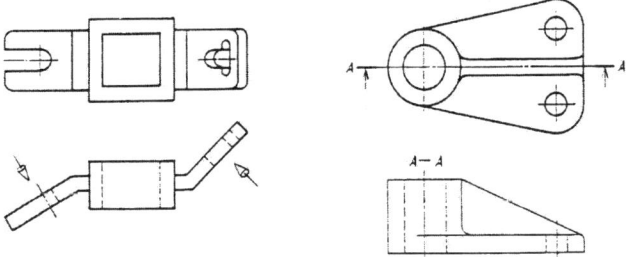

| 문제(2) | 지시된 방향에서의 투상도를 그려라 | 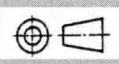 | 특수 표시도 | B0831 |

① 정면도를 완성하시오

② 정면도를 완성하시오

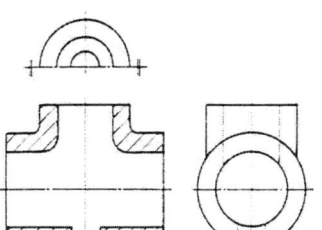

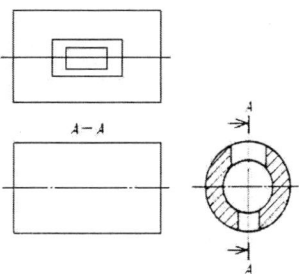

③ 정면도를 완성하시오

④ 정면도를 완성하시오

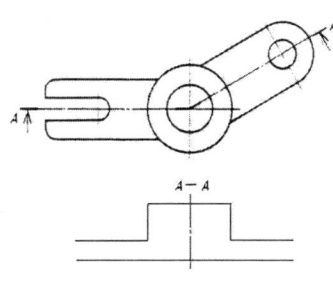

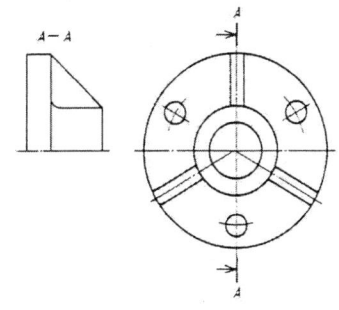

⑤ 정면도를 완성하시오

⑥ 정면도를 완성하시오

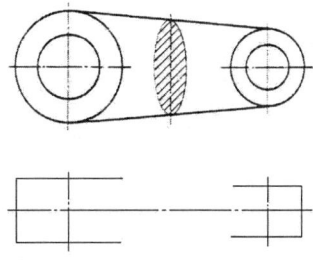

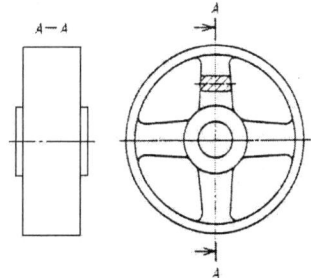

| 문제(3) | ① ② 모두 각도단면도를 완성하시오 | | 특수 투시도 | BO832 |

①

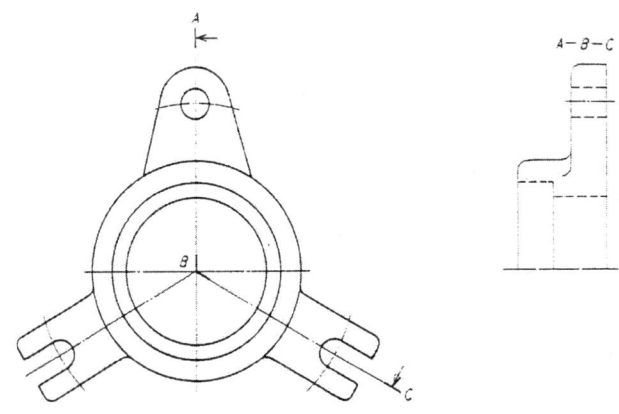

②

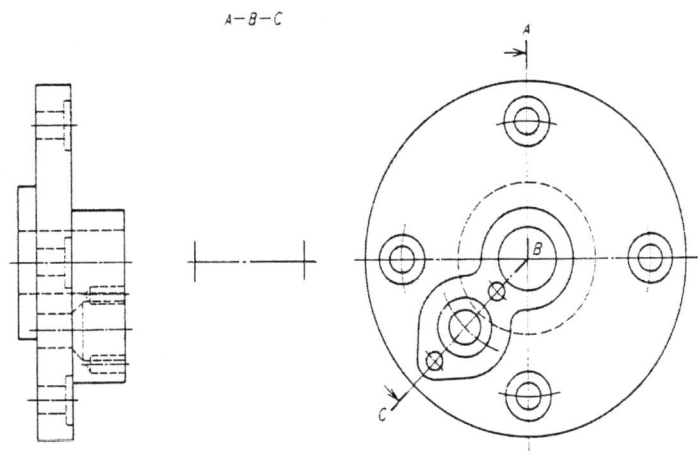

03 >>> AutoCAD 따라하기

3.1. 도면에 의한 등각 투상도 그리기

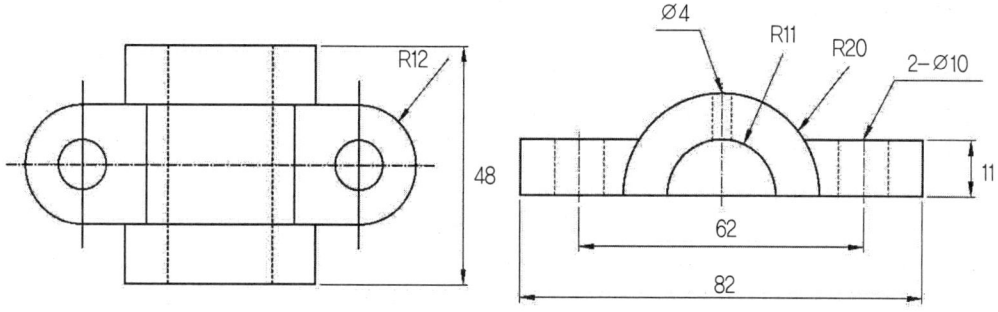

이 장의 01.에서 우리는 치수가 없는 임의의 축을 등각투상법에 의해 그려본 적이 있다. 하지만 이번 장에서는 치수에 맞도록 투상도를 작성해야 한다는 것을 잊지 않도록 한다. 또, 등각 투상도가 수평면에 대해 각각 30°의 각도를 가지도록 경사져 있다는 사실도 명심해야 한다.

먼저 Snap을 Isometric 상태로 바꾸어야 한다.

```
Command: SNAP
Specify snap spacing or [ON/OFF/Aspect/Rotate/Style/Type] <2.50>: S
Enter snap grid style [Standard/Isometric] <S>: I
Specify vertical spacing <2.50>:
```

십자형 커서의 모양이 바뀌었을 것이다. 양쪽 지지부의 구멍 중심을 통과하는 중심선을 긋는다.

```
Command: LINE
Specify first point:
Specify next point or [Un
Specify next point or [Un
```

혹시 현재의 평면이 〈Isometric Top〉 상태가 아니라면 "F5" 키를 눌러 이 상태로 만든다. 그리고 중심선의 양 끝점을 중심으로 하는 지름 10mm의 원과 지름 24mm의 원을 그린다. 그리고 복사(Copy)하여 다음처럼 만든다.

```
Command: ELLIPSE
Specify axis endpoint of ellipse or [Arc/Center/Isocircle]: I
Specify center of isocircle: END of
Specify radius of isocircle or [Diameter]: 5
Command: ELLIPSE
Specify axis endpoint of ellipse or [Arc/Center/Isocircle]: I
Specify center of isocircle: END of
Specify radius of isocircle or [Diameter]: 12
```

```
Command: CP
COPY
Select objects: Specify opposite corner: 2 found
Select objects:
Specify base point or displacement, or [Multiple]: CEN
of Specify second point of displacement or <use first point as displacement>:
END
of
```

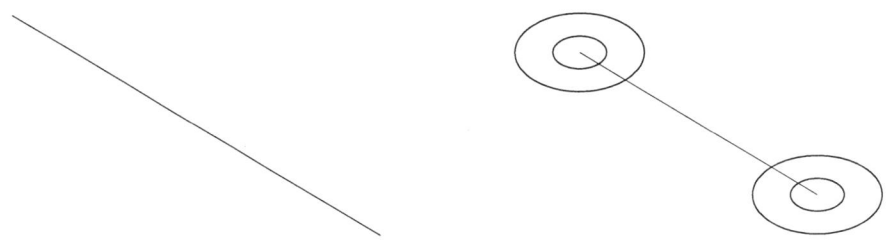

"F5" 키를 눌러 〈Isometric Left〉 상태로 만든다. 이 상태에서 중심선의 중간점(MID)을 중심으로 하는 반경 11mm, 20mm인 두개의 원을 그린다.

```
Command: ELLIPSE
Specify axis endpoint of ellipse or [Arc/Center/Isocircle]: I
Specify center of isocircle: MID of
Specify radius of isocircle or [Diameter]: 11
Command: ELLIPSE
```

Specify axis endpoint of ellipse or [Arc/Center/Isocircle]: I
Specify center of isocircle: MID of
Specify radius of isocircle or [Diameter]: 20

"Trim" 명령을 사용하여 중심선 아래 부분을 잘라낸다.

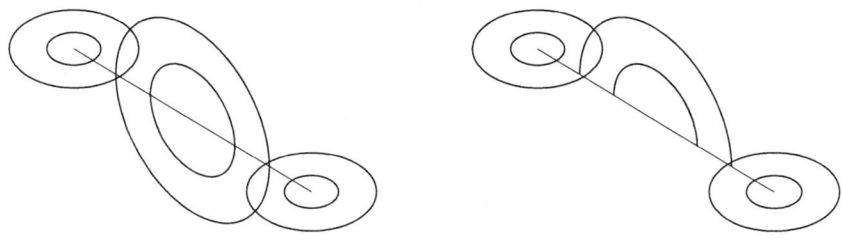

"F5" 키를 눌러 〈Isometric Top〉 상태로 만든다. 이 상태에서 "Copy" 명령을 사용하여 다음과 같이 @24〈210으로 복사한다.

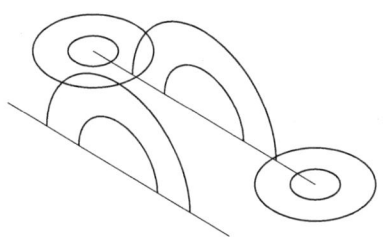

이번에는 뒤쪽으로 복사한다. 좌표값은 @24〈30이다.

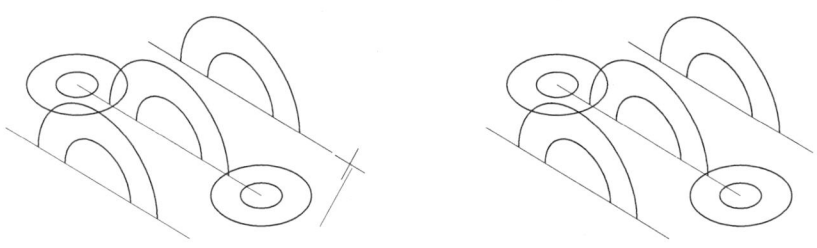

"F5" 키를 눌러 〈Isometric Right〉 상태에서 "Copy" 명령을 사용하여 다음과 같이 @0,11로 복사한다.

```
Command:   <Isoplane Right>
Command: CP
COPY
Select objects: Specify opposite corner: 3 found

Select objects: Specify opposite corner: 2 found, 5 total

Select objects:
Specify base point or displacement, or [Multiple]: Specify second point of
displacement or <use first point as displacement>: @0,11
```

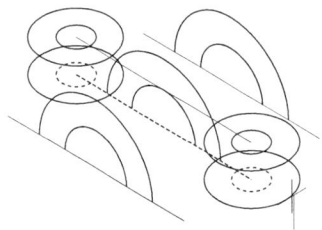 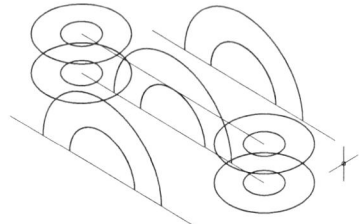

Erase 명령을 사용하여 중심선들을 모두 지운다. 그리고 보이지 않게 될 원들도 지워 다음과 같은 결과를 얻도록 한다.

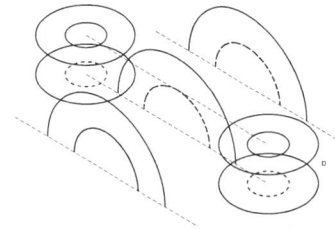 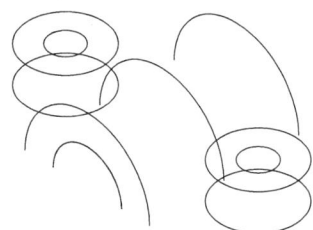

"F5" 키를 눌러 〈Isometric Top〉 및 〈Isometric Left〉 상태에서 "Line" 명령을 사용하여 다음과 같이 원들을 연결하자.

이때 원들의 연결은 Osnap의 "TANgent" 옵션과 "QUAdrent" 옵션을 사용하면 쉽게 연결할 수 있다.

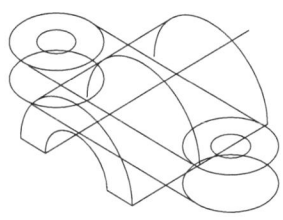

이제 "Trim" 명령을 사용하여 보이지 않게 되는 부분들을 잘라내도록 한다.

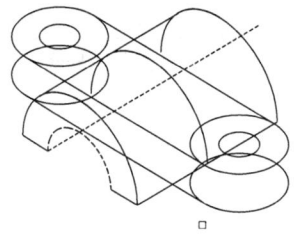 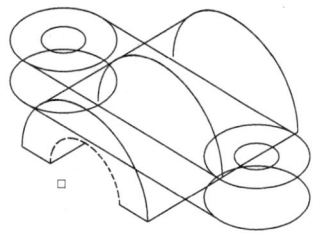

옆면의 고장부와 본체 사이의 불필요한 부분을 잘라내기 위해 중앙에 남아있는 큰 원을 앞 뒤로 복사한다.

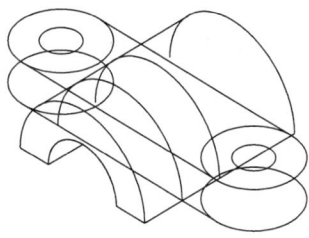

잘라낼 직선을 하나 긋는다.

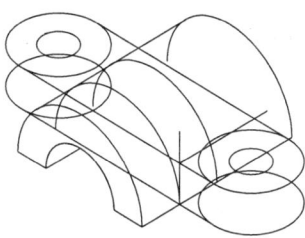

계속해서 "Trim" 명령을 사용하여 보이지 않게 되는 부분들을 잘라내도록 한다.

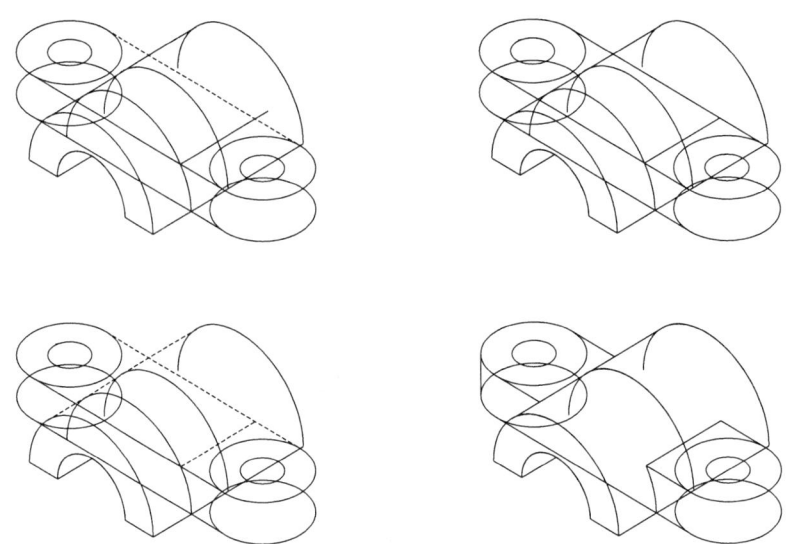

선택과 자르기를 반복하여 다음의 형상을 만든다.

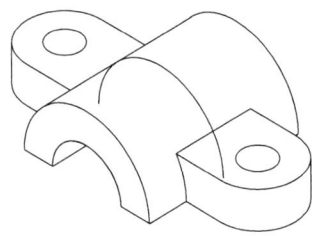

중앙에 존재하는 구멍을 만들기 위해 잔존하는 큰 원의 중심에서 위로 수직선을 긋는다.

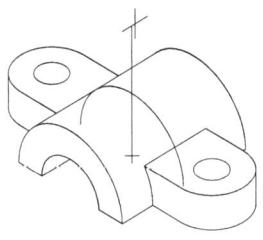

원과 수직선의 교차점에 등각원을 그린다.

남아 있는 불필요한 원과 선을 지우면 다음처럼 완성된 모양이 된다.

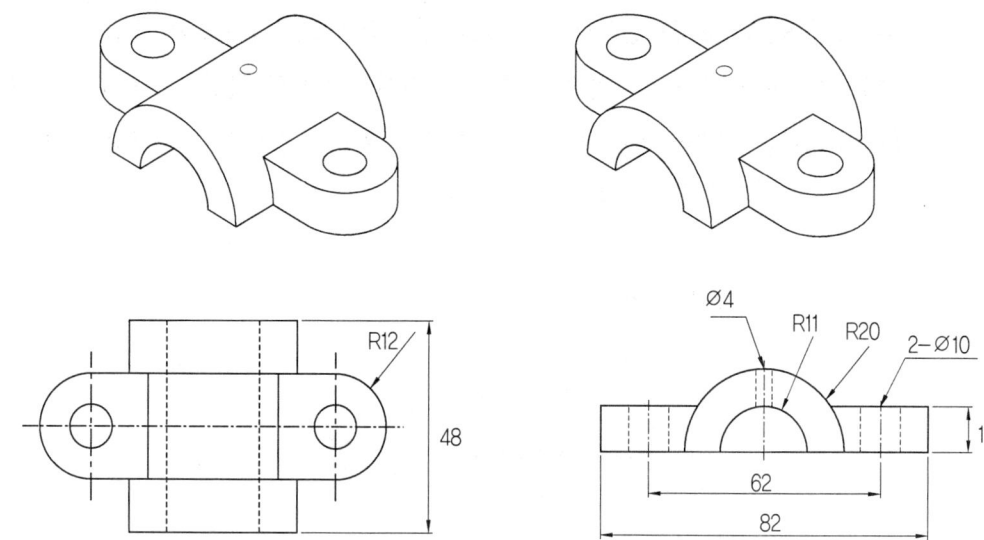

3.2. 도면 작업

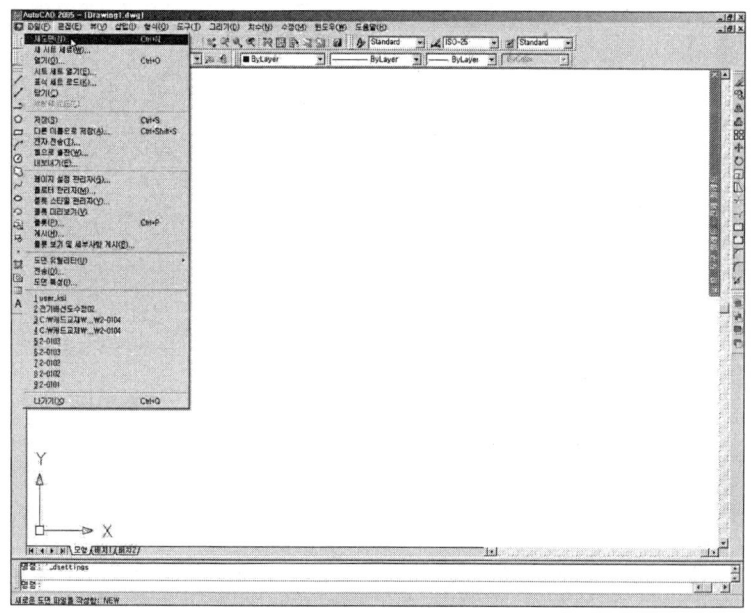

[그림 32] 새로운 도면의 작성-File menu에서 New를 선택

그림 32는 새로운 도면 작성을 위해 File Menu에서 New를 선택한 모습을 보여주며 기존에 저장되지 않은 도면이 있다면 저장의 여부를 물어오는 메세지가 나타나게 된다.

그림 33은 그림 32의 New를 클릭하고 난 이후에 화면에 보여지게 되는 모습이다. 앞서 작성한 도면을 Prototype으로 정의하면 원형 도면 작성시 사용한 환경을 그대로 옮겨오게 된다. 이것을 정의하는 방법은 "Use a Template"라고 적힌 버튼을 누르면 그림과 같은 대화형 상자가 나오고 여기에서 파일을 정의해 주면된다.

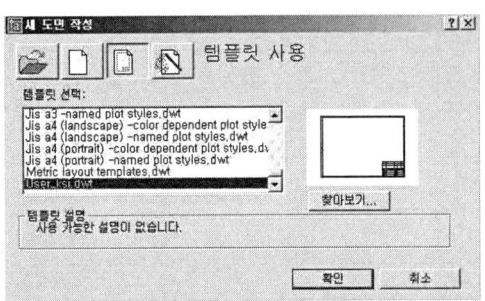

[그림 33] Prototype 설정을 위한 선택상자

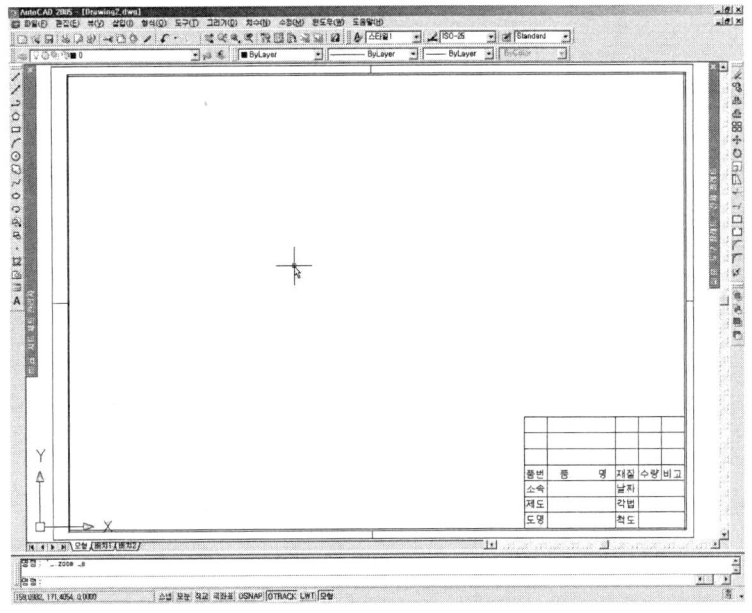

[그림 34] 원형도면의 삽입 새로운 도면의 작성을 위한 기초작업 끝

이제 이 원형 도면 위에 그리고자 하는 새로운 도면의 작성에 들어가도록 하자.
먼저 원을 그리기로 한다.

먼저 command 영역에서 Circle이라고 입력하면 시작점을 물어 오게 된다. 이 때 마우스로 도면이 임의의 점을 찍거나 절대 좌표를 키보드로 입력할 수도 있다.

    Command : circle
    CIRCLE 3P/2P/TTR/〈Center point〉 : (마우스로 임의의 지점을 클릭한다)
    Diameter/〈Radius〉 : 65

그려진 원의 내부에 지름이 각각 105,90,80,50인 원을 그리기 위해 Object snap을 사용한다. 이 기능은 Shift 키와 마우스 오른쪽 버튼을 누름으로서 활성화된다.
명령의 순은 command 영역에서
circle을 입력

Object snap의 center 옵션을 선택(Shift 키를 누르고 마우스 오른쪽 버튼을 눌러도 됨)

지름이 130인 원을 선택

반경의 입력 순으로 실행하고 모든 명령의 실행은 반드시 command 영역을 주시하기 바란다.

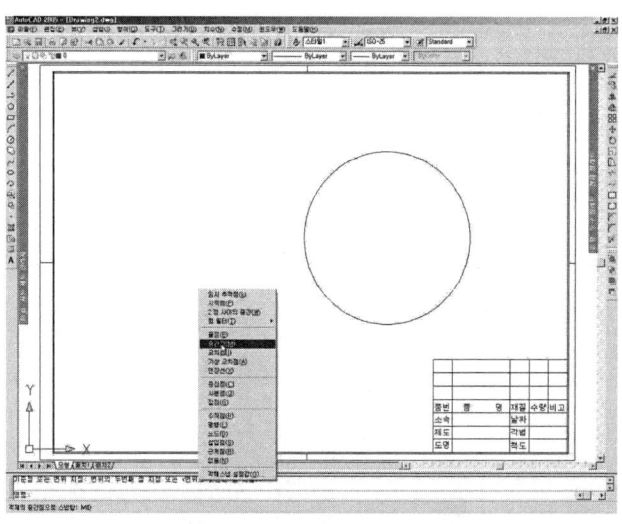

[그림 35] Object Snap의 사용

이제 Object Snap의 Quadrant 옵션을 사용하여 지름이 10인 원 4개를 그린다. 다음의 명령은 실행 단계를 보여주고 있다.

  Command : circle
  CIRCLE 3P/2P/TTR/〈center point〉 : (Object snap의 Quadrant 옵션을 선택 후 지름이 105인 원의 0지점을 지정)
  Diameter/〈Radius〉 : 5

이런 방법으로 나머지 3개의 원을 그리면 그림 36과 같이 된다.

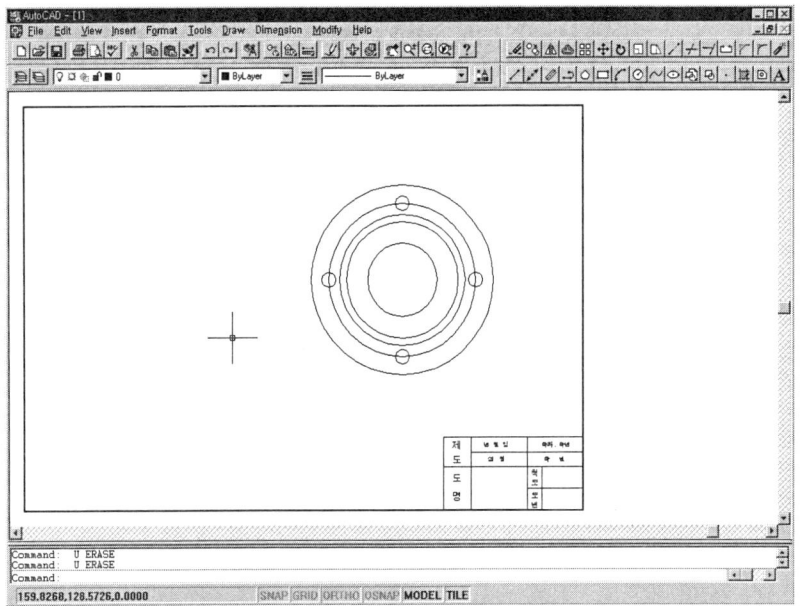

[그림 36] Object Snap의 Quadrant 옵션을 사용하여 원을 그린 상태

이제 베어링 케이싱의 측면도를 그린다. 위치를 정확히 맞추기 위하여 Object Snap의 Point Filters 중 .Y 옵션을 사용한다. 이 명령의 실행 단계는 아래와 같다.

  Command : line
  Line From Point : Object Snap의 Point Filters 중 .Y 옵션을 설정
        ↓
  .Y of (Object Snap 의 Center 옵션을 설정)

↓

center of (지름이 130인 원을 지정)

↓

of (need XZ) : (선이 시작할 위치에 마우스를 클릭한다)

To point : @ 0,45

To point : @ -8,0

To point : @ 0,20

To point : @ -10,0

To point : @ 0,-27.5

To point : @ -20,0

To point : @ 0,-37.5

To point : @ c

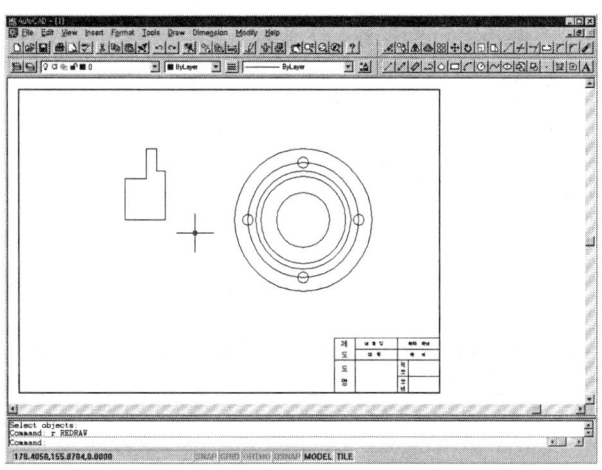

[그림 37] Line 명령을 사용하여 선을 그린 상태

이제부터는 베어링 케이싱의 내부 도면을 그린다. 명령은 Offset과 Trim 명령을 사용하게 되며 실행의 순서는 아래와 같다.

Command : offset

Offset distance or through : 32.5

Select object to offset : (측면도의 맨 아래 선을 지정)

Side to offset : (지정한 선 위쪽으로 마우스를 클릭)
Select object to offset :

Command : offset
Offset distance or through : 25
Select object to offset : (위 명령에서 지정한 선을 지정)
Side to offset : (지정한 선 위쪽으로 마우스를 클릭)
Select object to offset :

Command : offset
Offset distance or through : 12
Select object to offset : (측면도의 오른쪽 선을 지정)
Side to offset : (지정한 선 왼쪽으로 마우스를 클릭)
Select object to offset :

Command : offset
Offset distance or through : 12.5
Select object to offset : (위 명령에서 offset 된 선을 지정)
Side to offset : (지정한 선 왼쪽으로 마우스를 클릭)
Select object to offset :

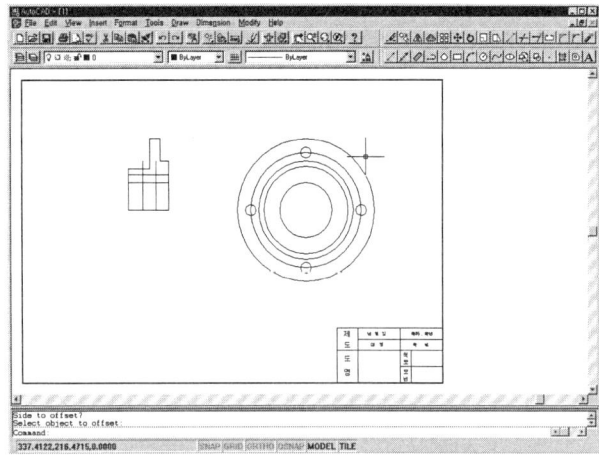

[그림 38] Offset 명령을 수행하고 난 도면

다음은 Line 명령어와 각 좌표를 사용하여 각도가 있는 선을 그린다. 아래의 명령은 실행 단계를 보여주고 있다.

   Command : line
   Line From Point : _int of (선의 시작점이 되는 왼쪽 교차 지점을 지정)
   To point : @12〈70
   to point :

이와 같은 명령의 순으로 반대쪽의 선도 그릴 수 있다. 선이 완성이 되었으면 Trim 명령을 사용하여 불필요한 선을 지운다.

나머지 내부 도면도 완성하게 되면 그림 39와 같이 된다.

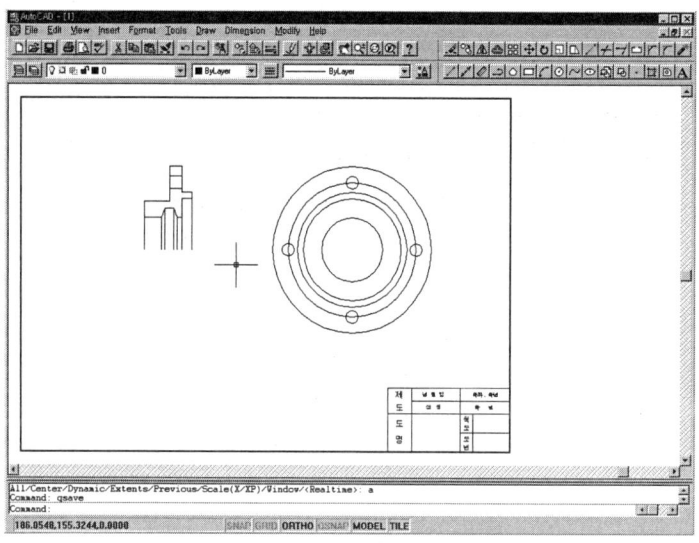

[그림 39] Offset과 Trim 명령을 실행한 도면

다음으로 각 모서리 부분의 Fillet을 실행한다. 이러한 과정은 다음의 명령어 실행과 같은 단계를 사용한다.

   Command : fillet
   (TRIM mode) Current fillet radius = 5.0000
   Polyline/Radius/Trim/〈Select first object〉: ➜ ==〉 fillet의 반경 수정

Enter fillet radius 〈5.0000〉: 3
Command : fillet
(TRIM mode) Current fillet radius = 3.0000
Polyline/Radius/Trim/〈Select first object〉: ➔ ==〉 fillet할 객체를 마우스로 선택

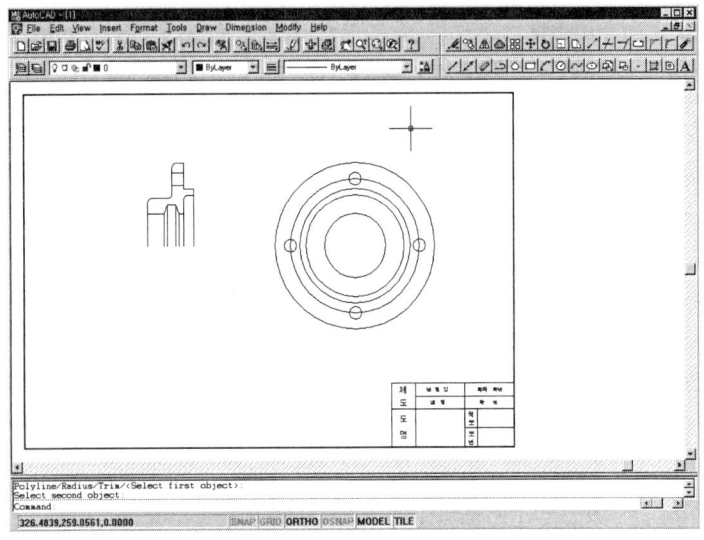

[그림 40. Fillet을 실행하고 난 도면]

항상 fillet의 반경을 먼저 입력한 후 다시 fillet을 실행시켜 fillet을 실행할 객체를 선택하면 fillet을 완료하게 된다.

다음으로 Hatch를 그린다. 이 명령어의 수행은 다음과 같다.

Command : Bhatch
Pattern Type에서 pattern을 클릭

Hatch pattern palette에서 ANS131을 선택 후 OK

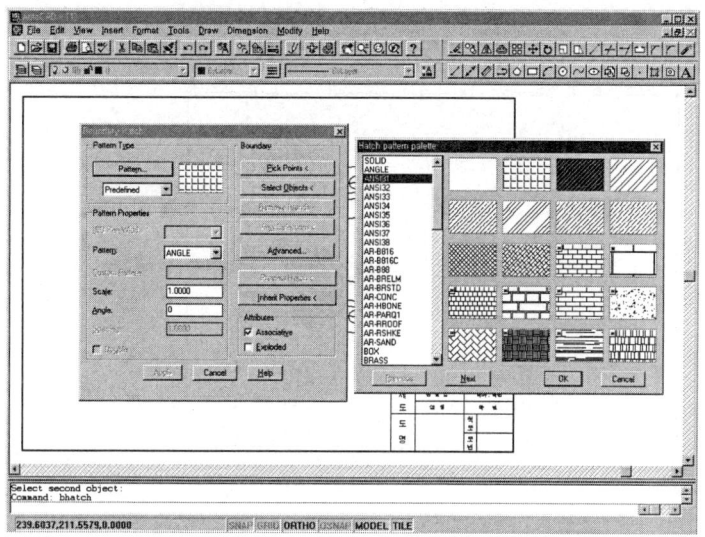

↓

Boundary에서 Pick point를 클릭

↓

Select internal point : (Hatch가 들어갈 위치에 마우스로 클릭)

↓

Preview Hatch를 클릭하면 Hatch가 어떻게 들어가는지가 보여지게 된다.

↓

제대로 되었는지 확인한 후 Apply를 클릭한다.

다음은 MIRROR 명령을 사용하여 측면도의 나머지 부분을 완성한다. 명령의 수행은 아래와 같다.

```
Command : mirror
Select object : c (mirror 할 부위를 지정)
First point of mirror line : (Object snap의 Endpoint 옵션을 설정후 한쪽 끝을 지
                             정)
Second point if mirror line : (Object snap 의 Endpoint 옵션을 설정 후 반대쪽
                              끝을 지정)
Delete old objects ? (N)
```

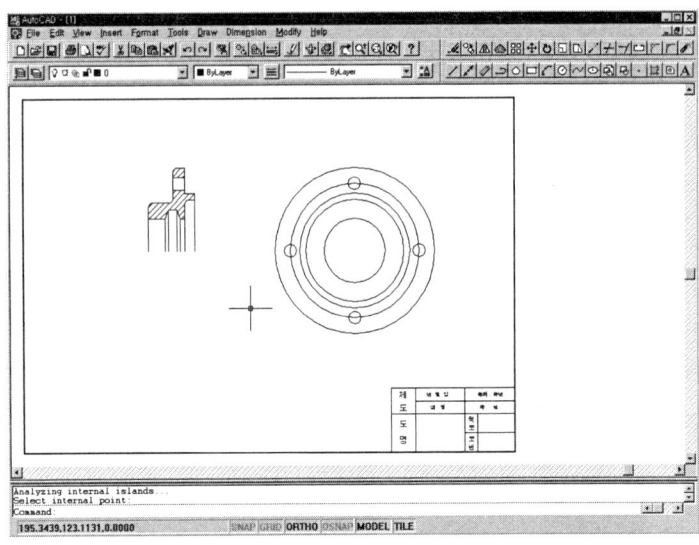

[그림 41] Hatch을 수행하고 난 후의 도면

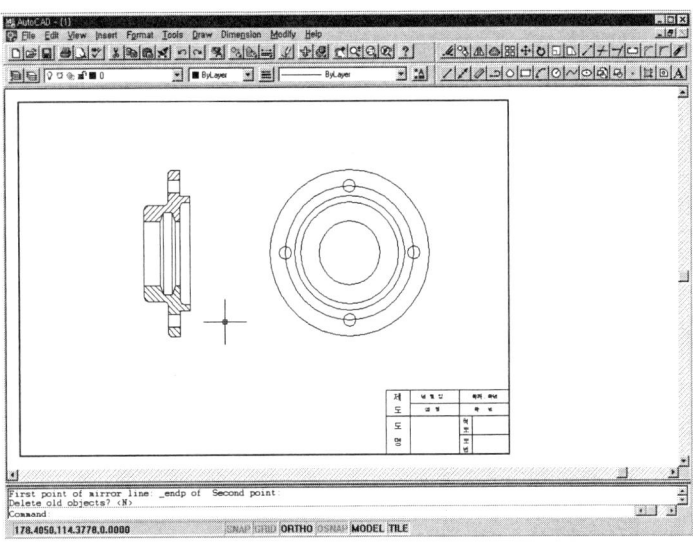

[그림 42] Mirror을 수행하고 난 후의 도면

다음은 중심선을 그린다. 중심선을 그린 후 DDchprop 명령을 수행하게 되면 선이 수정되게 된다. 명령의 수행 순서는 다음과 같다.

    Command : ddchprop
    select object : (수정할 부분을 지정) 1 found

command : ltscale
New scale factor⟨1.0000⟩ : 0.5

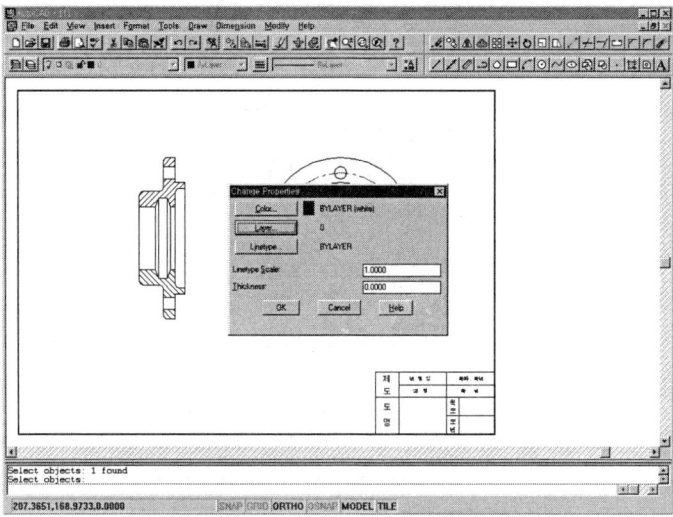

[그림 43] DDchprop을 수행한다.

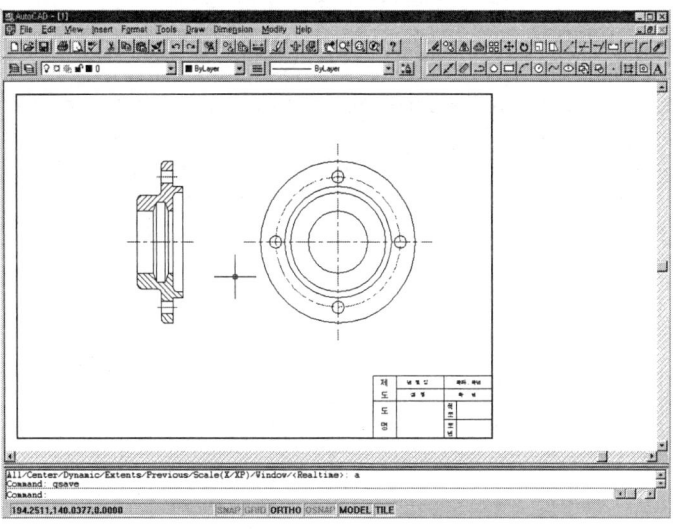

[그림 44] DDchprop를 수행한 후의 도면

이제 도면은 완성되었고 남은 것은 치수기입이 남아 있다. 먼저 치수기입에 대한 환경을 설정하고 난 후 치수기입을 하게되며 치수기입에 대한 자세한 환경의 변경은 명령어 ddim 이다.

Command : ddim

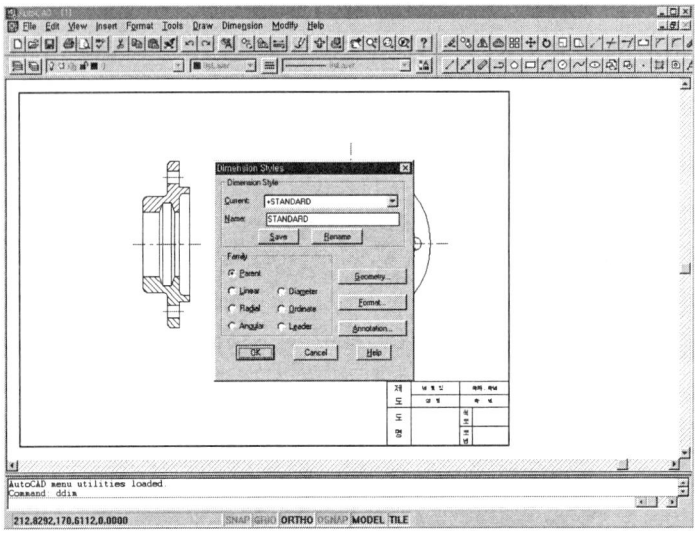

[그림 45] DDim을 이용한 cltndml 환경설정

그림 46은 치수기입을 완료한 상태를 보여주고 있다.

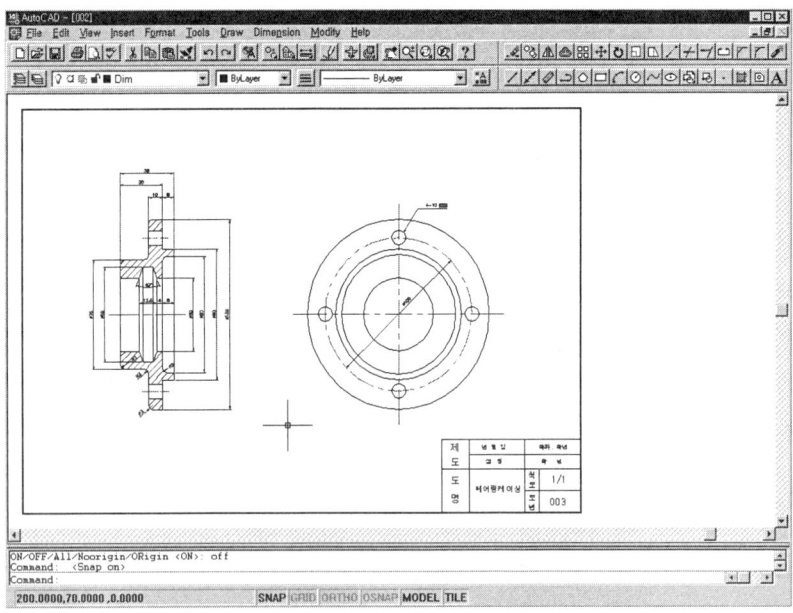

[그림 46] 치수를 기입한 도면

치수를 다 기입하게 되면 도면이 완성이 되게 되고 이제 이 도면을 저장을 하게 된다.

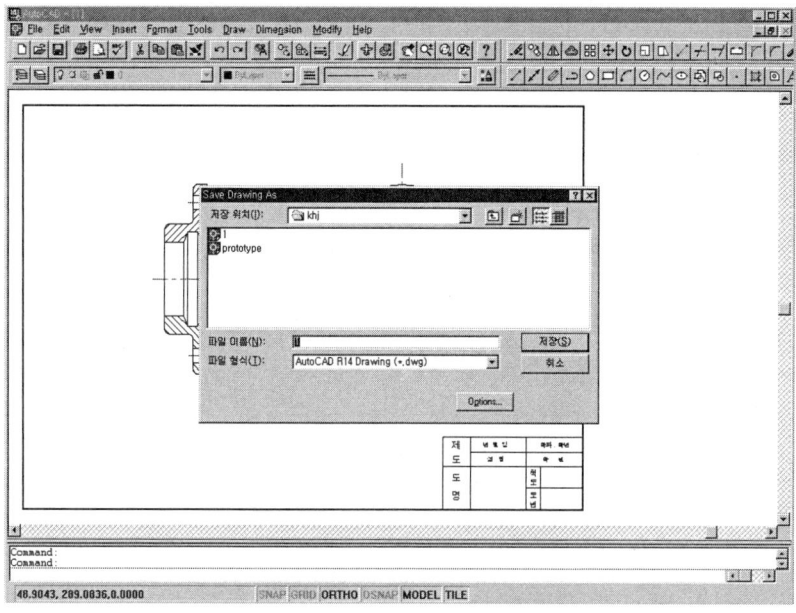

[그림 47] 완성한 도면의 저장

그림 47은 완성한 도면을 다시 저장하는 상태를 보여주고 있다.

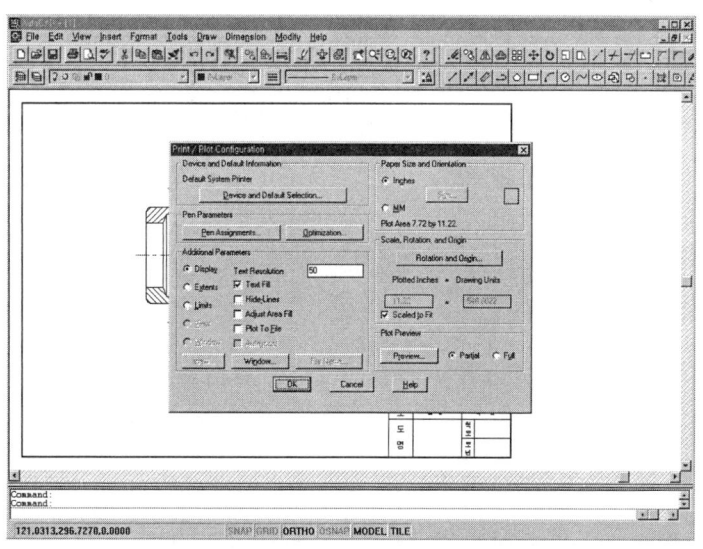

[그림 48] Print 명령의 실행 화면

도면을 출력하기 위해서는 File menu에서 Print옵션을 선택하면 된다. 이 부분을 선택하면 그림 48과 같은 화면이 나타난다. 이제 도면이 모두 완료되었다.

실·습·도·면

Chapter 05 • 도형의 표시방법

01. 등각투상도 연습

① 다음의 물체를 치수에 따라 등각투상도를 완성하여라.

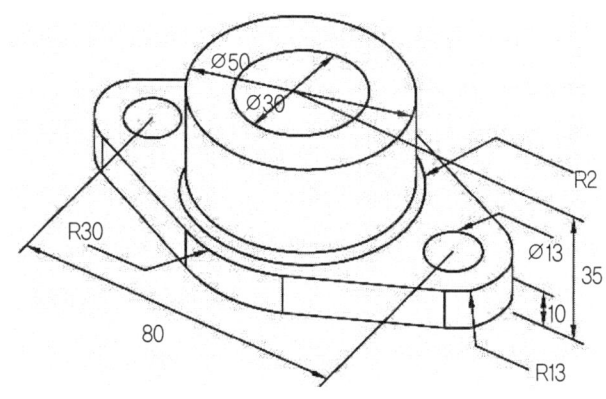

② 다음의 도면을 참조로 등각 투상도를 작성하여라.

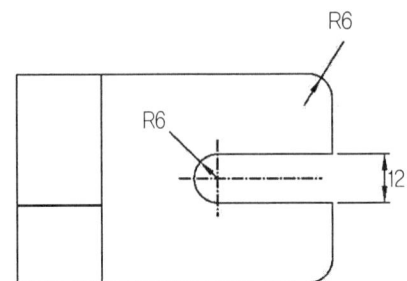

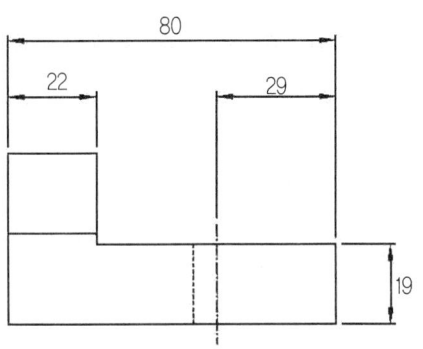

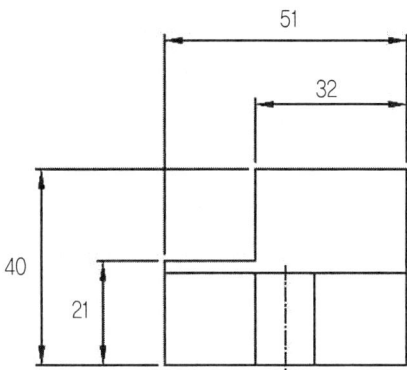

02. 투상도 연습

관련지식(1)	평면, 한면에 경사진면 세면에 경사진면, 곡면의 투영표시		투상법칙	A0411

① 수평·수직평면

② 한면에 경사진면

③ 삼면에 경사진면

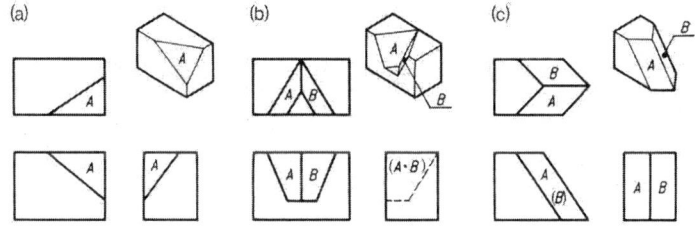

④ 원통 원호곡면

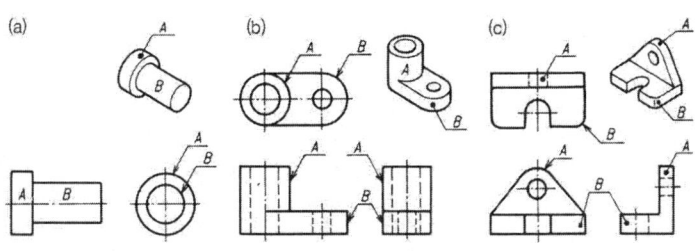

| 관련지식(2) | 투상도의 배치와 작도방법 | | 투상도의 작도방법 | A0412 |

① 투영도의 배치

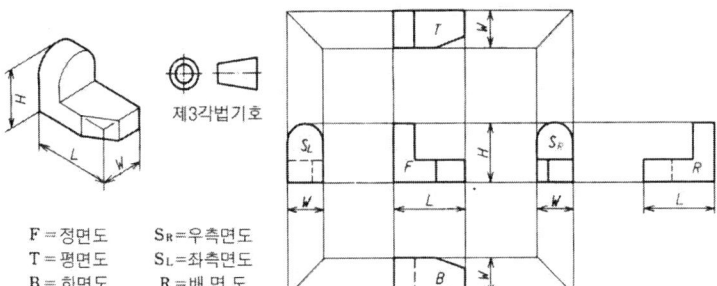

F = 정면도 S_R = 우측면도
T = 평면도 S_L = 좌측면도
B = 하면도 R = 배면도

① 정면도 작성

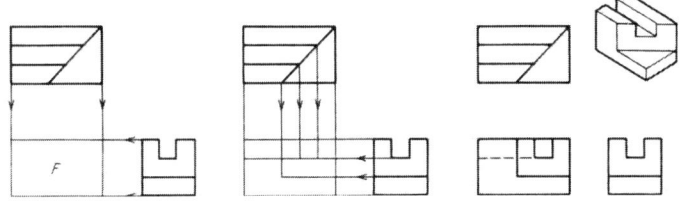

② 평면도의 작성

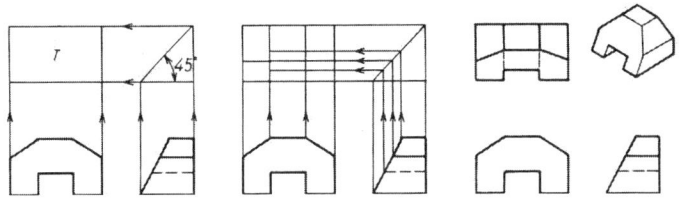

③ 좌측면도의 작성

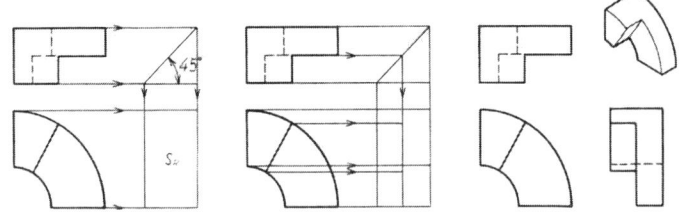

문 제(1)	투상도에 대응하는 입체도를 찾아 —위에 쓰시오		투상도	A0413

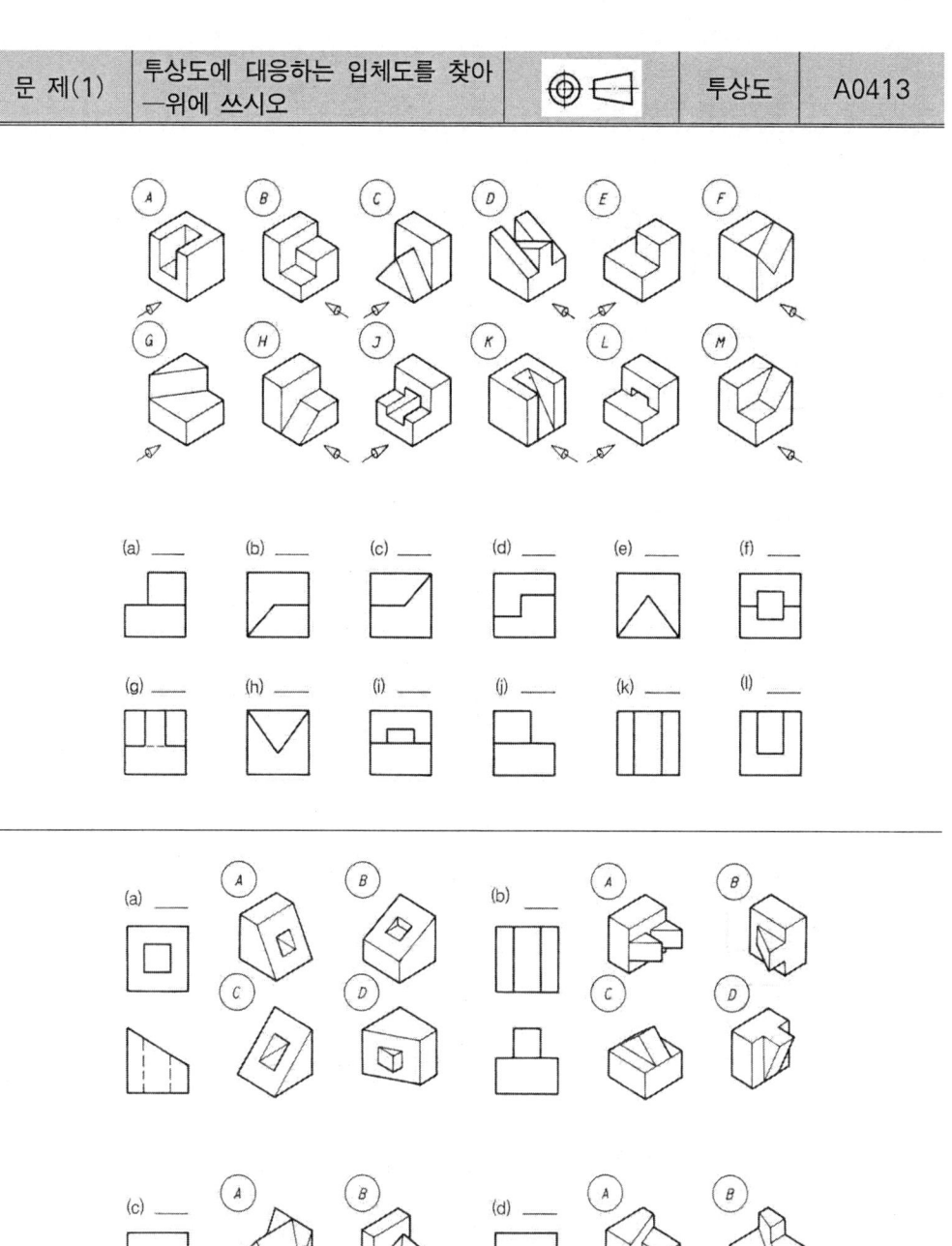

| 문 제(2) | 투상도에 누락된 선을 작도하고 삼면도를 완성하라 | | 투상도 | A0414 |

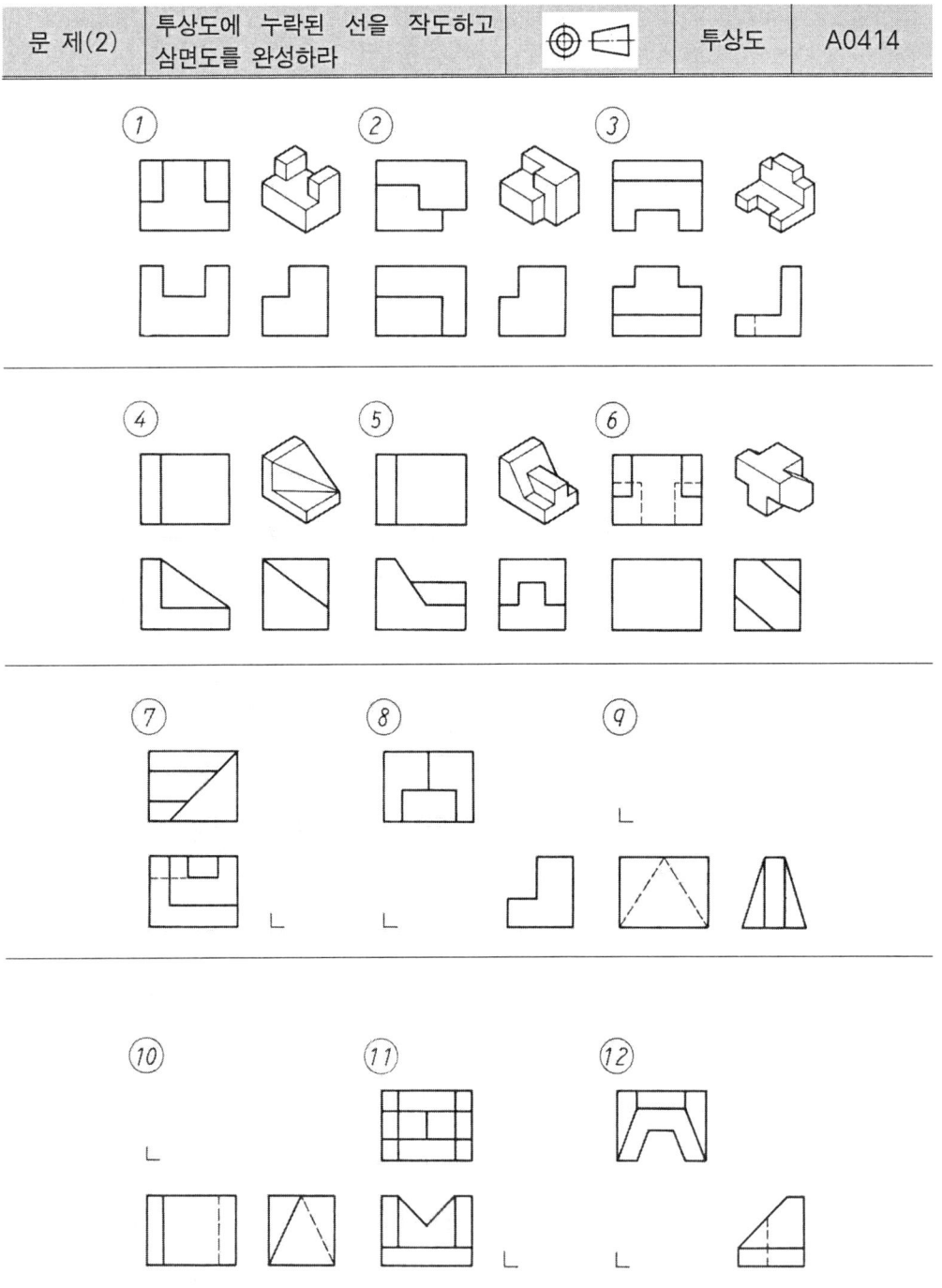

문 제(3)	지시에 따라 문제를 풀고 도면을 완성하라		투상도	A0415

① 정면도에 대응하는 우측면도와 입체도의 기호를 아래 표에 기입하라.

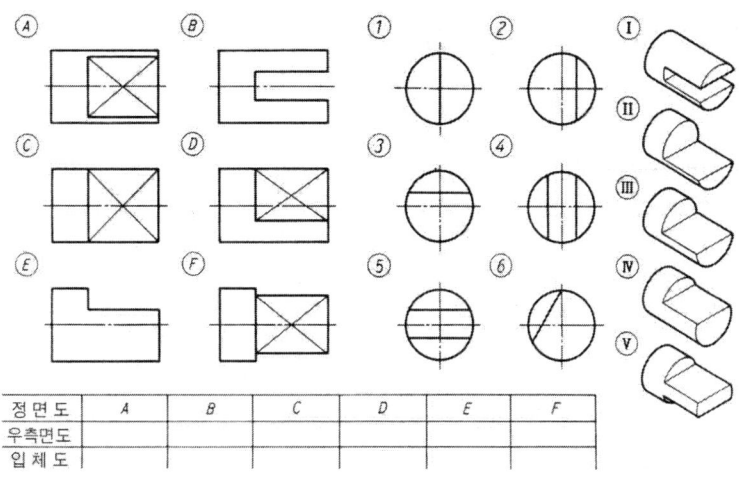

정면도	A	B	C	D	E	F
우측면도						
입체도						

② 평면도와 우측면도를 완성하라.   ③ 평면도와 정면도를 완성하라

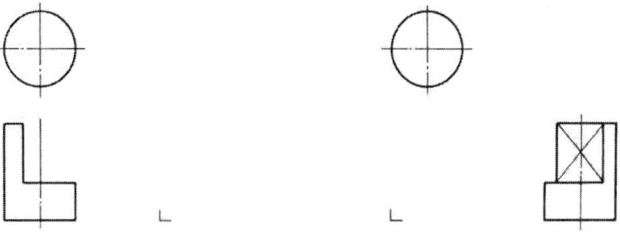

④ 삼면도를 완성하라   ⑤ 삼면도를 완성하라

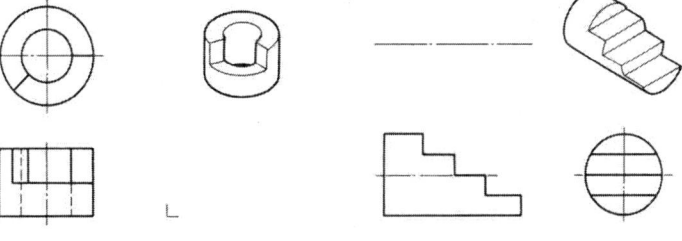

| 관련지식 | 주투상도의 결정, 필요에 따라 보조 투상도를 선택 | | 도면의 선택 | A0518 |

① 삼면도

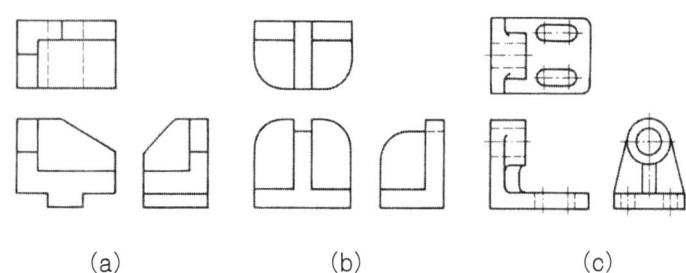

② 이면도

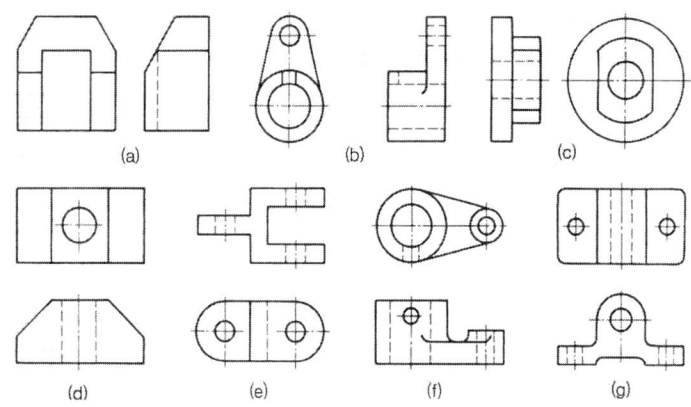

③ 일면도

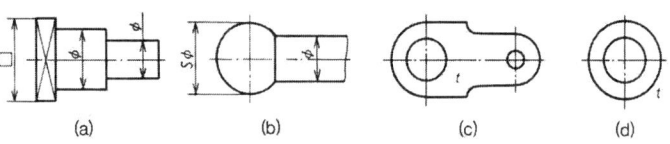

④ 특수배치도

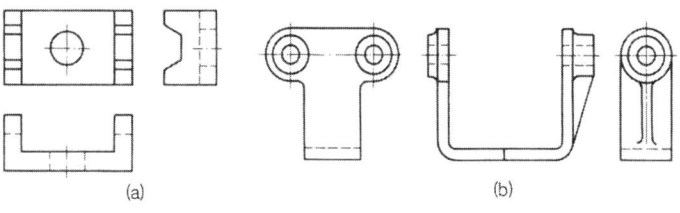

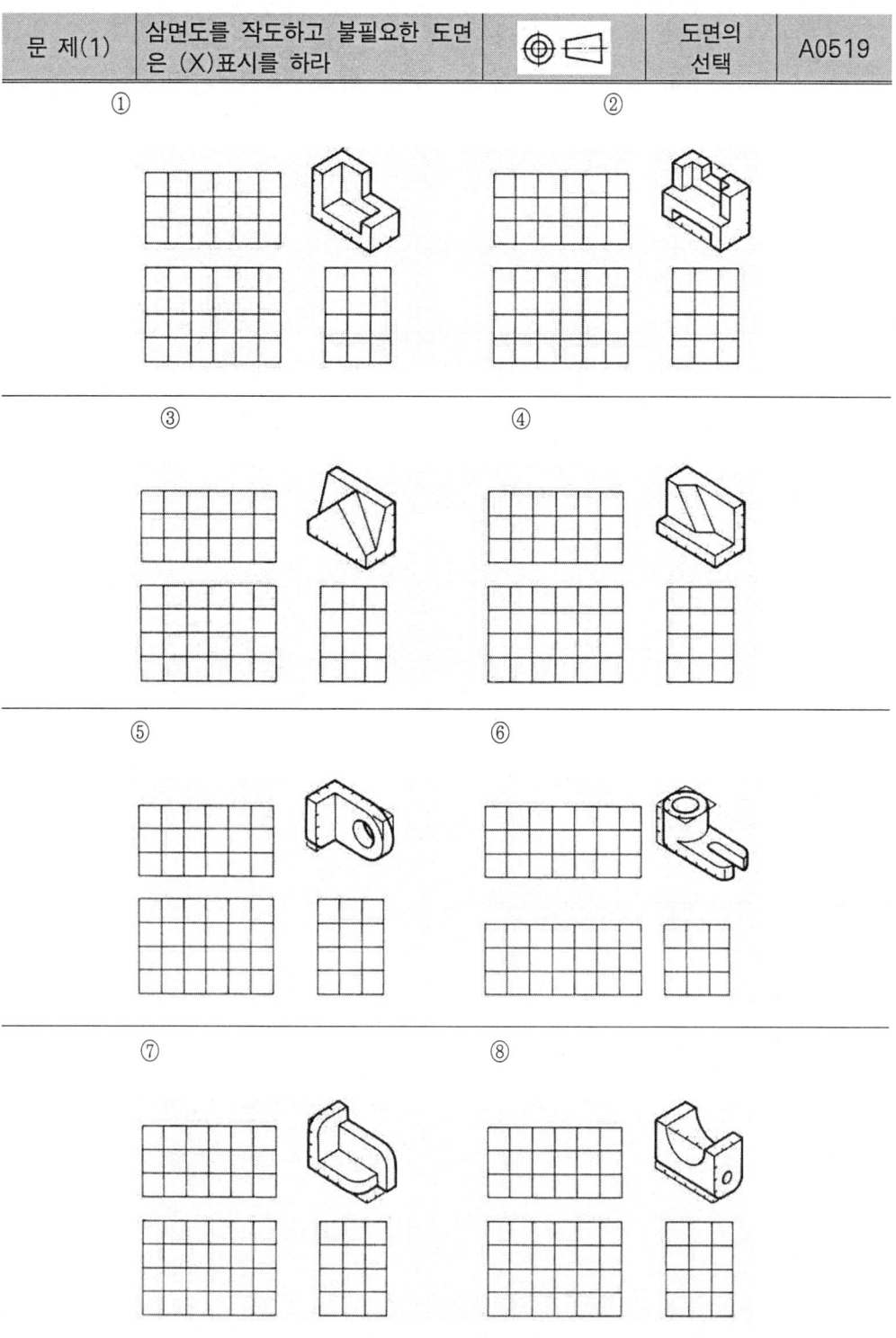

| 문 제(2) | 입체도 보고 필요한 투상도를 작도하라 | | 도면의 표시 | A0520 |

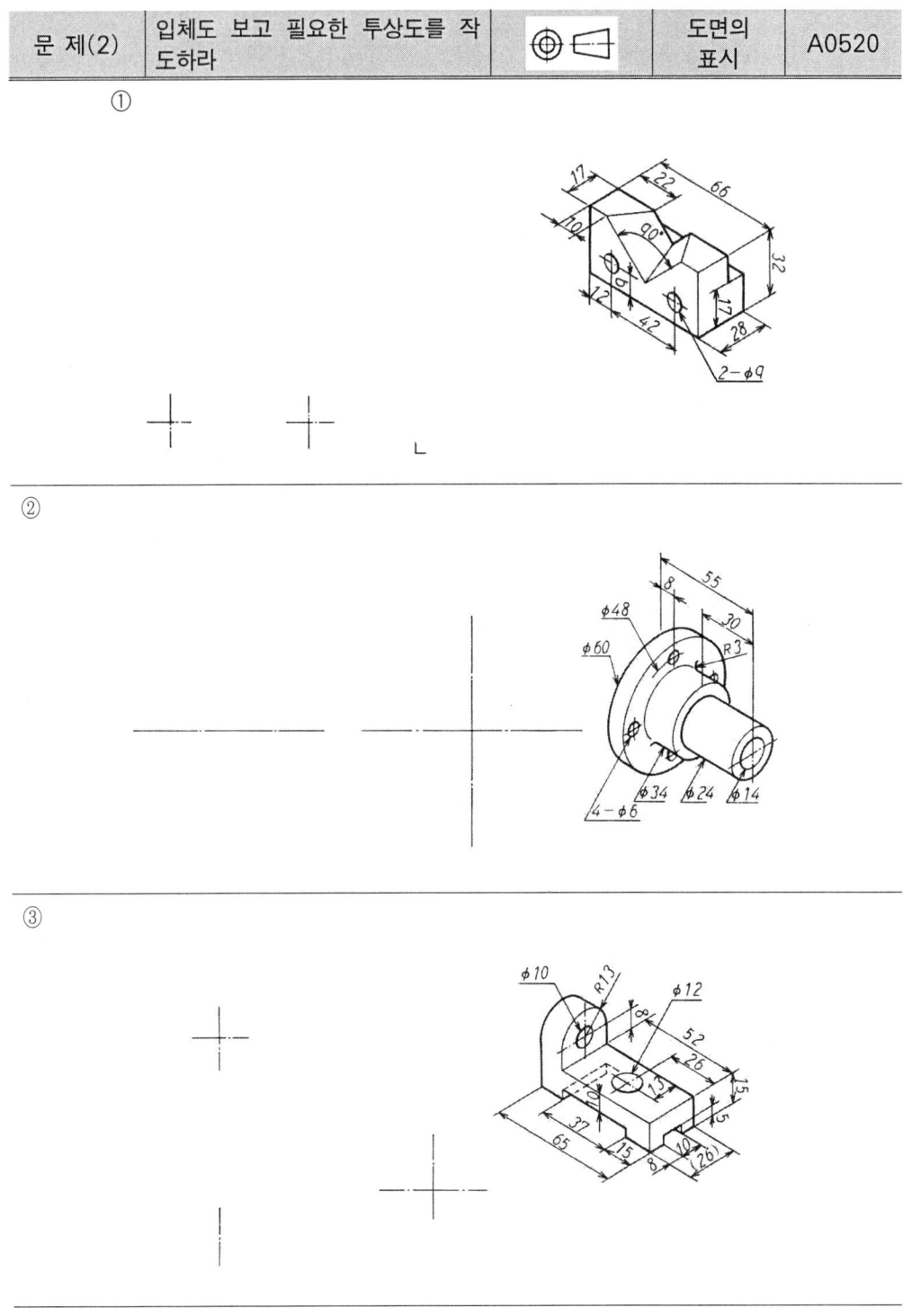

| 문 제(3) | 필요한 투상도를 작도하시오 | | 도면의 표시 | A0521 |

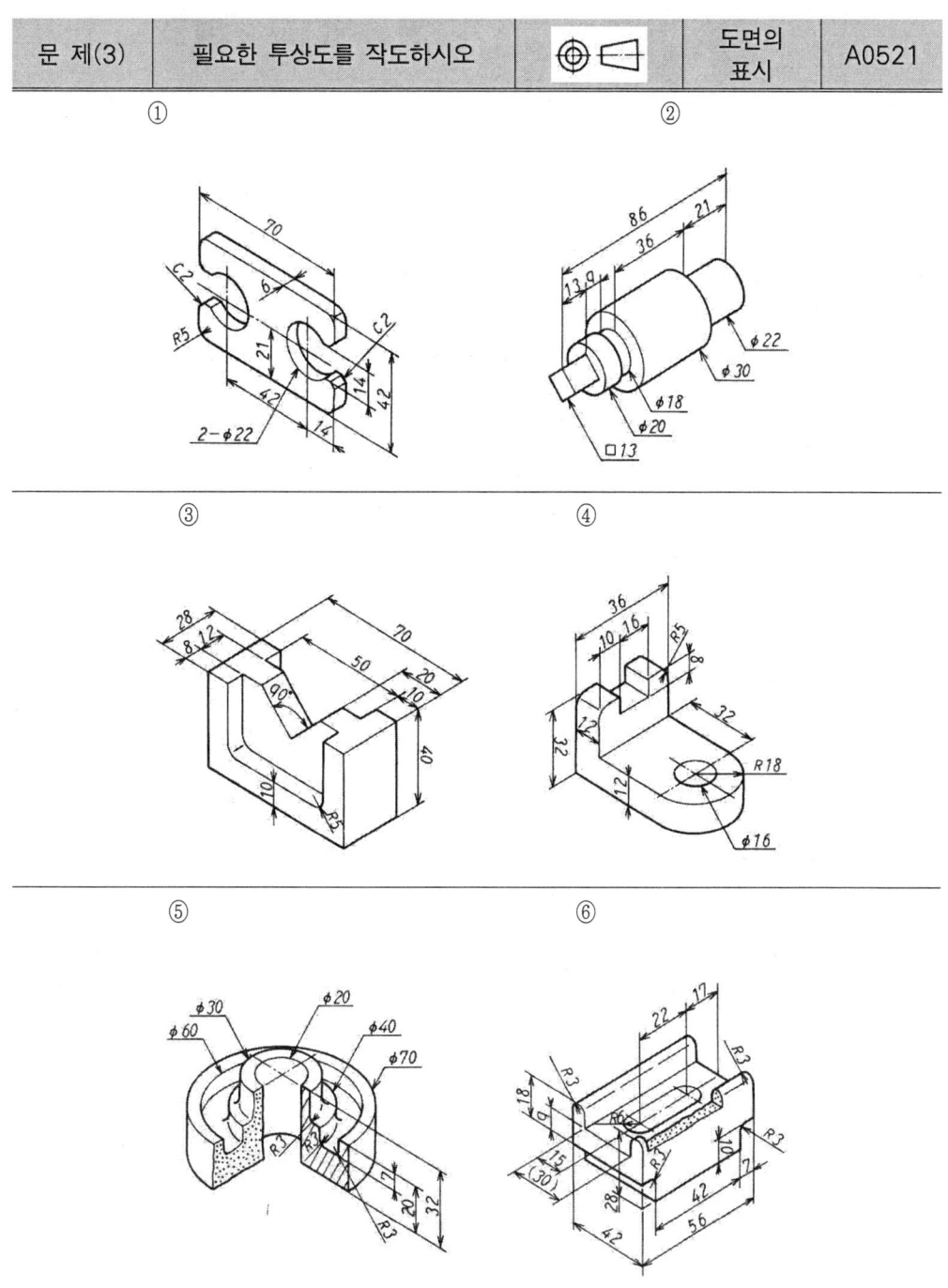

치수기입법

01 >>> 도면의 형식과 규격

1.1. 치수기입의 원칙

도면을 작도하는데 있어서 치수 기입은 중요한 요건 중 하나이다. 설계자 또는 제도자가 도면에 기입한 치수는 제작자가 직접 보고 가공할 치수이므로 정확한 수치를 정의해야하고 무엇보다 알기 쉽고 간단명료해야 할 것이다. 도면에 그린 도형은 대상물의 모양을 나타내고 대상물의 크기, 위치, 자세를 지시하기 위하여 다음과 같은 치수방법을 따른다.

① 치수는 치수선, 치수 보조선, 치수 보조 기호 등을 사용하여 치수 수치에 의하여 표시한다.
② 도면에 기입하는 치수는 필요에 따라 치수의 허용한계를 지시한다. 다만 이론적으로 정확한 치수는 제외한다.
③ 도면에 표시하는 치수는 특별히 명시하지 않는 한, 대상물의 완성된 치수를 표시한다.

1.2. 치수 기입시 유의사항

도면에 치수를 기입하는 경우에는 다음사항에 유의하여 기입한다.
① 대상물의 기능, 제작, 조립 등을 고려하여 필요하다고 생각되는 치수를 명료하게 도면에 기입한다.

② 치수는 대상물의 크기, 자세 및 위치를 가장 명료하게 표시하는 데 필요하고도 충분한 것을 기입한다.
③ 치수는 되도록 정면도에 기입한다.
④ 중복된 치수기입을 피한다.
⑤ 치수는 되도록 계산하여 구할 필요가 없도록 기입한다.
⑥ 치수는 필요에 따라 기준(점, 선, 면)을 설정하여 기입한다.
⑦ 관련 치수는 되도록 한곳에 모아서 기입한다.
⑧ 치수 중 참고치수는 괄호를 붙인다.
⑨ 반드시 전체길이, 전체높이, 전체폭에 관한 치수는 기입 되어야한다.

1.3. 단위의 표시방법

① 기계제도에 있어서 길이치수로써 단위를 표시하지 않은 모든 숫자는 mm이다. 만약 mm 이외의 다른 단위를 사용할 때에는 해당 단위를 붙이는 것을 원칙으로 한다.
② 치수정밀도가 높을 때에는 소수점 이하 2자리 내지 3자리까지 표시할 수 있다.
③ 각도는 도(°)를 기준으로 한다. 단, 필요에 따라 분( ), 초( )까지 기입할 수 있다.

1.4. 치수기입의 요소

[표 1] 치수기입의 보조기호

구 분	기호	읽 기	사 용 법	예
지름	ψ	파이	치수보조기호는 치수 수치 앞에 붙이고, 치수 수치와 같은 크기로 쓴다.	ψ 5
반지름	R	아르		R10
구의 지름	Sψ	에스 파이		Sψ 5
구의 반지름	SR	에스 아르		SR10
정사각형의 변	□	사각		□10
판의 두께	t	티		t2
45°의 모따기	C	시		C2
실제의 반지름	실R	실아르		실R30
전개상의 반지름	전개R	전개 아르		전개R10
원호의 길이	⌒	원호	치수 수치 위에 붙인다.	⌒30

구 분	기호	읽기	사용법	예
이론적으로 정확한 치수		테두리	치수 수치를 둘러싼다.	30
참고 치수	( )	괄호	치수 수치의 치수보조기호를 둘러싼다.	(30)

02 >>> 치수선, 치수 보조선의 기입

2.1. 치수선, 치수 보조선의 기입

① 치수선, 치수보조선은 외형선과 구별하기 위하여 가는 실선을 사용한다.
② 치수선은 원칙적으로 지시하는 길이 또는 각도를 측정하는 방향으로 평행하게 긋고, 선의 양끝에는 화살표 등과 같은 기호를 붙인다.

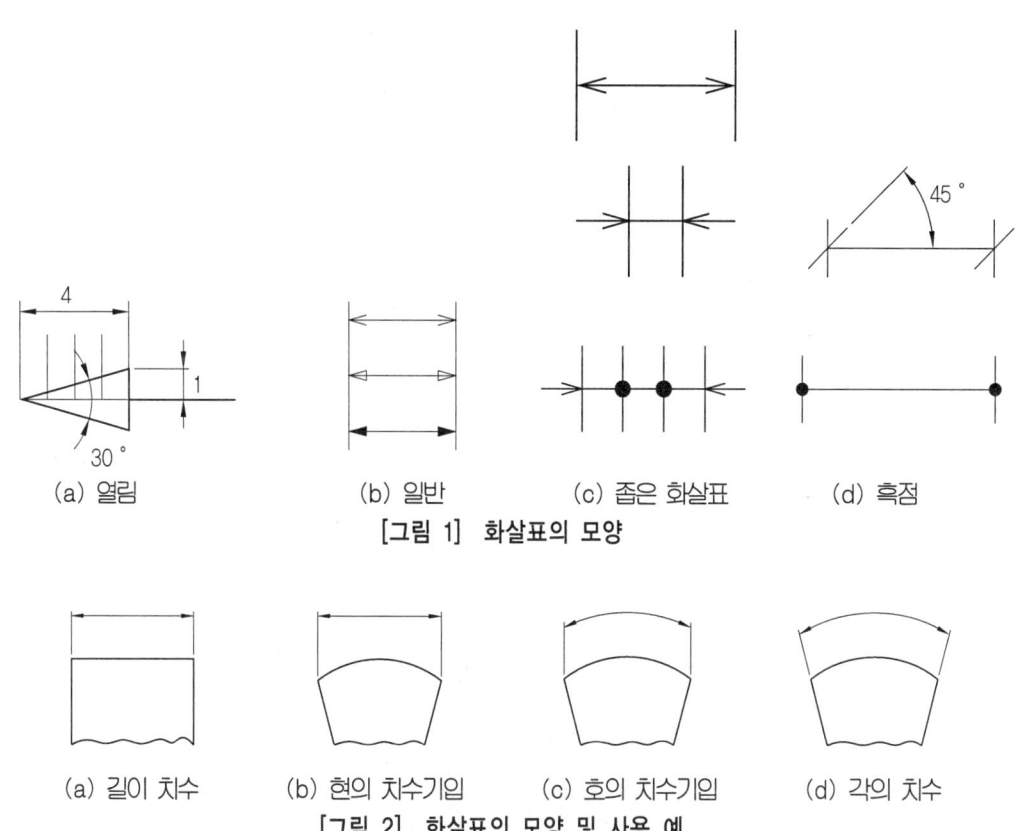

(a) 열림　　(b) 일반　　(c) 좁은 화살표　　(d) 흑점
[그림 1] 화살표의 모양

(a) 길이 치수　(b) 현의 치수기입　(c) 호의 치수기입　(d) 각의 치수
[그림 2] 화살표의 모양 및 사용 예

③ 치수선은 원칙적으로 치수 보조선을 사용하여 기입한다. 다만, 치수보조선을 끌어내면 그림이 혼동되기 쉬울 때는 이에 따르지 않아도 된다.

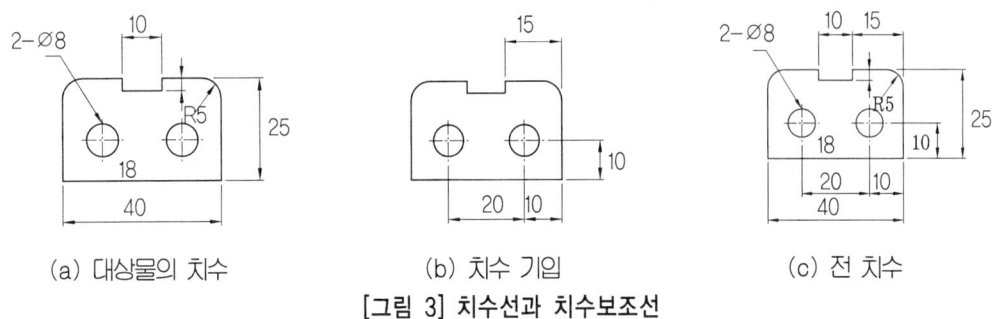

(a) 대상물의 치수   (b) 치수 기입   (c) 전 치수

[그림 3] 치수선과 치수보조선

④ 치수보조선은 지시하는 치수의 끝에 닿는 도형상의 점 또는 선의 중심을 통과하고 치수선에 직각이 되게 그어서 치수선을 약간 지날 때까지 연장한다. 다만, 치수보조선과 도형 사이를 약간 떼어놓아도 좋다. 치수를 지시하는 점 또는 선을 명확히 하기 위하여 특히, 필요한 경우(경사 치수)에는 치수선에 대하여 적당한 각도를 가진 서로 평행한 치수보조선을 그을 수 있다. 이 각도는 60°가 좋다.

2.2. 각도 기입법

각도를 기입하는 치수선은 각도를 구성하는 2변 또는 그 연장선(치수 보조선)의 교점을 중심으로 하여 양변 또는 그 연장선 사이에 그린 원호로 표시한다.

[그림 4] 각도 치수 기입법

2.3. 치수 수치 기입법

치수의 수치를 기입하는 위치 및 방향은 특별히 정한 누진 치수 기입법의 경우를 제외하고는 다음 중 어떤 것인가에 따른다. 일반적으로 방법 1을 사용한다. 또한, 이 두 개의 방법은 같은 도면 내에서는 혼용하면 안 된다. 또, 일련의 도면에 있어서도 혼용하지 않는 것이 좋다.

[1] 방법 1

치수 수치는 수평방향의 치수선에 대하여는 도면의 하면으로부터, 수직방향의 치수선에 대하여는 도면의 우변으로부터 읽도록 쓴다. 경사 방향의 치수선에 대해서도 이에 준해서 쓴다. 치수 수치는 치수선을 중단하지 않고 이에 연하여 그 위쪽으로 약간 띄어서 기입한다. 이 경우, 치수선의 중앙에 쓰는 것이 좋다.

수직선에 대해서는 좌상에서 우하로 향하여 약 30° 이하의 각도를 이루는 방향에는 치수선의 기입을 피한다. 다만, 도형의 관계로 기입하지 않으면 안 될 경우에는, 그 장소에 따라 혼동하지 않도록 기입한다.

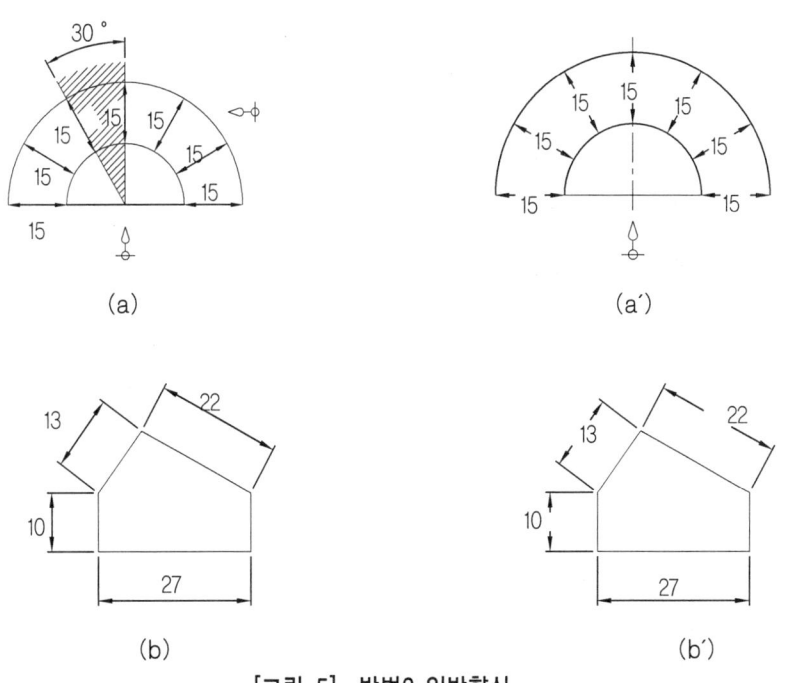

[그림 5] 방법2 일방향식

[2] 방법 2

치수 수치는 도면의 하변에서 읽을 수 있도록 쓴다. 수평방향 이외의 방향의 치수선은 치수 수치를 끼우기 위하여 중단하고, 그 위치는 치수선의 중앙으로 하는 것이 좋다.

2.4. 좁은 곳의 치수기입법

좁은 곳에서의 치수 기입은 부분 확대도를 그려서 기입하든지 또는, 다음 중 어느 것을 사용하여도 좋다.

① 지시선을 치수선에서 경사 방향으로 끌어내고 원칙으로 그 끝을 수평으로 구부리고 그 위쪽에 치수 수치를 기입한다. 이 경우, 지시선을 끌어내는 쪽 끝에는 아무 것도 붙이지 않는다.

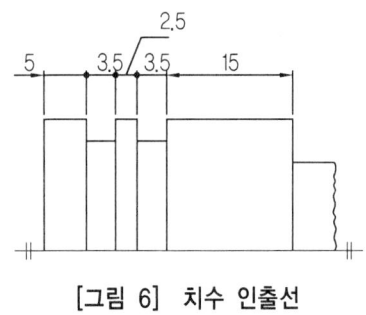

[그림 6] 치수 인출선

② 치수선을 연장하여 그 위쪽(방법 1의 경우) 또는 그 바깥쪽(방법 2의 경우)에 기입하여도 좋다.

③ 치수 보조선의 간격이 좁아서 화살표를 기입할 여지가 없을 경우에는 화살표 대신 검은 둥근점 또는 경사선을 사용하여도 좋다.

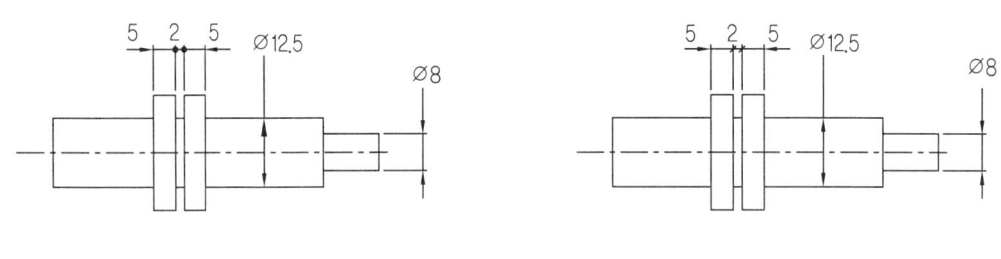

(a) 방법1 치수 방향선 (b) 방법2 일방향식

[그림 7] 치수기입 장소가 좁을 때 기입법

가공방법, 주기, 부품의 번호들을 기입하기 위하여 사용하는 지시선은 원칙적으로 경사 방향으로 끌어낸다. 이 경우, 지시선을 모양을 표시하는 선으로부터 끌어내는 경우에는 검은 둥근점을 끌어낸 곳에 붙인다. 또한, 주기 등을 기입하는 경우에는 원칙으로 그 끝을 수평으로 구부려 그 위쪽에 쓴다.

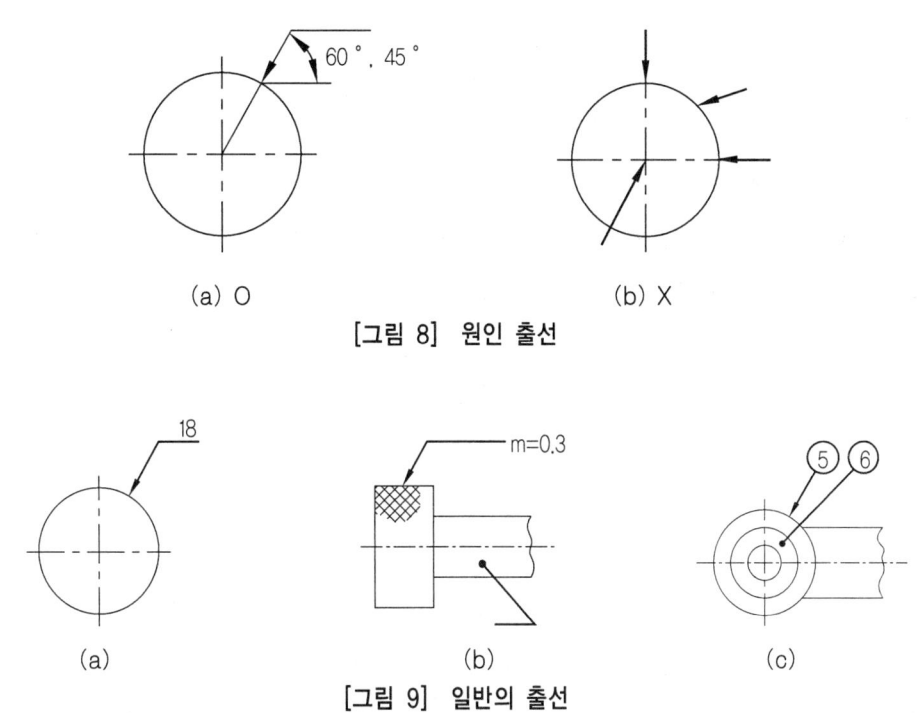

[그림 8] 원인 출선

[그림 9] 일반의 출선

2.5. 치수의 배치

치수선과 치수보조선은 가는 실선을 사용하며 치수선의 양끝에는 화살표와 같은 기호를 사용한다. 치수보조선은 치수선에 직각이 되게하며 치수선을 약간(2~3mm) 넘을 때까지 연장하여 그린다. 또한 외형선으로부터 약 10mm 정도의 간격을 두고 첫 번째 치수선을 그리고 계속적으로 그릴 때에는 첫 번째 치수선에서 약 10mm의 여유를 두면서 그린다.

2.5.1. 직렬치수 기입법

직렬로 나란히 연결된 개개의 치수에 주어진 치수 공차가 축차로 누적되어도 좋은 경우에 사용한다.

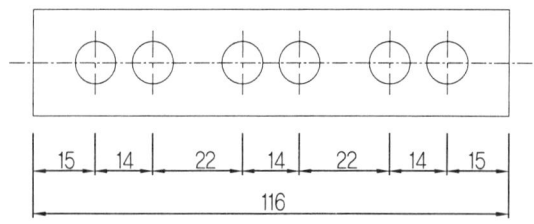

[그림 10] 직렬치수 기입법

2.5.2. 병렬치수 기입법

이 방법에 따르면 병렬로 기입하는 개개의 치수 공차는 다른 치수의 공차에는 영향을 주지 않는다. 이 경우, 공통쪽의 치수 보조선의 위치는 기능, 가공 등의 조건을 고려하여 적절히 선택한다.

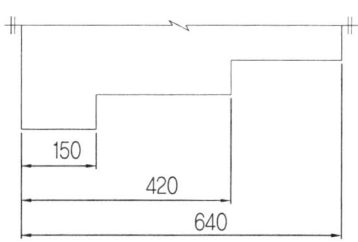

[그림 11] 병렬치수 기입법

2.5.3. 누진 치수 기입법

이 방법에 따라 치수 공차에 관하여 병렬 치수 기입법과 완전히 동등한 의미를 가지면서, 한 개의 연속된 치수선으로 간편하게 표시된다. 이 경우, 치수의 기점의 위치는 기점 기호( )로 나타내고, 치수선의 다른 끝은 화살표로 나타낸다.

치수수치는 치수 보조선에 나란히 기입하든지, 화살표 가까운 곳에 치수선의 윗쪽에 이에 연하여 쓴다. 또한, 2개의 형체 사이의 치수선에도 준용할 수 있다.

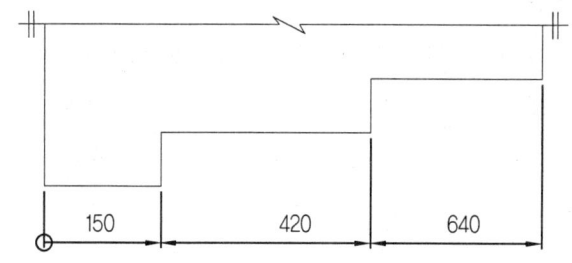

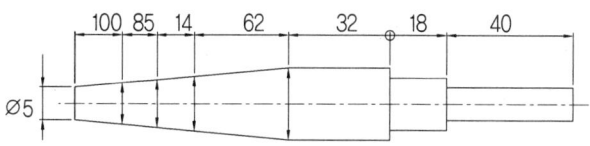

[그림 12] 누진 치수기입법

2.5.4. 좌표 치수 기입법

구멍의 위치나 크기 등의 치수는 좌표를 사용하여 표로 하여도 좋다. 이 경우 표에 나타낸 X, Y 또는 β의 수치는 기점에서의 수치이다. 기점은 보기를 들면 기준 구멍, 대상물의 한 구석 등 기능 또는 가공의 조건을 고려하여 적절하게 선택한다.

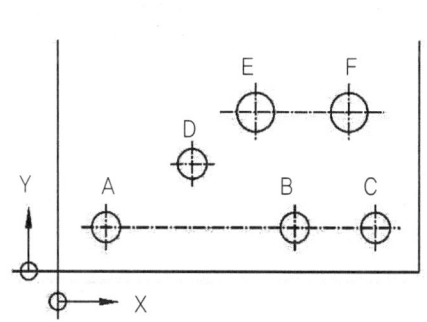

	X	Y	∅
A	20	20	13.5
B	140	20	13.5
C	200	20	13.5
D	60	60	13.5
E	100	90	26
F	180	90	26

[그림 13] 좌표 치수기입법

2.6. 지름의 표시방법

① 대상으로 하는 부분의 단면이 원형인 때 그 모양을 도면에 표시하지 않고 원형인 것을 나타내는 경우에는 지름의 기호는 기입하지 않는다. 다만, 원형인 일부를 그리지 않은 도형에서 치수선의 끝부분 기호가 한쪽인 경우는 반지름의 치수와 혼동하지 않도록 지름의 치수 수치 앞에 기호를 기입한다.

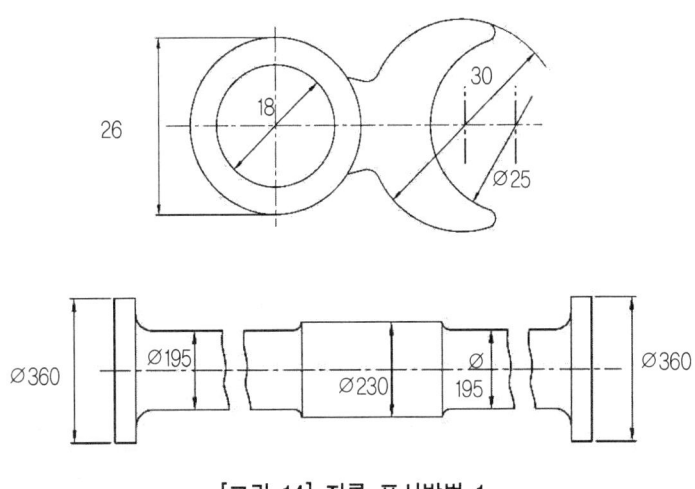

[그림 14] 지름 표시방법 1

② 지름이 다른 원통이 연속되어 있고, 그 치수 수치를 기입할 공간이 없을 때는 같이 한쪽에 써야 할 치수선의 연장선과 화살표를 그리고, 지름의 기호와 치수 수치를 기입한다.

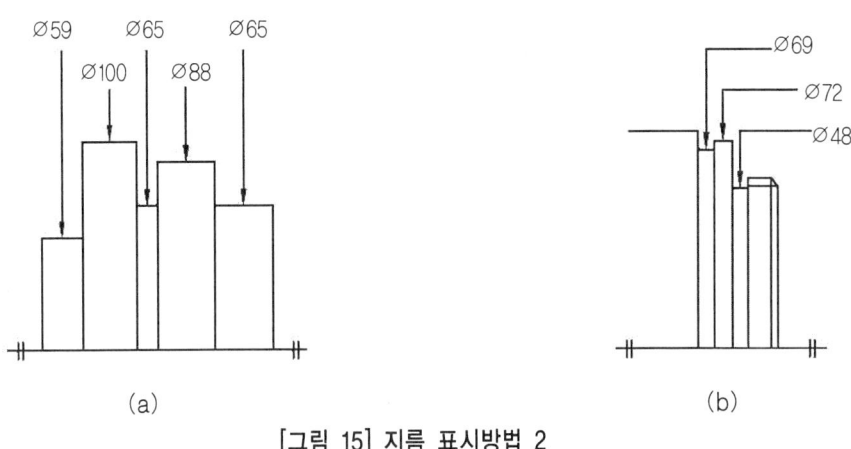

(a)　　　　　　　　　　　(b)

[그림 15] 지름 표시방법 2

2.7. 반지름의 표시방법

반지름의 표시방법은 다음에 따른다.

① 반지름의 치수는 반지름의 기호 R을 치수 수치 앞에 치수 숫자와 같은 크기로 기입하여 표시한다. 다만, 반지름을 나타내는 치수선을 원호의 중심까지 긋는 경우에는 이 기호를 생략하여도 좋다.

② 원호의 반지름을 표시하는 치수선에는 원호쪽에만 화살표를 붙이고 중심쪽에는 붙이지 않는다. 또한, 화살표나 치수 수치를 기입할 여지가 없을 때는 그림 16에 따른다.

③ 반지름 치수를 지시하기 위하여 원호의 중심위치를 표시할 필요가 있을 경우에는 +자 또는 검은 둥근점으로 그 위치를 나타낸다.

④ 원호의 반지름이 커서 그 중심 위치를 나타낼 필요가 있을 경우, 지면 등의 제약이 있을 때는 그 반지름의 치수선을 구부려도 좋다. 이 경우 치수선의 화살표가 붙은 부분은 정확한 중심 위치로 향해야 한다.

⑤ 동일 중심을 가진 반지름은 길이 치수와 같이 누진 치수기입법을 사용해서 표시할 수 있다.

⑥ 실형을 나타내지 않는 투상도형에 실제의 반지름 또는 전개한 상태의 반지름을 지시하는 경우에는 치수 수치의 앞에 또는 글자 기호를 기입한다.

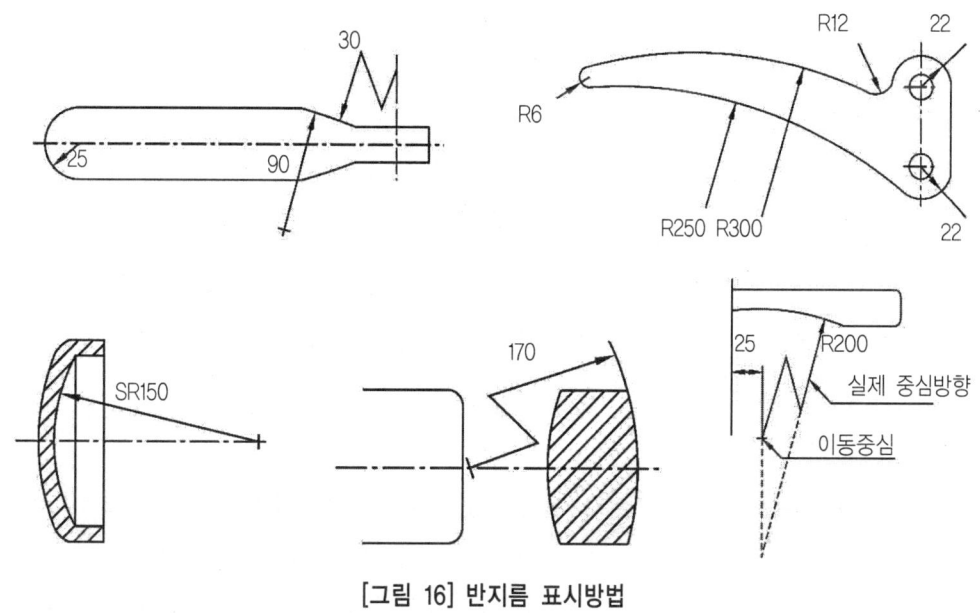

[그림 16] 반지름 표시방법

2.8. 두께의 표시 방법

판의 주 투상도에 그 두께의 치수를 표시하는 경우에는 그 도면의 부근 또는 그림 중 보기쉬운 위치에 두께를 표시하는 치수 수치의 앞에 치수 숫자와 같은 크기로 두께를 나타내는 기호 t를 기입한다. 아주 얇은 경우 다음의 그림과 같이 한다.

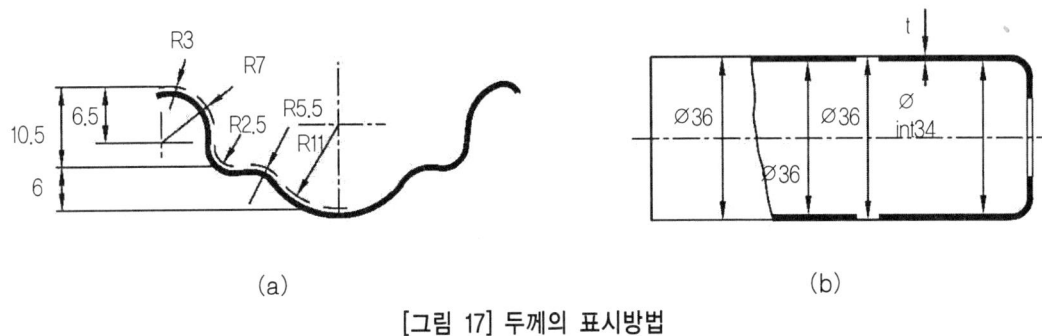

[그림 17] 두께의 표시방법

2.9. 현 및 원호의 길이의 표시방법

2.9.1. 현의 길이 표시방법

현의 길이는 원칙으로 현에 직각으로 치수 보조선을 긋고, 현에 평행한 치수선을 사용하여 표시한다.

2.9.2. 원호의 길이의 표시방법

원호의 길이의 표시방법은 다음에 따른다.

① 현의 경우와 같은 치수 보조선을 긋고 그 원호와 동심의 원호를 치수선으로 하고, 치수 수치의 위에 원호 길이의 기호를 붙인다.

② 원호를 구성하는 각도가 클 때나 연속적으로 원호의 치수를 기입할 때 원호의 중심으로부터 방사형으로 그린 치수 보조선에 치수선을 맞추어도 좋다. 이 경우, 두 개 이상의 동심 원호 중 한 개의 원호의 길이를 명시할 필요가 있을 때에는 다음 어느 것인가에 따른다.

㉠ 원호의 치수 수치에 대하여 지시선을 긋고 끌어낸 원호쪽에 화살표를 그린다.

㉯ 원호의 길이와 치수 수치 뒤에 원호의 반지름을 넣어서 나타낸다. 이 경우에는 원호의 기호를 붙이지 않는다.

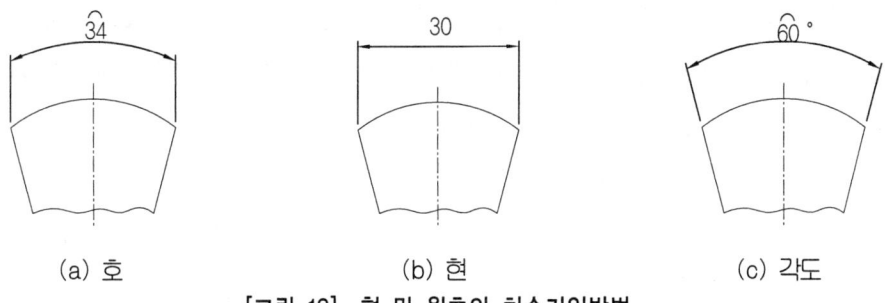

(a) 호 (b) 현 (c) 각도

[그림 18] 현 및 원호의 치수기입방법

2.10. 곡선의 표시방법

곡선의 표시방법은 다음에 따른다.

① 원호로 구성되는 곡선의 치수는 일반적으로 이들 원호의 반지름과 그 중심 또는 원호의 접선의 위치로 표시한다.

② 원호로 구성되지 않은 곡선의 치수는 곡선상 임의의 점의 좌표치수로 표시한다. 이 방법은 원호로 구성되는 곡선의 경우에도 필요하면 사용하여도 좋다.

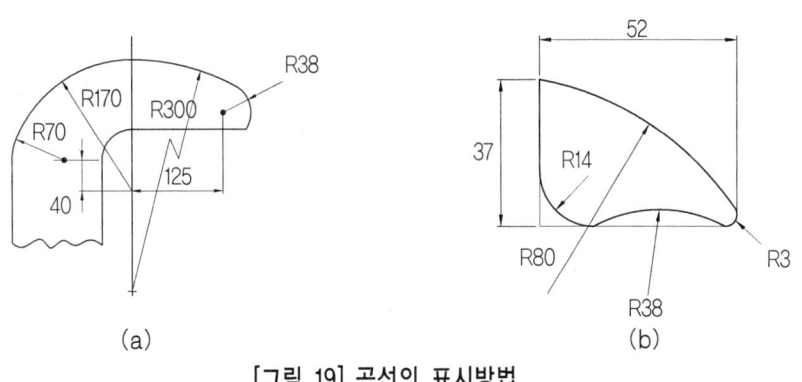

[그림 19] 곡선의 표시방법

2.11. 모따기의 표시방법

일반적인 모따기의 치수 수치×45° 또는 기호 C를 치수 수치 앞에 치수 숫자와 같은 크기로 기입하여 표시한다.

2.12. 구멍의 표시방법

① 드릴구멍, 펀칭구멍, 코어구멍 등 구멍의 가공방법에 의한 구별을 나타낼 필요가 있을 경우에는 원칙으로 공구의 호칭치수 또는 기준 치수를 나타내고 그 뒤에 가공방법 용어를 규정하고 있는 한국공업규격에 따라 지시한다. 이 경우, 지시한 가공 치수에 대한 치수의 보통 허용치를 적용한다.

② 1군의 동일 치수 볼트 구멍, 작은 나사 구멍, 핀 구멍, 리벳구멍 등의 치수 표시는 구멍으로부터 지시선을 끌어내어 그 총수를 나타내는 숫자 다음에 짧은선을 끼워서 구멍의 치수를 기입한다.

③ 구멍의 깊이를 지시할 때는 구멍의 지름을 나타내는 치수 다음에 ∅(파이)라 쓰고 그 수치를 기입한다. 다만 관통 구멍인 때는 구멍 깊이를 기입하지 않는다. 또한 구멍의 깊이란 드릴의 앞끝의 원추부, 리머의 앞끝의 모떼기부 등을 포함하지 않는 원통부의 깊이를 말한다.

④ 자리파기의 표시방법은 자리파기의 지름을 나타내는 치수 다음에 자리파기라고 쓴다.

⑤ 볼트 머리를 잠기게 하는 경우에 사용하는 깊은 자리파기의 표시방법은 깊은 자리파기의 지름을 나타내는 치수 다음에 ℃ 보어(bore) 자리파기 ∅(파이)라 쓴다. 다만, 깊은 자리파기의 아래 위치를 반대쪽 면으로부터 치수를 지시할 필요가 있을 때는 치수선을 사용하여 표시한다.

⑥ 긴 원의 구멍은 구멍의 기능 또는 가공방법에 따라 치수의 기입방법을 다음 어느 것인가에 따라 지시한다.

⑦ 경사진 구멍의 깊이는 구멍 중심선 상의 깊이로 표시하든가 그것에 따를 수 없는 경우에는 치수선을 사용하여 표시한다.

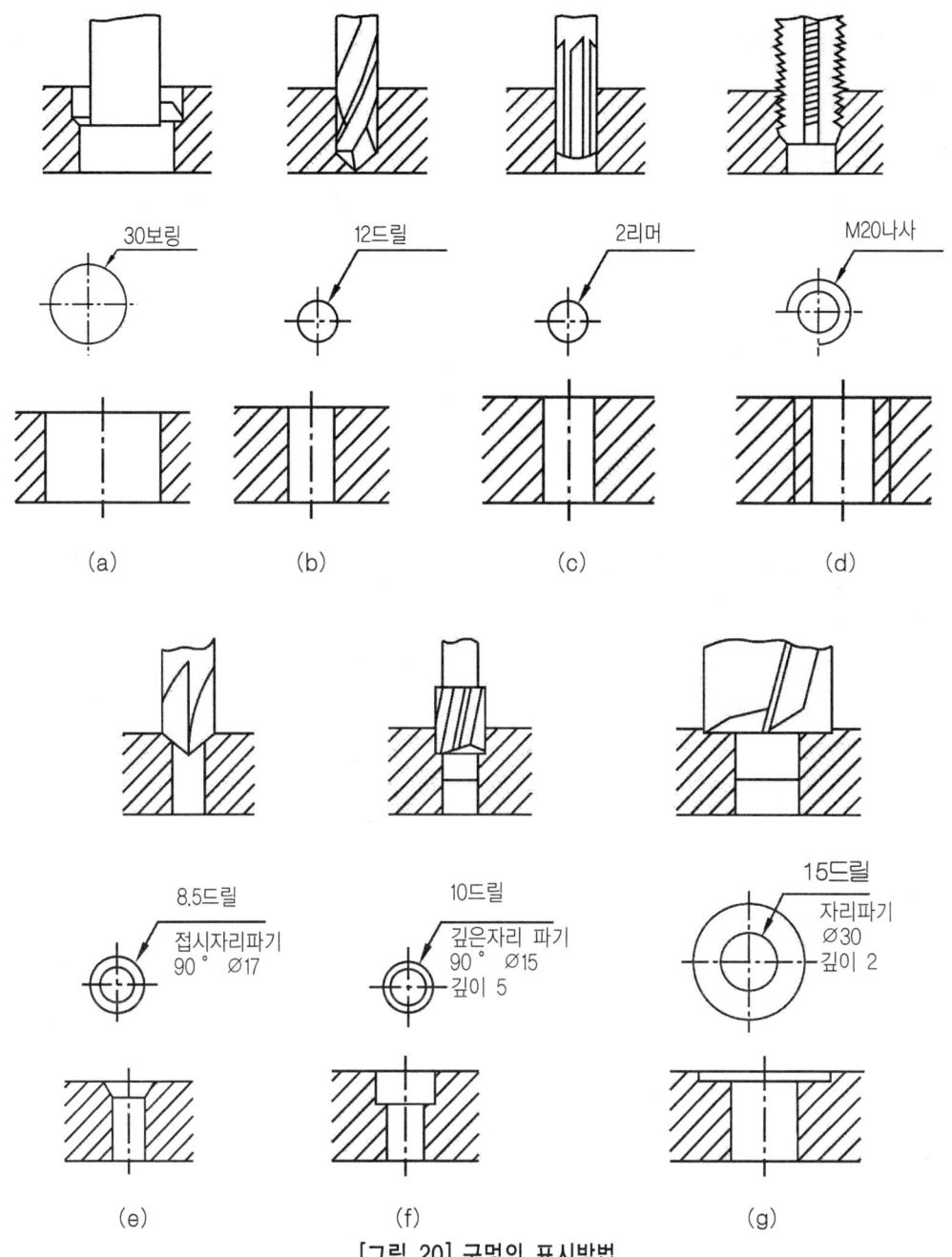

[그림 20] 구멍의 표시방법

2.13. 키홈의 표시방법

2.13.1. 축의 키홈 표시방법

축의 키홈 표시방법에 따른다.

① 축의 키홈 치수는 키홈의 나비, 깊이, 길이, 위치 및 끝부를 표시하는 치수에 따른다.

② 키홈의 끝부를 밀링커터 등에 의하여 절삭하는 경우에는 기준 위치에서 공구의 중심까지의 거리와 공구의 지름을 표시한다.

③ 키홈의 깊이는 키홈과 반대쪽의 축지름 면으로부터 키홈의 바닥까지의 치수로 표시한다. 다만, 특히 필요한 경우에는 키홈의 중심면 위에 축지름 면으로부터 키홈의 바닥까지의 치수(절삭깊이)로 표시하여도 좋다.

2.13.2. 구멍의 키홈 표시방법

구멍의 키홈 표시 방법은 다음에 따른다.

① 구멍의 키홈의 치수는 키홈의 나비 및 깊이를 표시하는 치수에 따른다.

② 키홈의 깊이는 키홈과 반대쪽의 구멍 지름 면으로부터 키홈의 바닥까지의 치수로 표시한다. 다만, 특히 필요한 경우에는 키홈의 중심면 상에서의 구멍 지름면으로부터 키홈의 바닥까지의 치수로 표시하여도 좋다.

③ 경사키용의 보스 키홈의 깊이는 키홈의 깊은 쪽에서 표시한다.

2.14. 테이퍼, 기울기의 표시방법

테이퍼는 원칙으로 중심선에 대하여 기입하고, 기울기는 원칙으로 변에 대하여 기입한다. 다만, 테이퍼 또는 기울기의 정도와 방향을 특별히 명확하게 나타낼 필요가 있을 경우에는 별도로 도시한다. 또 특별한 경우에는 경사면에서 지시선을 끌어내어 기입할 수 있다.

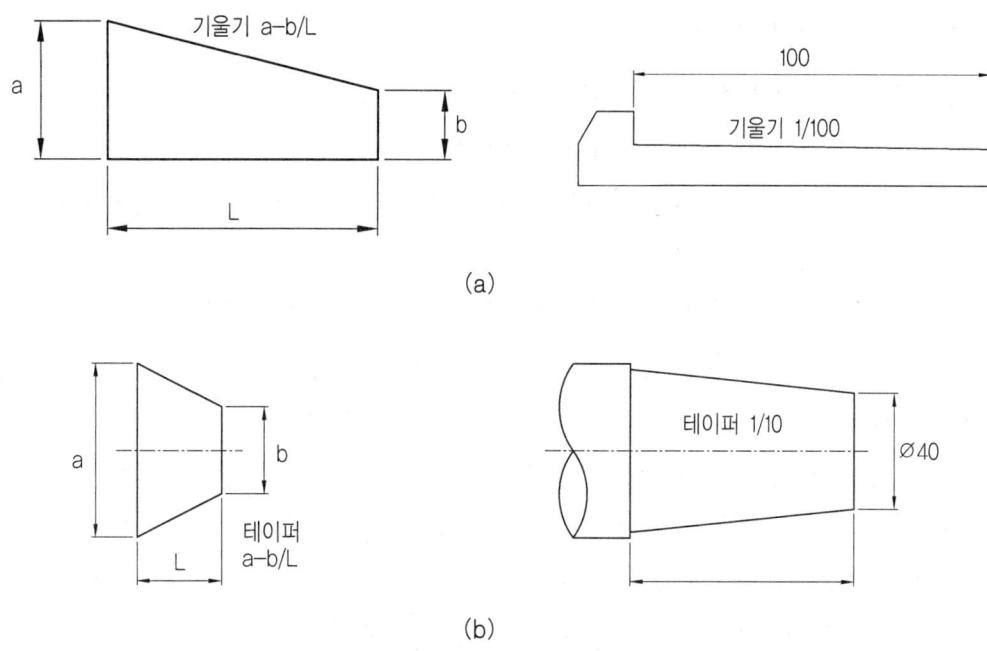

[그림 21] 테이퍼, 기울기의 표시방법

2.15. 얇은 두께부분의 표시방법

얇은 두께부분의 단면을 아주 굵은 선으로 그린 도형에 치수를 기입하는 경우에는 단면을 표시한 극히 굵은 선에 연하여 짧고 가는 실선을 긋고, 여기에 치수선의 끝부분 기호를 댄다. 이 경우, 가는 실선을 그려준 쪽까지의 치수를 의미한다.

2.16. 강 구조물 등의 치수 표시

강, 구조물 등의 치수 표시는 다음에 따른다.

① 강 구조물 등의 구조 선도에서 절점사이의 치수를 표시하는 경우에는 그 치수를 부재를 나타내는 선에 연하여 직접 기입한다.

☞ 절점이란? 구조 선도에 있어서 부재의 무게 중심선의 교점을 말한다.

② 형강, 강판, 각강 등의 치수는 아래의 표시방법에 의하여 각각의 도형에 대하여 기입할 수 있다. 이 경우, 길이의 치수는 필요가 없으면 생략하여도 좋다. 또한, 부등변 ㄱ형강등을 지시하는 경우에는 그 변이 어떻게 놓이는 가를 명확히 하기 위하여 그림에 나타난 변의 치수를 기입한다.

2.17. 기타 일반 주의사항

기타 일반 주의 사항을 다음에 나타낸다.

① 치수 수치는 다음 사항을 고려하여 기입한다.
   ㉮ 치수 수치를 나타내는 일련의 치수 숫자는 도면에 그린 선에서 분할되지 않는 위치에 쓰는 것이 좋다.
   ㉯ 치수 숫자는 겹쳐서 기입하면 안된다. 다만, 할 수 없는 경우에는 치수 숫자와 겹쳐지는 선의 부분을 중단하여 치수 수치를 기입한다.
   ㉰ 치수 수치는 치수선과 교차되는 장소에 기입하면 안된다.

② 치수선이 인접해서 연속하는 경우에는 치수선은 동일 직선상에 가지런하게 기입하는 것이 좋다. 또 관련되는 부분의 치수는 동일 직선상에 기입하는 것이 좋다.

③ 치수 보조선을 긋고 기입하는 지름의 치수가 대칭 중심선의 방향에 몇 개 늘어선 경우에는 각 치수선은 되도록 같은 간격으로 긋고 작은 치수를 안쪽에, 큰 치수를 바깥쪽으로 치수 수치를 가지런하게 기입한다. 다만, 지면의 형편으로 치수선의 간격이 좁은 경우에는 치수 수치를 대칭 중심선의 양쪽에 교대로써도 좋다.

④ 치수선이 길어서, 그 중앙에 치수 수치를 기입하면 알기 어렵게 될 경우에는 어느 것이나 한쪽의 끝부분 기호 가까이 치우쳐서 기입할 수 있다.

⑤ 대칭의 도형에서 대칭 중심선의 한쪽만을 표시한 그림에서는 치수선을 원칙으로 그 중심선을 넘어서 적당히 연장한다. 이 경우, 연장한 치수선 끝에는 끝부분 기호를 붙이지 않는다. 다만 오해할 염려가 없는 경우에는 치수선을 중심선을 넘지 않아도 좋다. 대칭의 도형으로 다수의 지름 치수를 기입할 때는 치수선의 길이를 더 짧게하여 여러 단으로 분리하여 기입할 수 있다.

⑥ 치수 수치 대신 글자 기호를 써도 좋다. 이 경우, 그 수치를 별도로 표시한다.

⑦ 서로 경사된 두 개의 면 사이에 둥글기 또는 모따기가 되어 있을 때 두면이 교차되는 위치를 나타낼 때는 둥글기 또는 모따기를 하기 이전이 모양을 가는 실선으로 표시하고, 그 교점에서 치수 보조선을 끌어낸다. 또 이 경우, 교점을 명확하게 나타낼 필요가 있을 때에는 각각의 선을 서로 교차시키든가 또는 교점에 검은 둥근점을 붙인다.

⑧ 원호부분의 치수는 원호가 180°까지는 원칙으로 반지름으로 표시하고, 그것을 넘는 경우에는 원칙으로 지름으로 표시한다.

다만, 원호가 180° 이내라도, 기능상 또는 가공상 특히 지름의 치수를 필요로 하는 것에 대하여는 지름의 치수를 기입한다.

⑨ 반지름의 치수가 다른 곳에 지시한 치수에 따라 자연히 결정될 때에는 반지름의 치수선과 반지름의 기호로 원호인 것을 나타내고, 치수 수치는 기입하지 않는다.

⑩ 키홈이 단면에 나타나 있는 보스의 안지름 치수를 기입하는 경우에는 다음 그림의 보기에 따른다.

⑪ 가공 또는 조립할 때 기준으로 할 곳이 있는 경우에는 치수는 그 곳을 기준으로 하여 기입한다. 특히, 그 곳을 나타낼 필요가 있을 경우에는 그, 취지를 기입한다.

⑫ 공정을 달리하는 부분의 치수는 그 배열을 나누어서 기입하는 것이 좋다.

⑬ 서로 상호 관련되는 치수는 한곳에 모아서 기입한다. 보기를 들면 플랜지의 경우 볼트 구멍의 피치원 지름과 구멍의 치수와 구멍의 배치는 피치원이 그려져 있는 쪽 그림에 모아서 기입하는 것이 좋다.

⑭ T형 관이음, 밸브, 몸통, 콕 등의 플랜지와 같이 한 개의 물품에 똑 같은 치수 부분이 두 개 이상 있는 경우에는 치수는 그 중 한 개에만 기입하는 것이 좋다. 이 경우 명확한 때를 제외하고 치수를 기입하지 않는 부분에 동일 치수한 것을 주의한다.

⑮ 일부의 도형이 그 치수 수치에 비례하지 않을 때는 치수 숫자의 아래쪽에 굵은 실선을 긋는다. 다만 일부를 절단 생략할 때 등, 특히 치수와 도형이 비례하지 않는 것을 표시할 필요가 없는 경우에는 이 선을 생략한다.

03 》》 AutoCAD를 이용한 치수의 기입

3.1. AutoCAD를 이용한 치수의 기입

다음 도면들을 치수를 적용하여 완성하여 보도록 하자. 치수의 기입방법은 선행된 장(AutoCAD 기초부터)에서 설명된 바 있다. 특히 투상법에 유의하여 도면을 작성하고 중복되는 치수가 없는지 확인해 보도록 하며 잘못된 치수 기입이 발생되지 않도록 유의하자. 그리고 가공을 위한 도면이라고 생각하고 기준면(작성자가 임의로 설정)으로부터의 정확한 치수를 기입토록 하자.

| 관계지식(1) | 크기 위치 치수 기입법 | 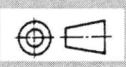 | 치수기입 | A0933 |

① 각기둥의 치수기입 길이(L)×높이(H)×폭(W)의 3가지 방법

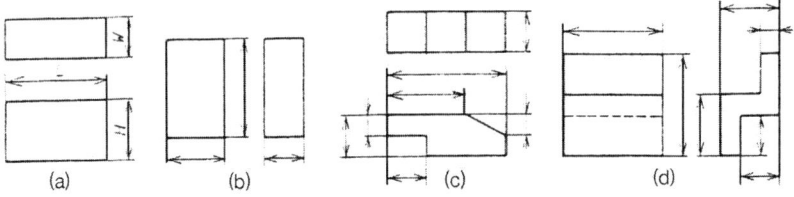

② 원기둥의 치수기입 직영(d)×길이 (L)의 2가지 방법

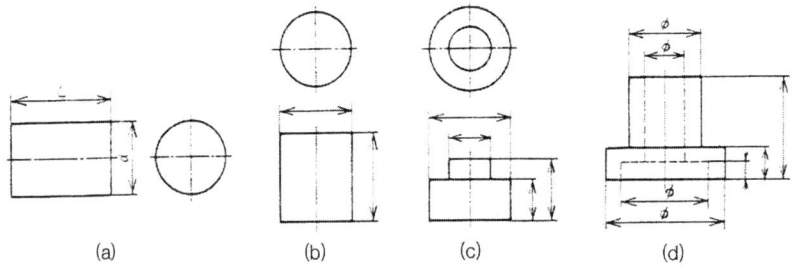

③ 위치 치수기입 기별면이나 중심선으로부터 직교치수 기입의 2가지 방법

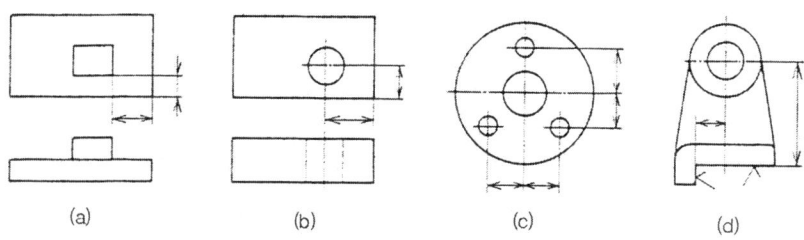

④ 기타

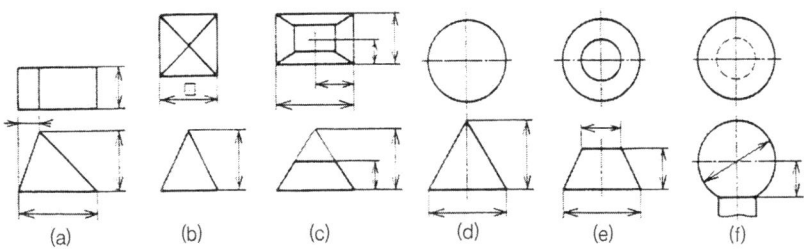

| 관계지식(2) | 치수 표시 요소의 사용법 | 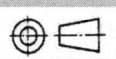 | 치수기입 | A0934 |

① 치수 보조선

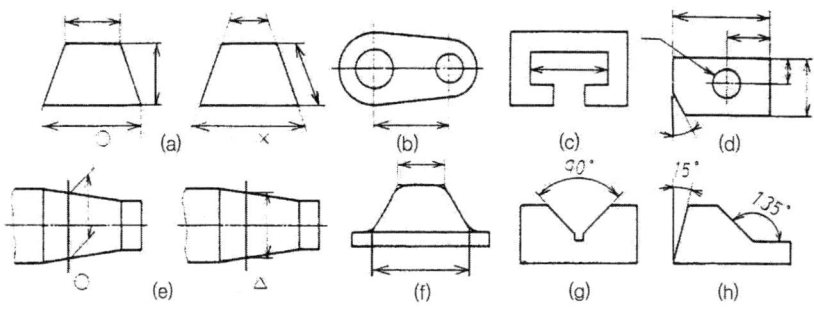

② 치수선

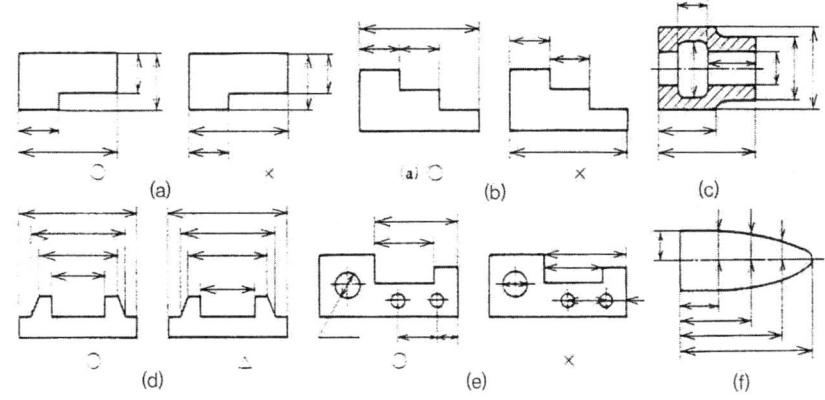

문제 (1)

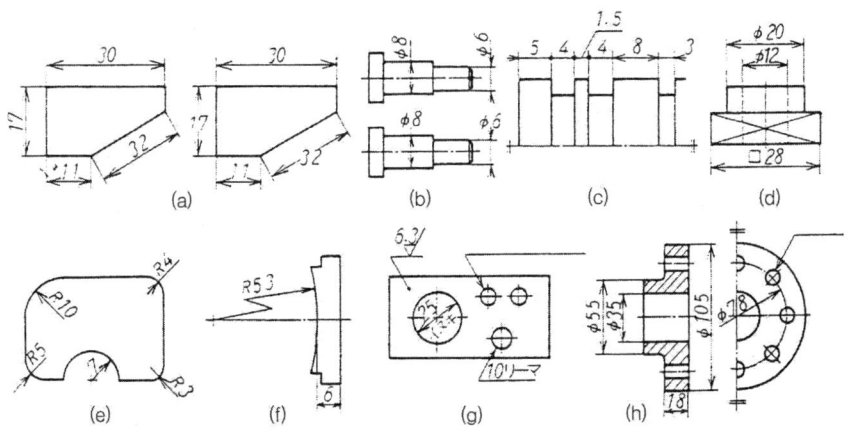

| 문제 (2) | 화살표로 표시된 부분을 기준면으로 치수를 기입하시오. | | 치수기입 | B0936 |

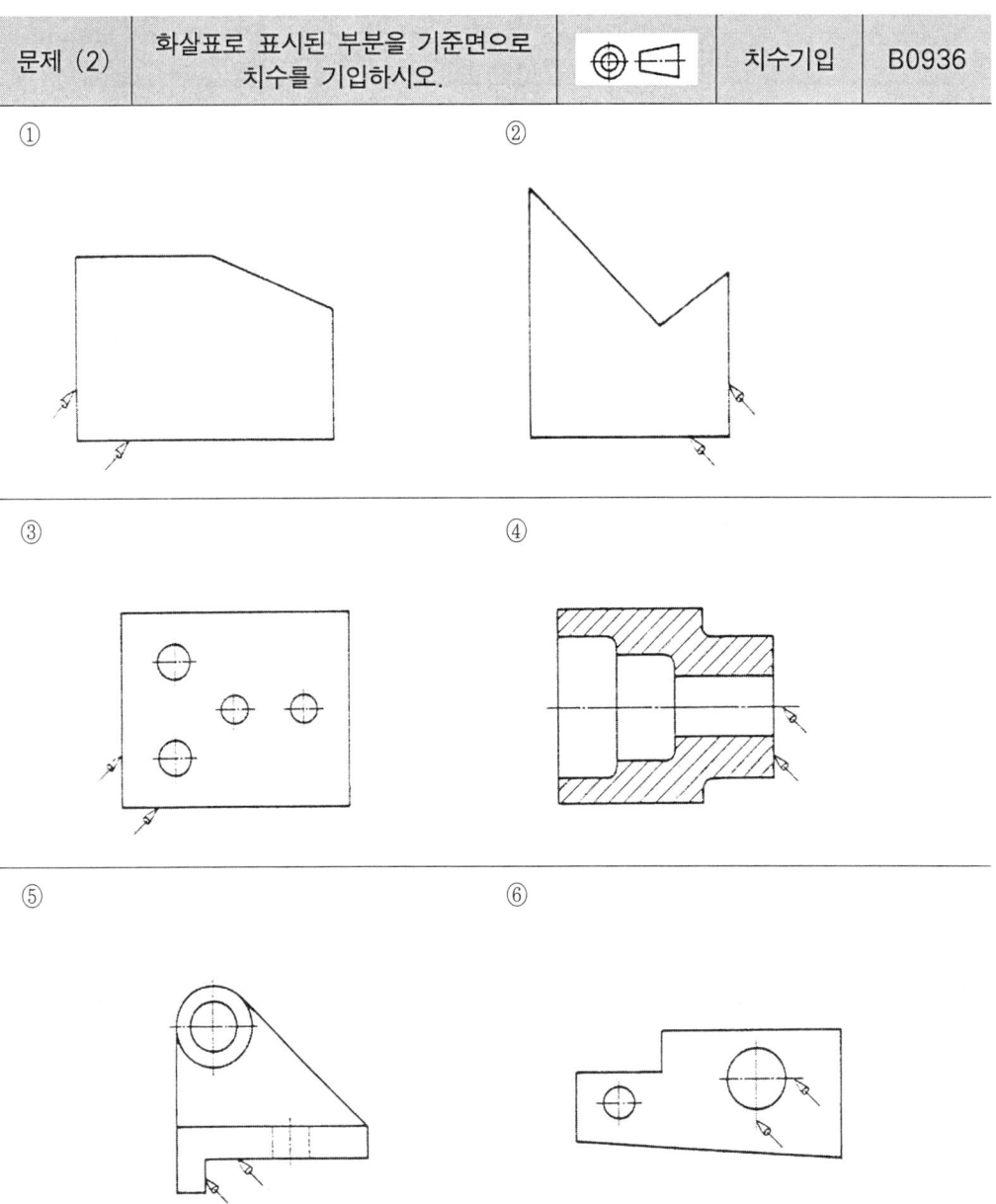

| 문제 (3) | 필요한 치수를 기입하시오. | | 치수기입 | B0937 |

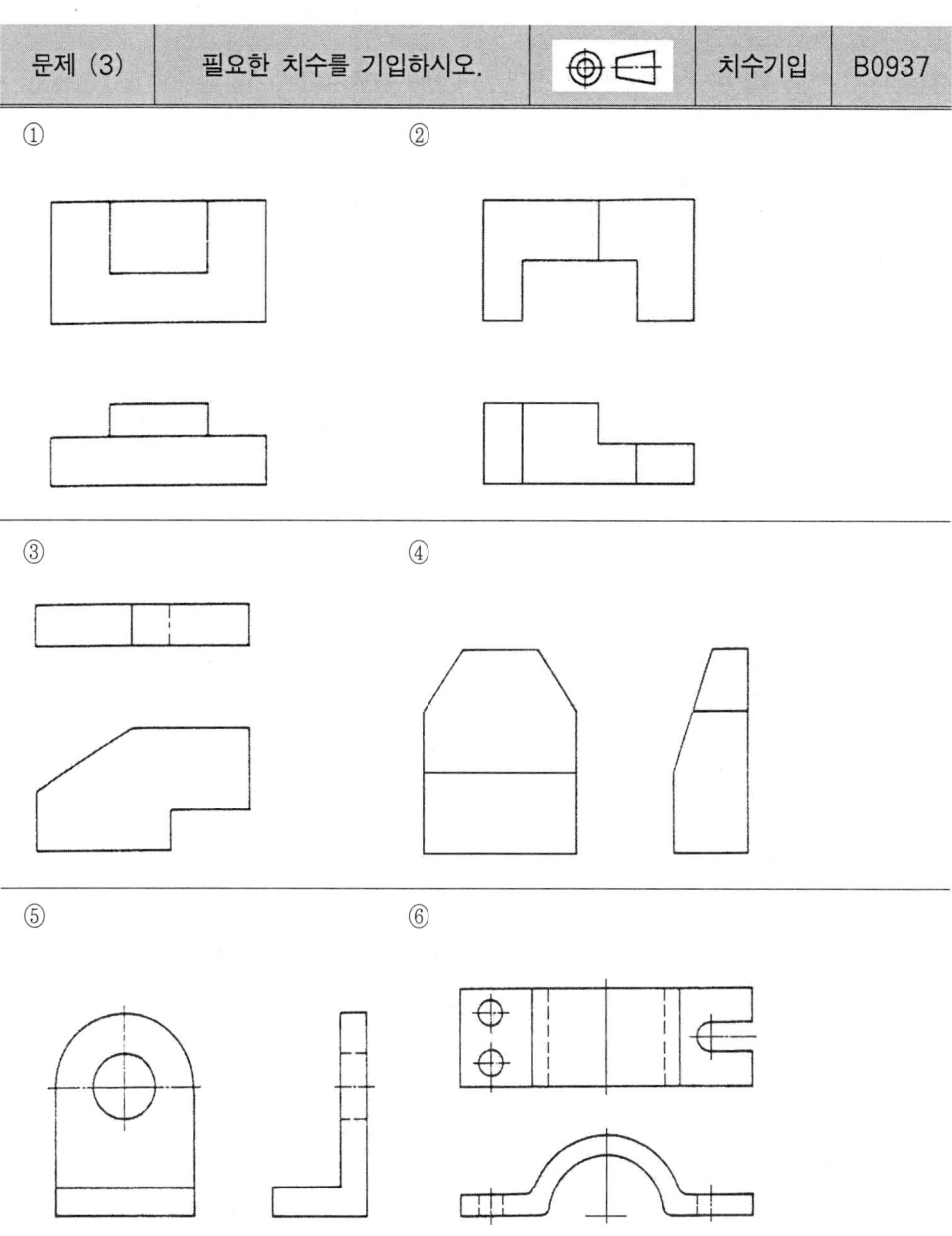

| 문제 (4) | 필요한 치수를 기입하시오. | | 치수기입 | B0938 |

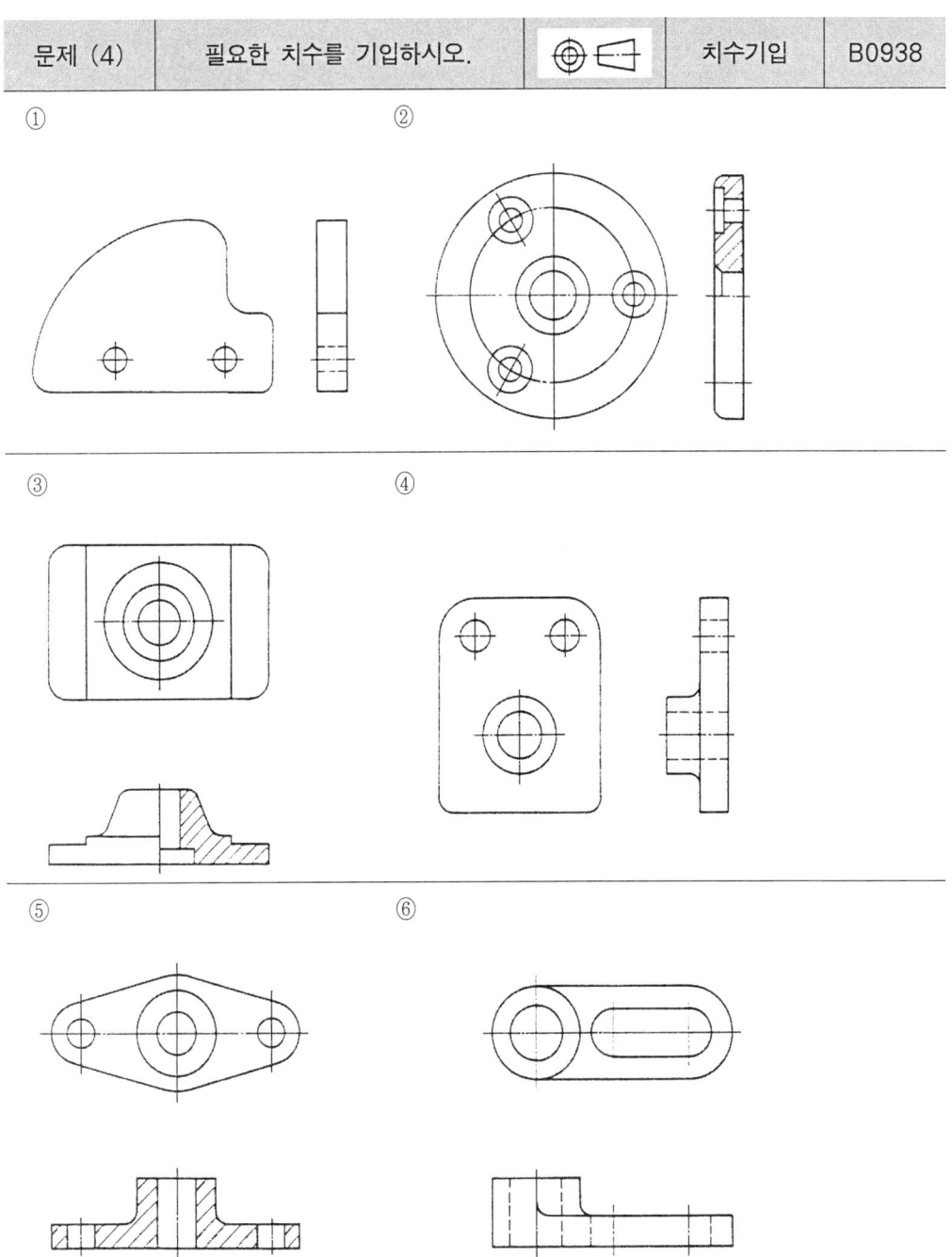

| 문제 (5) | 필요한 치수를 기입하시오. | | 치수기입 | B0939 |

①

②

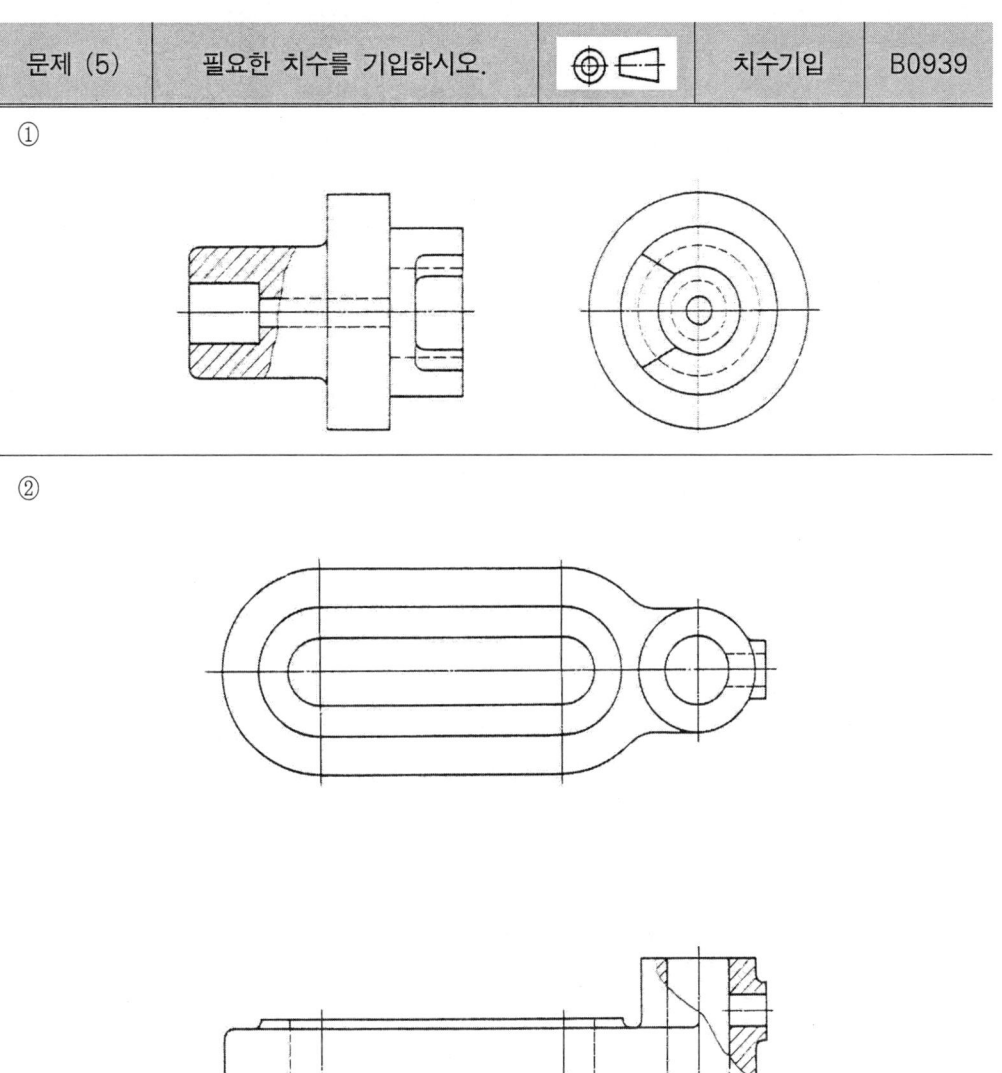

끼워 맞춤과 공차

01 >>> 끼워 맞춤과 틈새, 죔새

1.1. 끼워 맞춤, 틈새, 죔새

① 끼워 맞춤 : 구멍과 축이 그들 사이에 적당한 틈새 또는 죔새를 가지고 끼워 맞추어 지는 관계를 끼워맞춤이라 한다.

② 틈새 : 축지름이 구멍지름보다 작을 때의 두 지름의 차를 틈새라 한다(그림 1(a)).

③ 죔새 : 축지름이 구멍지름보다 클 때의 두 지름의 차를 죔새라 한다(그림 1(b)).

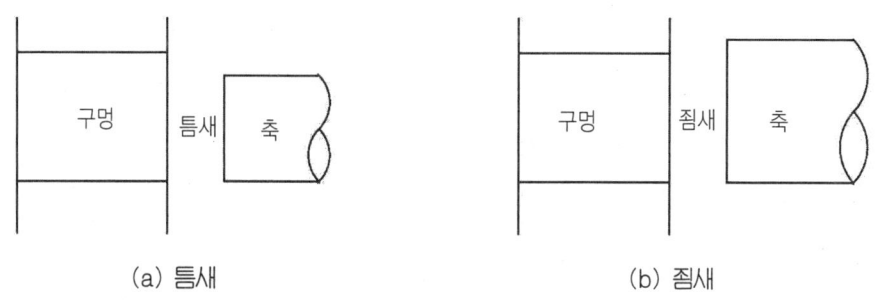

[그림 1] 틈새와 죔새

④ 실치수 : 기계부분의 실제로 다듬질 된 치수를 실치수라 한다(가공 부품의 실제 측정치수).

⑤ 한계 허용치수 : 실치수를 미리 정한 치수로 다듬질하는 것은 보통 곤란하므로 구멍과 축의 사용 목적에 따라 적당한 대소 두 한계사이로 다듬질하는 것을 허용한다. 이 두 한계를 표시하는 치수를 한계치수라 한다.

⑥ 최대 허용치수와 최소 허용치수 : 허용한계치수의 큰 쪽을 최대 허용치수, 작은 쪽을 최소 허용치수라 한다. 즉 실치수에 대하여 허용되는 최대 및 최소치수(그림 2 참조)

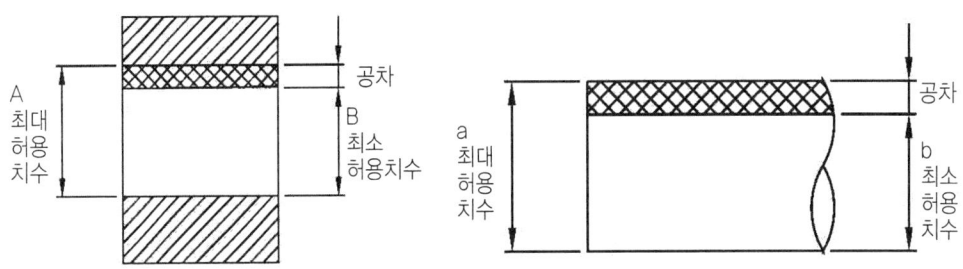

[그림 2] 최대 허용치수와 최소 허용치수

⑦ 치수 공차 : 최대허용치수와 최소 허용치수의 차를 공차라 한다(그림 2 참조).

[보기] 구멍의 치수공차 T = A-B = 50.025-50.000 = 0.025mm
축의 치수공차 t = a-b = 49.975-49.950 = 0.025mm

1.2. 헐거운 끼워 맞춤, 억지 끼워 맞춤, 중간 끼워 맞춤

① 헐거운 끼워 맞춤 : 구멍 최소 허용치수보다 축의 최대 허용치수가 작을 때의 끼워맞춤을 헐거운 끼워 맞춤이라 하며 구멍과 축 사이에는 반드시 틈새가 있다.

② 억지 끼워 맞춤 : 구멍의 최대 허용치수보다 축 : 최소 허용치수가 클 때(둘이 같을 때도 포함한다)의 끼워맞춤을 억지 끼워 맞춤이라 하며 구멍과 축사이에는 반드시 죔새가 있다.

③ 중간 끼워 맞춤 : 구멍의 최소 허용치수보다 축의 최대 허용치수가 크고(둘이 같을 때도 포함한다) 또한 구멍의 최대 허용치수보다 축의 최소 허용치수가 작을 때의 끼워맞춤을 중간 끼워맞춤이라 한다. 따라서 끼워맞춤에서는 구멍과 실치 수에 따라 새가 생길 수도 있고, 틈새가 생길 수도 있다.

1.3. 최소 틈새, 최대 틈새, 최대 죔새, 최소 죔새

① **최소 틈새** : 헐거운 끼워맞춤에서 구멍의 최소허용치수와 축의 최대 허용치수와의 차를 최소틈새라 한다(그림 3 참조).
② **최대 틈새** : 헐거운 끼워 맞춤에서 구멍의 최대허용치수와 축의 최소허용치수와의 차를 최대틈새라 한다(그림 3 참조).
③ **최대 죔새** : 억지 끼워맞춤에서 축의 최대 허용치수와 구멍의 최소 허용기수와의 차를 최대 죔새라 한다(그림 4 참조).
④ **최소 죔새** : 억지 끼워맞춤에서 축의 최소 허용치수와 구멍의 최대 허용치수와의 차를 최소 죔새라 한다(그림 4 참조).
⑤ **기준치수** : 구멍 또는 축의 지름의 크기를 나타내는 기본이 되는 치수를 기준치수라 한다. 서로 끼워 맞추어지는 구멍과 축에 대해서는 기준치수를 공동으로 한다.

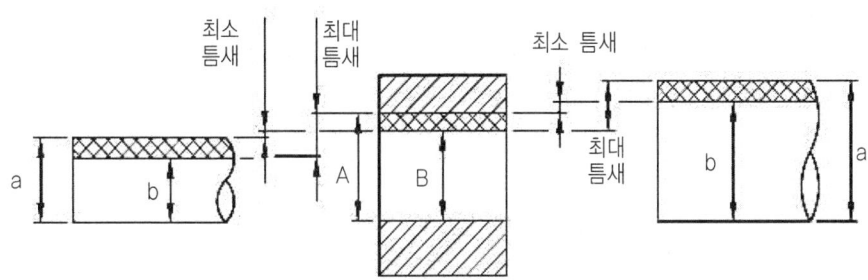

[그림 3] 헐거운 끼워맞춤   [그림 4] 억지 끼워맞춤

1.4. 위 치수허용차, 아래 치수허용차

① **위 치수허용차** : 최대 허용치수에서 기준치수를 뺀 것을 위 치수허용차라 한다(그림 5, 6).
② **아래 치수허용차** : 최소 허용치수에서 기준치수를 뺀 것을 아래 치수허용차라 한다(그림 5, 6). 기본치수보다 한계치수가 클 때에는 치수차의 수치에 (+)의 부호, 작을 때에는 치수차의 수치에 (-)의 부호를 붙인다.

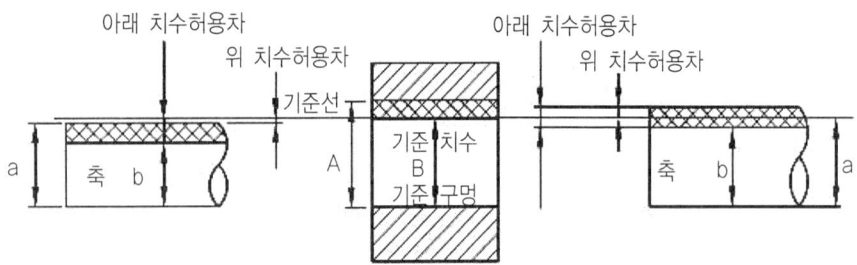

[그림 5] 헐거운 끼워맞춤   [그림 6] 중간 끼워맞춤

예제 [example]

01. 위 치수허용차 아래 치수허용차의 계산

	구멍	축(헐거운 끼워맞춤)	축(중간 끼워맞춤)
기준치수	D= 50.000mm	D= 50.000mm	D= 50.000mm
최대 허용치수	A= 50.025mm	a= 49.975mm	a= 50.011mm
최소 허용치수	B= 50.000mm	b= 49.950mm	b= 49.995mm
위 치수허용차	A-D=+0.025mm	a-D=-0.025mm	a-D=+0.011mm
아래 치수허용차	B-D= 0	b-D=-0.050mm	b-D=-0.005mm

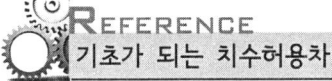

REFERENCE
기초가 되는 치수허용차

허용한계 치수와 기준치수와의 관계를 결정하는 기초가 되는 치수의 차이며 구멍, 축의 종류에 의하여 위 치수허용차와 아래 치수허용차가 된다. 일반으로 이것은 위 치수허용차와 아래 치수허용차 가운데 기준선에 가까운 쪽의 치수허용차로 되고 구멍. 축의 같은 종류마다 각 등급을 통해서 공통한 값을 갖는다.

1.5. 500mm 이하의 치수에 대한 공차와 치수허용차 및 끼워맞춤

1.5.1. 치수의 구분

기본공차와 기초가 되는 치수허용차는 각각의 기준치수에 대하여 개별적인 것이 아니고 기준치수 구분표의 그 구분의 2개 치수를 기하 평균한 값으로부터 계산한다.

[표 1] 기준치의 구분

500mm 이하의 기준치수				500mm를 초과 3150mm 이하의 기준치수			
일반구분		상세한 구분[5]		일반구분		상세한 구분[6]	
초과	이하	초과	이하	초과	이하	초과	이하
-	3	상세히 구분하지 않는다.		500	630	500	560
						560	630
3	6			630	800	630	710
						710	800
6	10			800	1000	800	900
						900	1000
10	18	10	14	1000	1250	1000	1120
		14	18			1120	1250
18	30	18	24	1250	1600	1250	1400
		14	30			1400	1600
30	50	50	65	1600	2000	1600	1800
		65	80			1800	2000
50	80	50	65	2000	2500	2000	2240
		65	80			2240	2250
80	120	80	100	2500	3150	2500	2800
		100	120			2800	3150
120	180	120	140				
		140	160				
		160	180				
180	250	180	200				
		200	225				
		225	250				
250	315	250	280				
		280	315				
315	400	315	355				
		355	400				
400	500	400	450				
		450	500				

※(5) 이들은 A~C 구멍 및 R~ZC 구멍 또는 a~c축 및 r~zc축의 치수허용차에 사용한다(표 3 및 표 4 참조).
 (6) 이들은 R~U 구멍 및 r~u축의 치수허용차에 사용한다(표 3 및 표 4 참조).

1.6. 기본 공차의 수치, 공차계열 및 구멍과 축의 등급

같은 구분에 속하는 치수에 대하여는 같은 공차를 주며 이것을 기본 공차라 하고 각 구분에 대한 기본공차의 무리를 공차계열이라고 한다. 또한 같은 호칭치수의 구분에 대한 기본공차의 대소에 따라 공차계열을 01,0,1, 3……16의 18등급으로 나눈다. 각 등급마다의 각 호칭치수의 구분에 대한 기본공차의 수치는 표 2와 같다.

그러나 상용하는 끼워맞춤의 구멍과 축에 있어서는 구멍을 5급에서 10급까지 6등급, 축을 4급에서 9급까지의 6등급으로 나눈다(상용 끼워 맞춤 참조).

[표 2] 기본 공차표

기준치수의 구분(mm)		공차 등급																
		1	2	3	4	5	6	7	8	9	10	11	12	13	14[7]	15[7]	16[7]	17[7]	18[7]
—	3[7]	0.8	1.2	2	3	4	6	10	11	15	40	60	0.10	0.14	0.26	0.40	0.60	1.00	1.40
3	6	1	1.5	2.5	4	5	8	12	18	30	48	75	0.12	0.18	030	0.48	0.75	1.20	1.80
6	10	1	1.5	2.5	4	6	9	15	22	36	58	90	0.15	0.22	0.36	0.58	0.90	1.50	2.20
10	18	1.2	2	3	5	8	11	18	27	43	70	110	0.18	0.27	0.43	0.70	1.10	1.80	2.70
18	30	1.5	2.5	4	6	9	13	21	33	52	84	130	0.21	0.33	0.52	0.84	1.30	2.10	3.30
30	50	1.5	2.5	4	7	11	16	25	39	62	100	160	0.25	0.39	0.62	1.00	1.60	2.50	3.90
50	80	2	3	5	8	13	19	30	46	74	120	190	0.30	0.46	0.74	1.20	1.90	3.00	4.60
80	120	2.5	4	6	10	15	22	35	54	87	140	220	0.35	0.54	0.87	1.40	2.20	3.50	5.40
120	180	3.5	5	8	12	18	25	40	63	100	160	250	0.40	0.63	1.00	1.60	2.50	4.00	6.30
180	250	4.5	7	10	14	20	29	46	72	115	195	290	0.46	0.72	1.15	1.85	2.90	4.60	7.20
250	315	6	8	12	16	23	32	52	81	130	210	320	0.52	0.18	1.30	2.10	3.20	5.20	8.10
315	400	7	9	13	18	25	36	57	87	140	230	360	0.57	0.89	1.40	2.30	3.60	5.70	8.90
400	500	8	10	15	20	27	40	63	97	155	250	400	0.63	0.97	1.55	2.50	4.00	6.30	9.70

기준치수의 구분(mm)		공차등급																
		1	2	3	4	5	6	7	8	9	10	11	12	13	14(7)	15(7)	16(7)	17(7)	18(7)
500	630	9	11	16	22	30	44	70	110	175	280	440	0.70	1.10	1.75	2.80	4.40	7.00	11.00
630	800	10	13	18	25	35	50	80	125	200	320	500	0.80	1.25	2.00	3.20	5.00	8.00	12.50
800	1000	11	15	21	29	40	56	90	140	230	360	560	0.90	1.40	2.30	3.60	5.60	9.00	14.00
1000	1250	13	18	24	34	46	66	105	165	260	420	660	1.05	1.65	2.60	4.20	6.60	10.50	16.50
1250	1600	15	21	29	40	54	78	125	195	310	500	780	1.25	1.95	3.10	5.00	7.80	12.50	19.50
1600	2000	18	25	35	48	65	92	150	230	370	600	920	1.50	2.30	3.70	6.00	9.20	15.00	23.00
2000	250	22	30	41	57	77	110	175	280	440	700	1100	1.75	2.80	4.40	7.00	11.00	17.50	28.00
2500	3160	26	36	50	69	93	135	210	330	540	860	1350	2.10	3.30	5.40	8.60	13.50	21.00	33.00

※ ⌀35와 ⌀45의 구멍을 예로 들면 30을 초과 50 이하의 구분에 있으므로, 두 구멍 모두 같은 기본공차를 갖게 된다. 이 구멍들이 6급 공차계열의 구멍이라 하면 표1에 의하여 기본공차는 둘 다 0.016이 된다. 그러나 같은 6급 공차계열의 구멍이라 할지라도 구멍의 크기가 ⌀200 이면 기본공차는 표 1에 의하여 0.029가 된다. 즉 같은 급수에서 기본공차는 지름이 큰 부분에서는 크게, 작은 구분에서는 작게 되어 있다 이와 같이 각 구분에 대한 기본공차의 무리를 공차계열이라 한다. 또 동일한 구분 안에서도 다듬질의 정밀도에 따라서 등급이 정해진다. 이것을 공차등급이라 한다. 등급이 낮을수록 기본공차는 적고 정밀하게 되어 있다.

예제 example

02. 기본 공차의 계산

1. ⌀35인 구멍의 공차 등급이 6급이면 기본공차는 얼마인가 ?
2. ⌀48인 구멍의 공차 등급이 6급이면 기본공차는 얼마인가 ?
3. ⌀35인 구멍의 공차 등급이 9급이면 기본공차는 얼마인가 ?
4. ⌀35인 축의 공차 등급이 6급이면 기본공차는 얼마인가 ?
5. ⌀48인 축의 공차 등급이 6급이면 기본공차는 얼마인가 ?
6. ⌀35인 축의 공차 등급이 9급이면 기본공차는 얼마인가 ?

1.7. 치수차에 의해 분류한 구멍과 축의 종류 및 분류

1.7.1. 종류

구멍과 축의 종류는 호칭치수에 대한 위 치수와 아래치수의 관계에 따라 각 등급마다 여러 종류로 나누며 표 2 및 3과 같다.

[표 3] 구멍의 기초가 되는 치수허용차

500mm 이하의 IT 기본공차표 (단위 : μm)

치수구분(mm) 초과	이하	IT01 (01급)	IT0 (0급)	IT1 (1급)	IT2 (2급)	IT3 (3급)	IT4 (4급)	IT5 (5급)	IT6 (6급)	IT7 (7급)	IT8 (8급)	IT9 (9급)	IT10 (10급)	IT11 (11급)	IT12 (12급)	IT13 (13급)	IT14 (14급)	IT15 (15급)	IT16 (16급)
-	3	0.3	0.5	0.8	1.2	2	3	4	6	10	14	25	40	60	100	140	250	400	600
3	6	0.4	0.6	1	1.5	2.5	4	5	8	12	18	30	48	75	120	180	300	480	750
6	10	0.4	0.6	1	1.5	2.5	4	6	9	15	22	36	58	90	150	220	360	580	900
10	18	0.5	0.8	1.2	2	3	5	8	11	18	27	43	70	110	180	270	430	700	1100
18	30	0.6	1	1.5	2.5	4	6	9	13	21	33	52	84	130	210	330	520	840	1300
30	50	0.6	1	1.5	2.5	4	7	11	16	25	39	62	100	160	250	390	620	1000	1600
50	80	0.8	1.2	2	3	5	8	13	19	30	46	74	120	190	300	460	740	1200	1900
80	120	1	1.5	2.5	4	6	10	15	22	35	54	87	140	220	350	540	870	1400	2200
120	180	1.2	2	3.5	5	8	12	18	25	40	63	100	160	250	400	630	1000	1600	2500
180	250	2	3	4.5	7	13	14	20	29	46	72	115	185	290	460	720	1150	1850	2900
250	315	2.5	4	6	8	12	16	23	32	52	81	130	210	320	520	810	1300	2100	3200
315	400	3	5	7	9	13	18	25	36	57	89	140	230	360	570	890	1400	2300	3600
400	500	4	6	8	10	15	20	27	40	63	97	155	250	400	630	970	1550	2500	4000

기준구멍	축의 공차역 클래스											
	헐거운 끼워 맞춤						중간 끼워맞춤			억지 끼워맞춤		
H 6					g5	h5	js5	k5	m5				
H 6				f6	g6	h6	js6	k6	m6	n6 (19)	p6 (19)		
H 7				f6	g6	h6	js6	k6	m6	p6 (19)	r6 (19)	s6	t6	u6	x6
			e7	f7		h7	js7						
H 8				f7		h7							
H 8			e8	f8		h8							
		d9	e9										
H 9		d8	e8			h8							
H 9	c9	d9	e9			h9							
	b9	c9	d9										

※ (19) 이들의 끼워맞춤은 치수의 구분에 따라 예외가 생긴다.

1.7.2. 표시

 구멍과 축의 표시는 구명의 경우는 지름을 나타내는 수치의 오른쪽에 영문 대문자의 구멍기호와 등급을 나타내는 숫자를 차례로 같은 크기로 쓴다(예 : 35H7). 또, 축의 표시는 지름을 나타내는 수치 오른쪽에 영문 소문자의 축기호 및 등급을 나타내는 숫자를 차례로 쓰되 숫자의 크기는 구명 표시의 경우와 같다(예 : 35e8).

[표 4] 축의 기초가 되는 치수허용차

기초가 되는 치수허용차 축종류		위의 치수허용차									-	아래의 치수허용차												
		a	b	c	cd	d	e	ef	f	fg	g	h	js	j			k		m	n	p	r	s	t	u	v	x	y
IT 등급별 치수구분(mm)		01~16												5-6	7	8	01~3	4~7	8~16	01~16								
초과	이하																											
-	3	-270	-140	-60	-34	-20	-14	-10	-6	-4	-2	0	(1) 기초가 되는 치수허용차는 없다	-2	-4	-6	0	0	0	+2	+4	+6	+10	+14	-	+18	-	+20	-
3	6			-70	-46	-30	-20	-14	-10	-6	-4									+4	+8	+12	+15	+19	-	+23	-	+28	-
6	10	-280		-80	-56	-40	-25	-18	-13	-8	-5			-2	-5		0	+1	0	+6	+10	+15	+19	-	+23	-	+28	-	+34
10	14	-290	-150	-95	-	-50	-32	-	-16	-	-6			-3	-6					+7	+12	+18	+23	+28	-	+33	-	+40	-
14	18																									+39	+45	-
18	24	-300	-160	-110	-	-65	-40	-	-20	-	-7			-4	-8					+8	+15	+22	+28	+35	-	+41	+47	+54	+63
24	30																								+41	+48	+55	+64	+75
30	40	-310	-170	-120	-	-80	-50	-	-25	-	-9			-5	-10		0	+2	0	+9	+17	+26	+34	+43	+48	+60	+68	+80	+94
40	50	-320	-180	-130																					+54	+70	+81	+97	+114
50	65	-340	-190	-140	-	-100	-60	-	-30	-	-10			-7	-12					+11	+20	+32	+41	+53	+66	+87	+102	+122	+144
65	80	-360	-200	-150																			+43	+59	+75	+102	+120	+145	+174
80	100	-380	-220	-170	-	-120	-72	-	-36	-	-12			-9	-15					+13	+20	+32	+51	+71	+91	+124	+146	+178	+214
100	120	-410	-240	-180																			+54	+79	+104	+144	+172	+210	+254
120	140	-460	-260	-200	-	-145	-85	-	-43	-	-14			-11	-18		0	+3	0	+15	+27	+43	+63	+92	+122	+170	+202	+248	+300
140	160	-520	-280	-210																			+65	+100	+134	+190	+228	+280	+340
160	180	-580	-310	-230																			+68	+108	+146	+210	+252	+310	+380
180	200	-660	-340	-240	-	-170	-100	-	-50	-	-15			-13	-21		0		0	+17	+31	+50	+77	+122	+166	+236	+284	+350	+425
200	225	-740	-380	-260																			+80	+130	+180	+258	+310	+385	+470
225	250	-820	-420	-280																			+84	+140	+196	+284	+340	+425	+520
250	280	-920	-480	-300	-	-190	-110	-	-56	-	-17			-16	-26			+4		+20	+34	+56	+94	+158	+218	+315	+385	+475	+580
280	315	-1050	-540	-330																			+98	+170	+240	+350	+425	+525	+650
315	355	-1200	-600	-360	-	-210	-125	-	-62	-	-18			-18	-28		0		0	+21	+37	+62	+108	+190	+268	+390	+475	+590	+730
355	400	-1350	-680	-400																			+114	+208	+294	+435	+530	+660	+820
400	450	-1500	-760	-440	-	-230	-135	-	-68	-	-20			-20	-32		0	+5	0	+23	+40	+68	+126	+232	+330	+490	+595	+740	+920
450	500	-1650	-840	-480																			+132	+252	+360	+540	+660	+820	+1000

이들 기호 중 H는 구멍의 최소허용치수가 기준치수와 동일한 구멍을 나타내며 h는 축의 최대허용치수가 축의 기준치수와 일치한 축을 표시한다. 그림 7은 구멍과 축의 종류를 나타내고 있다.

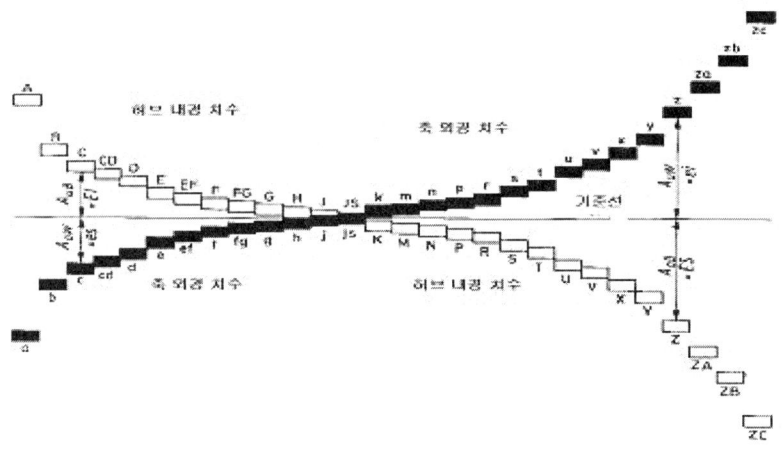

[그림 7] 구멍 및 축의 종류

[1] 축 및 구멍의 끼워맞춤 공차

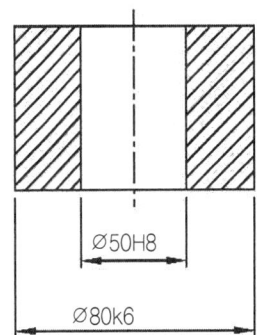

50, 80 : 내경, 외경의 호칭치수
H, k : 공차역의 위치
8, 6 : IT 품질등급

- 50H8

  표에서 호칭치수 범위 〉 30 ≤ 50 → 59um

- 80k6

  표에서 호칭치수 범위 〉 50 ⋯ ≤ 80 → T= 19um

- 표에서 50H8

    Ao = 39um, T = 39um, Au = 0um → $50_0^{+0.039}$

    G = 50,039, K= 50,000

- 표에서 80k6

    Ao = 21um, T = 19um, Au = 2um → $80_{+0.002}^{+0.021}$

    G = 80,021, K= 80,002

1.8. 상용하는 끼워맞춤의 적용

ISO 공차시스템의 끼워맞춤 조합가능성은 다음과 같다.

하나의 호칭치수에 대하여

① 내경 공차 : 25공차역 * 20품질등급 = 500개 조합

② 외경 공차 : 25공차역 * 20품질등급 = 500개 조합

그러나 조합의 수를 제한할 필요가 있으므로 끼워 맞춤면에 대하여 거의 같은 공차역 선정 후 경비가 적게 소요되는 축 외면 연마를 고려하여 축 외경면의 IT품질등급을 허브 내면 가공의 IT품질등급보다 1-2등급 낮게 책정한다. 또 다른 방법은 축 또는 허브 어느 한쪽을 기준으로 공차역의 위치를 정하고 나서 다른 쪽의 공차역을 적합하게 선정하여 원하는 끼워맞춤을 이행한다. 공차역 H 및 h는 허브 내경의 아래 치수차 및 외경의 위 치수차가 0이므로 구멍 및 축 기준 시스템의 대표 공차역 위치로 사용한다.

구멍기준 시스템의 경우 모든 구멍에 대하여 공차역의 위치 H를 정한다(KS H5 - H10). 구멍의 가공과 검사에는 소수의 공작기계 및 측정기만 필요하기 때문에 저비용이다. 축기준 시스템의 경우는 모든 축에 대하여 공차역 위치 h를 정한다(KS h4 - h9). 이 경우는 길고 매끄러운 축에 도르래, 치차, 풀리 등이 고정될 경우에 주로 사용하며 여러 개 공차역의 내경 검사를 위하여 측정기를 많이 구비해야 하며 비용의 부담이 커지게 된다.

[표 4] 일반적인 끼워 맞춤의 조합 추천

	기 준		특 징	사용 예
	구멍기준	축기준		
헐거운 끼워 맞춤	H11/a11	A11/h11	특별히 큰 틈새	브레이크축 베어링, 커플링 볼트
	H11/c11	C11/h9	큰 작동틈새	농기계베어링
	H11/d9	C11/h9	안전한 작동틈새	구름 및 안내베어링
	H9/d9	D10/h9	아주 넉넉한 틈새	농기계 및 긴 크레인축, 섬유기계스핀들
	H8/d9	E9/h9	충분한 틈새	차축부시, 나사 스핀들 베어링, 변속기축
	H8/c8	F8/h9	얇은 틈새	여러개 베어링에 지지된 축, 자동차 축부쉬
	H8/f7	F8/h7	더 얇은 틈새	엔진베어링, 원심 및 기어펌프, 피스톤
	H7/f7	F8/h6	더 얇은 틈새	공작기계 베어링, 치차축, 캠축
	H7/g6	C7/h6	아주 좁은 틈새	슬라이딩 커플링, 크랭크 베어링
	H11/h9	H11/h9	극히 좁은 틈새	간격조정부쉬
	H11/h11	H11/h11		
	H8/h9	H8/h9	힘 안 들이고 밀 수 있는	변속기 조정링, 슬라이딩치차, 커플링, 풀리
	H7/h6	H7/h6	손으로 밀 수 있는	피스톤핀, 커플링, 조정링의 중심잡기 플랜지
중간 끼워 맞춤	H7/j6	J7/h6	나무망치로 맞춤	자주 해체하고 끼우기 힘든 풀리
	H7/k6	K6/h6	망치로 맞춤	축위의 풀리, 커플링, 치차, 플라이휠, 맞춤키
	H7/n6	N7/h6	프레스 맞춤	감속기내의 베어링부쉬
억지 끼워 맞춤	H7/r6	R7/h6	보통 억지끼워맞춤	커플링보스, 하우징 및 바퀴의 베어링부쉬
	H7/s6	S7/h6		
	H8/x8	X8/h8	강한 억지끼워맞춤	치차, 회전차, 플라이휠의 보스
	H8/u8	U8/h8		

위 표들의 규격이 정하는 구멍과 축은 필요에 따라 임의로 조합하여 사용할 수 있다.

[표 6] 상용하는 구멍기준 끼워맞춤에서의 공차역의 상호관계

그림은 기준 치수 30mm의 경우를 표시한다

[표 7] 상용하는 축 기준 끼워맞춤에서의 공차역의 상호관계

① 상용하는 축 기준 끼워맞춤에서의 공차액의 상호관계(그림은 기준치수 30mm 의 경우)

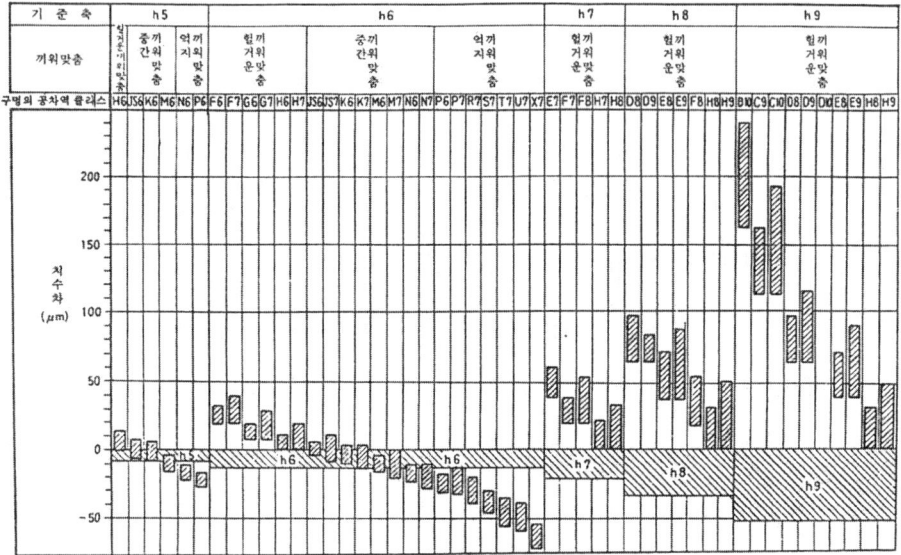

② 상용하는 축 기준 끼워맞춤에서의 공차액의 상호관계(그림은 기준치수 30mm 의 경우)

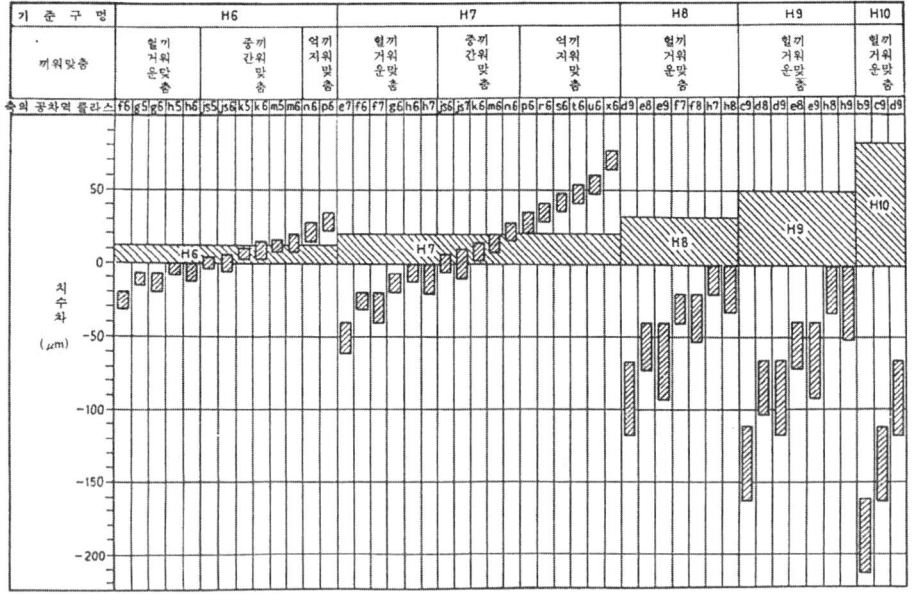

02>>> 기하 공차

2.1. 기하공차

다음 그림의 구멍과 축은 종래의 끼워맞춤 기호에 의한 도면을 보여주고 있으며 축이 구멍에 반드시 들어간다고 보장할 수는 없다. 이것은 두번째 그림에서 축의 구부러짐에 대한 규제가 없기 때문이다.

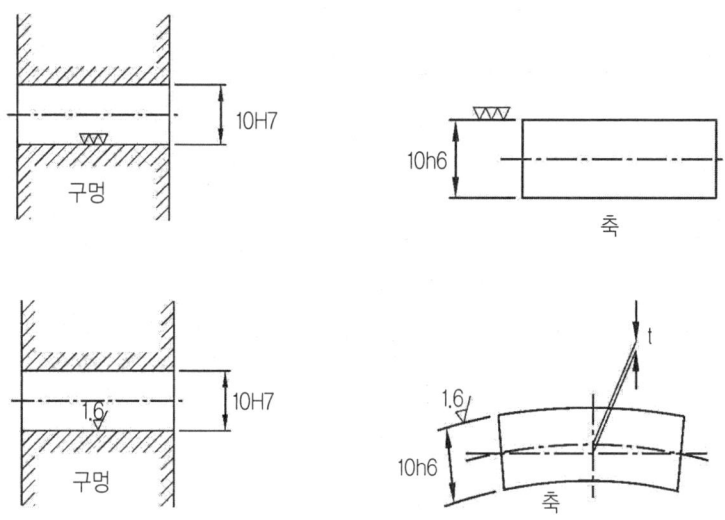

위의 그림에서 축의 구부러짐 정도를 규제해 주면 축은 구멍에 들어간다. 이러한 기하학적 형상에 대한 규제들을 기하공차라 하며 위의 경우는 기하공차 중 진직도 공차를 규제한 것이다.

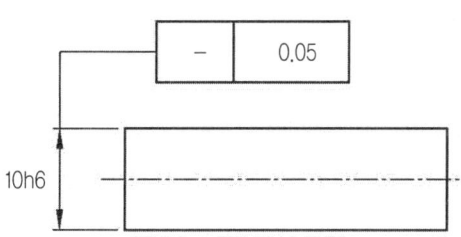

2.1.1. 기하공차의 종류 및 기호

① 진직도(Straightness) : 직선 부분의 기하학적 직선으로부터 어긋남의 크기

② 평면도(Flatness) : 평면 부분의 기하학적 평면으로부터 어긋남의 크기

③ 진원도(Circularity, Roundness) : 원형 부분의 기하학적 원으로부터 어긋남의 크기

④ 원통도(Cylindricity) : 원통 부분의 기하학적 원통면으로부터 어긋남의 크기

⑥ 선의 윤곽도(Profile of any line) : 이론적으로 정확한 치수에 의해 정해진 기하학적 윤곽으로부터 선 윤곽의 어긋남의 크기

⑦ 면의 윤곽도(Profile of any surface) : 이론적으로 정확한 치수에 의해 정해진 기하학적 윤곽으로부터 면 윤곽의 어긋남의 크기

⑧ 평행도(Parallelism) : 평행하여야 할 직선과 직선, 직선과 평면, 평면과 평면이 짝지워져 있을 대 그 중 한쪽을 기준으로 하여 이 기준직선, 기준평면과 평행한 기하학적 직선이나 면으로부터 어긋남의 크기

⑨ 직각도(Perpendicularity) : 직각이어야 할 직선과 직선, 직선과 평면, 평면과 평면이 짝지워져 있을 대 그 중 한쪽을 기준으로 하여 이 기준직선, 기준평면과 수직인 기하학적 직선이나 면으로부터 어긋남의 크기

⑩ 경사도(Angularity) : 이론적으로 정확한 각도를 이루고 있어야 할 부분들이 얼마만큼 어긋나 있는가를 나타내는 크기

⑪ 위치도(Position) : 점, 선, 직선, 평면 중 기준되는 부분 또는 다른 부분과 관련되어 정해진 이론적으로 정확한 위치로부터의 어긋남의 크기

⑫ 동축도(Concentricity) : 기준 축선과 동일 축선 상에 있어야 할 축선이 기준 축으로부터 얼마만큼 어긋나 있는지를 나타내는 크기

⑬ 대칭도(Symmetry) : 기준 축선 또는 기준 평면에 대해 서로 대칭이어야 할 물체가 대칭위치로부터 어긋남의 정도

⑭ 흔들림(Run-Out) : 기준축선 둘레에 축을 회전시키는 경우 고정점에 대해 그 표면이 지정된 방향으로 변위하는 크기

적용되는 형체	공차의 종류		기 호
단독형체	형상공차	진직도 공차	▬
		평면도 공차	▱
		진원도 공차	○
		원통도 공차	⌭
단독형체 또는 관련 형체		선의 윤곽도 공차	⌒
		면의 윤곽도 공차	⌓
관련형체	자세공차	평행도 공차	∥
		직각도 공차	⊥
		경사도 공차	∠
	위치공차	위치도 공차	⊕
		동축도 공차 또는 동심도 공차	◎
		대칭도 공차	═
	흔들림공차	원주 흔들림 공차	↗
		전 흔들림 공차	⌰

- 공차역의 정의란에서 사용하고 있는 선은 다음의 뜻을 나타내고 있다.
- 굵은 실선 또는 파선 : 형체, 가는 1점 쇄선 : 중심선
- 굵은 1점 쇄선 : 데이텀, 가는 2점 쇄선 : 보충하는 투상면 또는 절단면
- 가는 실선 또는 파선 : 공차역, 굵은 2점 쇄선 : 보충하는 투상면 또는 절단면에서의 형체의 투상

공차의 정의	도시보기와 그 해석

1. 진직도 공차

(1) 선의 직진도 공차

공차역은 한 개의 평면에 투상되었을 때에는, t만큼 떨어진 두 개의 평행한 직선 사이에 끼인 영역이다. 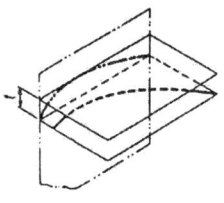	지시선의 화살포로 나타낸 직선은, 화살표 방향으로 0.1mm만큼 떨어진 두 개의 평행한 평면 사이에 있어야 한다. 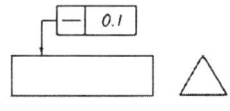

(2) 표면의 요소로서의 선의 진직도 공차

공차역은, 지정된 방향의 절단면 내에서 t만큼 떨어진 두 개의 평행한 직선 사이에 끼인 영역이다. 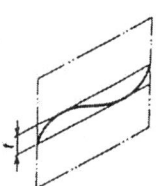	지시선의 화살표로 나타낸 면을, 공차 기입틀을 표시한 도형의 투상면에 평행한 임의의 평면으로 절단했을 때, 그 절단면에 나타난 선이, 화살표 방향으로 0.1mm만큼 떨어진 두 개의 평행한 직선 사이에 있어야 한다. 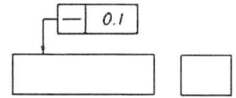
특히 축 대칭물의 형체에 대하여는, 그 축선을 포함하는 평면 위에 있어서의 것이다. 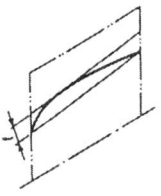	지시선의 화살표로 나타내는 원통면 위의 임의의 모선은, 그 원통의 축선을 포함하는 평면 내에 있어서 0.1mm만큼 떨어진 두 개의 평행한 직선 사이에 있어야 한다. 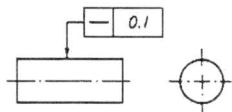 지시선의 화살표로 나타내는 원통면의 임의의 모선 위에서 임의로 선택한 길이 200mm의 부분은 축선을 포함하는 평면 내에서 있어야 0.1mm만큼 떨어진 두 개의 평행한 직선 사이에 있어야 한다. 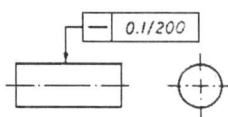

공차의 정의	도시보기와 그 해석
(3) 축선의 진직도 공차 공차역의 지정이 서로 직각인 두 방향에서 실시되고 있는 경우에는, 이 공차역은 단면 $t_1 \times t_2$의 직 6면체 안의 영역이다. 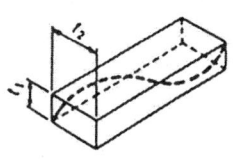	이 각봉의 축선은, 지시선의 화살표로 나타내는 방향으로 각각 0.1mm 및 0.2mm의 나비를 갖는 직 6면체 내에 있어야 한다. 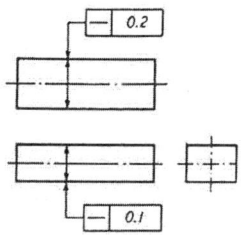
공차역을 표시하는 수치 앞에 기호 ψ 가 붙어 있는 경우에는 이 공차역은 지름 t의 원통안의 영역이다. 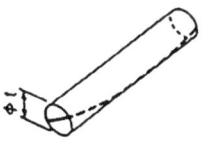	원통의 지름을 나타내는 치수에 공차 기입틀이 연결되어 있는 경우에는, 그 원통의 축선은 지름 0.08mm의 원통 내에 있어야 한다. 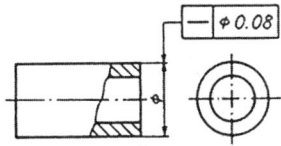
2. 평면도 공차 공차역은 t만큼 떨어진 두 개의 평행한 평면 사이에 끼인 영역이다. 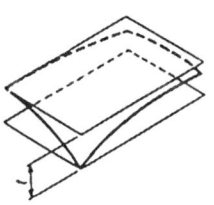	이 표면은 0.08mm만큼 떨어진 두 개의 평행한 평면 사이에 있어야 한다. 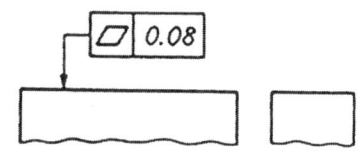
3. 진원도 공차 대상으로 하고 있는 평면내에서의 공차역은 t만큼 떨어진 두 개의 동심원 사이의 영역이다. 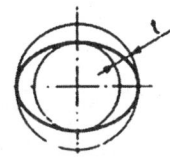	바깥지름면의 임의의 축직각 단면에 있어서의 바깥둘레는, 동일 평면 위에서 0.03mm만큼 떨어진 두 개의 동심원 사이에 있어야 한다. 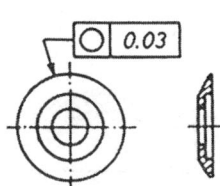

공차의 정의	도시보기와 그 해석
	임의의 축직각 단면에 있어서의 바깥둘레는 동일 평면 위에서 0.1mm 만큼 떨어진 두 개의 동심원 사이에 있어야 한다. 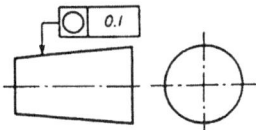

4. 원통도 공차

공차역은 t만큼 떨어진 두 개의 동축원통면 사이의 영역이다. 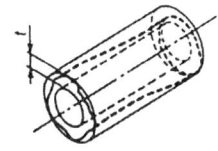	대상으로 하고 있는 면은, 0.1mm 만큼 떨어진 두 개의 동축원통면 사이에 있어야 한다. 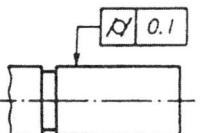

5. 선의 윤곽도 공차

(1) 단독 형체의 선의 윤곽도 공차

공차역은 이론적으로 정확한 윤곽선 위에 중심을 두는 지금 t의 원이 만드는 두 개의 포락선 사이에 끼인 영역이다. 	투상면에 평행한 임의의 단면에서 대상으로 하고 있는 윤곽은, 이론적으로 정확한 윤곽을 갖는 선 위에 중심을 두는 지름 0.04mm의 원이 만드는 두 개의 포락선 사이에 있어야 한다. 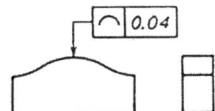

(2) 관련 형체의 선의 윤곽도 공차

공차역은 데이텀에 관련하여 이론적으로 정확한 윤곽선 위에 중심을 두는 지름 t의 원이 만드는 두 개의 포락선 사이에 끼인 영역이다. 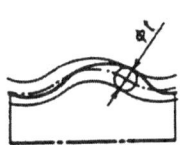	투상면에 평행한 임의의 단면에서 대상으로 하고 있는 윤곽선, 데이텀 평면 A에 관련하여 이론적으로 정확한 윤곽을 갖는 선 위에 중심을 두는 지름 0.04mm의 원이 만드는 두 개의 포락선 사이에 있어야 한다. 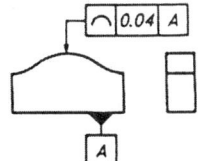

공차의 정의	도시보기와 그 해석

6. 면의 윤곽도 공차

(1) 단독 형체의 면의 윤곽도 공차

공차역은 이론적으로 정확한 윤곽면 위에 중심을 두는 지름 t의 구가 만드는 두 개의 포락면 사이에 끼인 영역이다.	대상으로 하고 있는 면은, 이론적으로 정확한 윤곽을 갖는 면 위에 중심을 두는 지름 0.02mm의 구가 만드는 두 개의 포락면 사이에 있어야 한다.
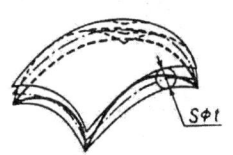	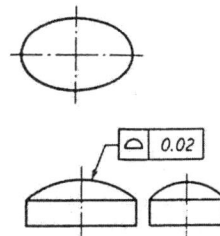

(2) 관련 형체의 면의 윤곽도 공차

공차역은 데이텀에 관련하여 이론적으로 정확한 윤곽면 위에 중심을 두는 지금 t의 구가 만드는 두 개의 포락면 사이에 끼인 영역이다.	대상으로 하고 있는 면은, 데이텀 A에 관련하여 이론적으로 정확한 윤곽을 갖는 면 위에 중심을 두는 지름 0.02mm의 구가 만드는 두 개의 포락면 사이에 있어야 한다.
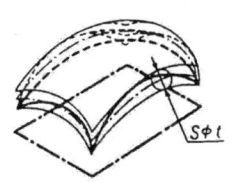	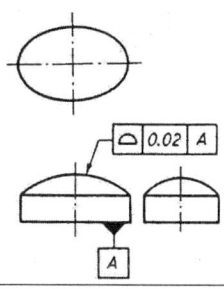

7. 평행도 공차

(1) 데이텀 직선에 대한 선의 평행도 공차

공차역은 한 개의 평면에 투상되었을 때에는 데이텀 직선에 평행하고 t만큼 떨어진 두 개의 평행한 직선 사이에 끼인 영역이다.	지시선의 화살표로 나타내는 축선은, 데이텀 축직선 A에 평행하고 또한, 지시선의 화살표 방향(수직한 방향)에 있는 0.1mm만큼 떨어진 두 개의 평면 사이에 있어야 한다.
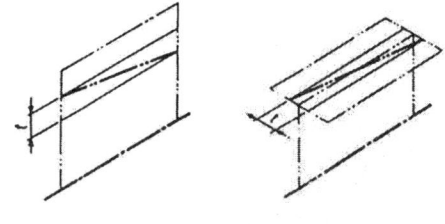	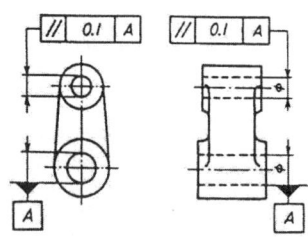

공차의 정의	도시보기와 그 해석
	지시선의 화살표로 나타내는 축선은, 데이텀 축직선 A에 평행하고 또한, 지시선의 화살표 방향(수평한 방향)에 있는 0.1mm 만큼 떨어진 두 개의 평면 사이에 있어야 한다. 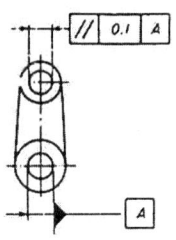
공차의 지정이 서로 직각인 두 개의 평면에 실시되고 있는 경우에는 이 공차역은 단면이 $t_1 \times t_2$이고, 데이텀 직선에 평행한 직 6면체 안이 영역이다. 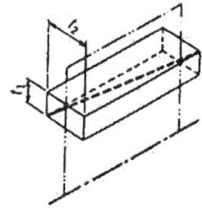	지시선의 화살표로 나타내는 축선은 각각의 지시선의 화살표 방향, 즉 수평방향으로 0.2mm, 수직방향으로 0.1mm의 나비를 갖고 데이텀 축직선 A에 평행한 직 6면체 내에 있어야 한다. 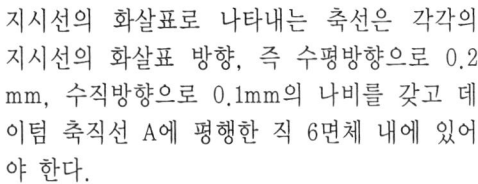
공차를 나타내는 수치 앞에 기호 ψ 가 붙어있는 경우에는 이 공차역은 데이텀 직선에 평행한 지름 t의 원통 안에 영역이다. 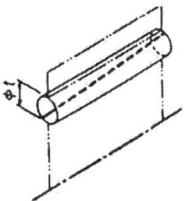	지시선의 화살표로 나타내는 축선은 데이텀 축직선 A에 평행한 지름 0.03mm의 원통내에 있어야 한다. 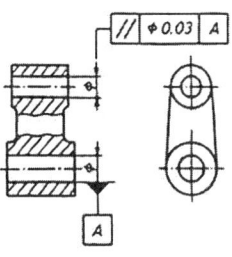

공차의 정의	도시보기와 그 해석
(2) 데이텀 평면에 대한 선의 평행도 공차	
공차역은 데이텀 평면에 평행하고 서로 t만큼 떨어진 두 개의 평행한 평면사이에 끼인 영역이다. 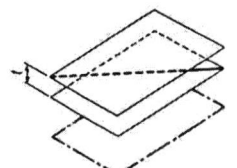	지시선의 화살표로 나타내는 축선은 데이텀평면 B에 평행하고, 또한, 지시선의 화살표 방향으로 0.01mm만큼 떨어진 두 개의 평면사이에 있어야 한다. 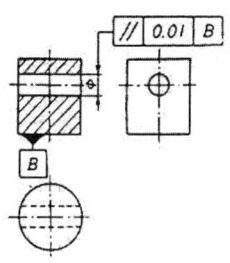
(3) 데이텀 직선에 대한 면의 평행도 공차	
공차역은 데이텀 직선에 평행하고 t만큼 떨어진 두 개의 평행한 평면 사이에 끼인 영역이다. 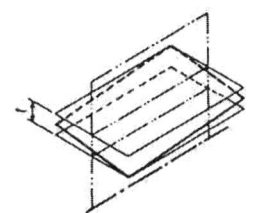	지시선의 화살표로 나타내는 면은 데이텀 축직선 C에 평행하고 또한, 지시선의 화살표 방향으로 0.1mm만큼 떨어진 두 개의 평면 사이에 있어야 한다. 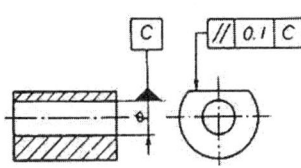
(4) 데이텀 평면에 대한 면의 평행도 공차	
공차역은 데이텀 평면에 평행하고 t만큼 떨어진 두 개의 평행한 평면 사이에 끼인 영역이다. 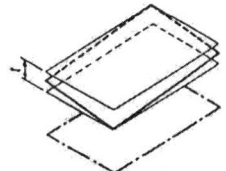	지시선의 화살표로 나타내는 면은 데이텀 평면 A에 평행하고 또한, 지시선의 화살표 방향으로 0.01mm만큼 떨어진 두 개의 평면 사이에 있어야 한다. 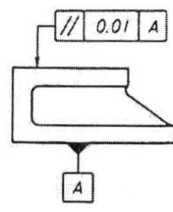

공차의 정의	도시보기와 그 해석
	지시선의 화살표로 나타내는 면 위에서 임의로 선택한 길이 100mm 위의 모든 점은 데이텀 평면 A에 평행하고 또한, 지시선의 화살표 방향으로 0.01mm 만큼 떨어진 두 개의 평면 사이에 있어야 한다. 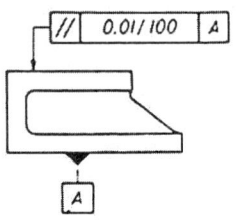

8. 직각도 공차

(1) 데이텀 직선에 대한 선의 직각도 공차

| 공차역은 한 평면에 투상되었을 때에는 데이텀 직선에 수직하고 t만큼 떨어진 두 개의 평행한 직선 사이에 끼인 영역이다.
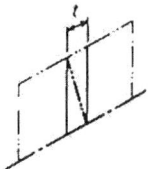 | 지시선의 화살표로 나타내는 경사진 구멍의 축선은, 데이텀 축직선 A에 수직하고 또한, 지시선의 화살표 방향으로 0.06mm 만큼 떨어진 두 개의 평행한 평면 사이에 있어야 한다.
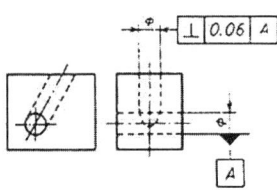 |

(2) 데이텀 평면에 대한 선의 직각도 공차

| 공차의 지정이 한 방향에만 실시되어 있는 경우에는, 한 평민에 투상된 공차역은 데이텀 평면에 수직하고 t만큼 떨어진 두 개의 평행한 직선 사이에 끼인 영역이다.
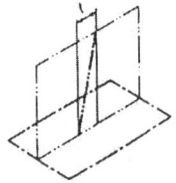 | 지시선의 화살표로 나타내는 원통의 축선은 데이텀 평면에 수직하고 또한, 지시선의 화살표 방향으로 0.2mm 만큼 떨어진 두 개의 평행한 평면 사이에 있어야 한다.
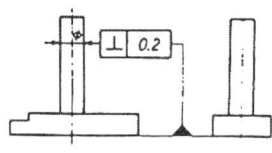 |

공차의 정의	도시보기와 그 해석
(3) 데이텀 평면에 대한 선의 직각도 공차	
공차의 지정이 서로 직각인 두 방향으로 실시되어 있는 경우에는, 이 공차역은 단면이 $t_1 \times t_2$이고, 데이텀 평면에 수직한 직 6면체 안의 영역이다. 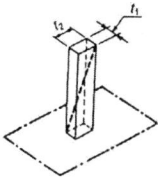	지시선의 화살표로 나타내는 원통의 축선은, 각각의 지시선의 화살표 방향으로 각각 0.2mm, 0.1mm의 나비를 갖고 데이텀 평면에 수직한 직 6면체 내에 있어야 한다. 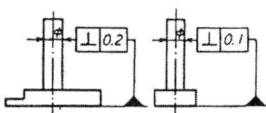
공차를 나타내는 수치앞에 기호 ψ 가 붙어 있는 경우에는, 이 공차역은 데이텀 평면에 수직한 지름 t의 원통안의 영역이다. 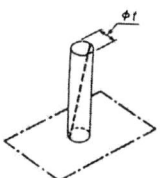	지시선의 화살표로 나타내는 원통의 축선은 데이텀 평면 A에 수직한 지름 0.01mm의 원통 내에 있어야 한다. 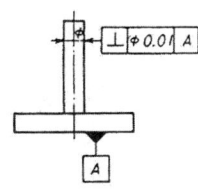
(4) 데이텀 직선에 대한 면의 직각도 공차	
공차역은 데이텀 직선에 수직하고 t만큼 떨어진 두 개의 평행한 평면 사이에 끼인 영역이다. 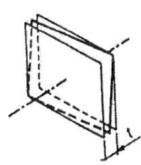	지시선의 화살표로 나타내는 면은 데이텀 축직선 A에 수직하고 또한, 지시선의 화살표 방향으로 0.08mm만큼 떨어진 두 개의 평행한 평면 사이에 있어야 한다. 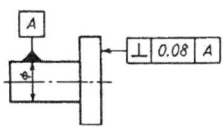
(5) 데이텀 평면에 대한 면의 직각도	
공차역은 데이텀 평면에 수직하고 t만큼 떨어진 두 개의 평행한 평면 사이에 끼인 영역이다. 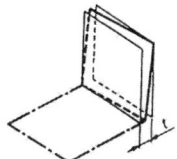	지시선의 화살표로 나타내는 면은, 데이텀 평면 A에 수직하고 또한, 지시선의 화살표 방향으로 0.08mm만큼 떨어진 두 개의 평행한 평면 사이에 있어야 한다. 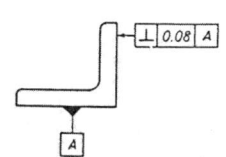

공차의 정의	도시보기와 그 해석

9. 경사도 공차

(1) 데이텀 직선에 대한 선의 경사도 공차

① 동일 평면내의 선과 데이텀 직선 한 평면에 투상되었을 때의 공차역은 데이텀 직선에 대하여 지정된 각도로 기울고, t만큼 떨어진 두 개의 평행한 직선 사이에 끼인 영역이다.

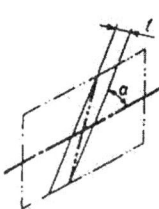

지시선의 화살표로 나타낸 구멍의 축선은, 데이텀 축직선 A-B에 대하여 이론적으로 정확하게 60° 기울고, 지시선의 화살표 방향으로 0.08mm 만큼 떨어진 두 개의 평행한 평면 사이에 있어야 한다.

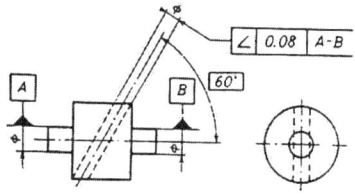

② 동일 평면내에 있는 않는 선과 데이텀 직선 대상으로 하고 있는 선과 데이텀 직선이 동일 평면위에 있지 않는 경우에는, 이 공차역은 데이텀 직선을 포함하고 대상으로 하고 있는 선에 평행한 평면에 대상으로 하고 있는 선을 투상했을 때, 데이텀 직선에 대하여 지정된 각도로 기울고, t만큼 떨어진 두 개의 평행한 직선 사이에 끼인 영역이다.

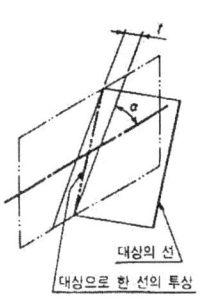

대상의 선
대상으로 한 선의 투상

데이텀 축직선 A-B를 포함하고 지시선의 화살표로 나타낸 구멍의 축선에 평행한 평면에는 구멍의 축선의 투상은, 데이텀 축직선 A-B에 대하여 이론적으로 정확하게 60° 기울고, 지시선의 화살표 방향으로 0.08mm 만큼 떨어진 두 개의 평행한 직선 사이에 있어야 한다.

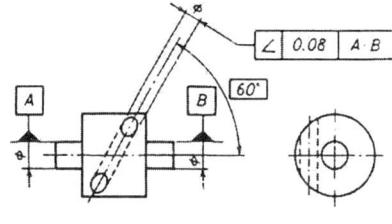

공차의 정의	도시보기와 그 해석
(2) 데이텀 평면에 대한 선의 경사도 공차	
한 평면에 투상된 공차역은, 데이텀 평면에 대하여 지정된 각도로 기울고, t만큼 떨어진 두 개의 평행한 직선사이에 끼인 영역이다. 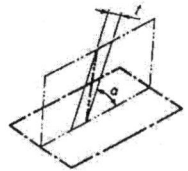	지시선의 화살표로 나타내는 원통의 축선은, 데이텀 평면에 대하여 이론적으로 정확하게 80° 기울고, 지시선의 화살표 방향으로 0.08mm 만큼 떨어진 두 개의 평행한 평면사이에 있어야 한다. 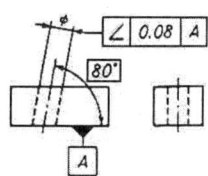
(3) 데이텀 직선에 대한 면의 경사도 공차	
공차역은 데이텀 직선에 대하여 지정된 각도로 기울고, t만큼 떨어진 두 개의 평행한 평면사이에 끼인 영역이다. 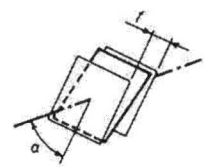	지시선의 화살표로 나타내는 면은 데이텀 축직선 A에 대하여 이론적으로 정확하게 75° 기울고, 지시선의 화살표 방향으로 0.08mm만큼 떨어진 두 개의 평행한 평면사이에 있어야 한다. 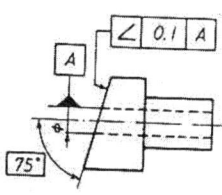
(4) 데이텀 평면에 대한 면의 경사도 공차	
공차역은 데이텀 평면에 대하여 지정된 각도로 기울고, 서로 t만큼 떨어진 두 개의 평행한 평면사이에 끼인 영역이다. 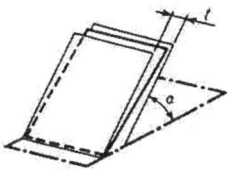	지시선의 화살표로 나타내는 면은, 데이텀 평면 A에 대하여 이론적으로 정확하게 40° 기울고, 지시선의 화살표 방향으로 0.08mm만큼 떨어진 두 개의 평행한 평면사이에 있어야 한다. 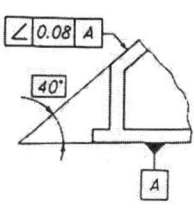

공차의 정의	도시보기와 그 해석

10. 위치도 공차

(1) 축선의 진직도 공차

공차역은 대상으로 하고 있는 점의 이론적으로 정확한 위치(이하 진위치라 한다)를 중심으로 하는 지름 t의 원 안 또는 구 안의 영역이다.  	지시선의 화살표로 나타낸 점은, 데이텀 직선 A로부터 60mm, 데이텀 직선 B로부터 100mm 떨어진 진위치를 중심으로 하는 지름 0.03mm의 원안에 있어야 한다. 또한, 이 그림 보기의 경우는 데이텀 직선 A,B의 우선 순위는 없다. 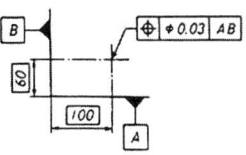 ▶그림에 나타나 있는 면에 수직 방향의 두께를 고려할 때에는 여기에서 설명한 원은 원통이 되고, 점은 선이 된다. 지시선의 화살표로 나타낸 구의 중심은, 데이텀 축직선 A의 선 위에서 데이텀 평면 B로부터 14mm 떨어진 진위치에 중심을 갖는 지름 0.3mm의 구안에 있어야 한다. 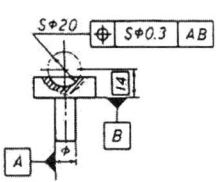

(2) 선의 위치도 공차

공차의 지정이 한 방향에만 실시되어 있는 경우의 선의 위치도의 공차역은, 진위치에 대하여 대칭으로 배치하고 t만큼 떨어진 두 개의 평행한 직선 사이 또는 두 개의 평행한 평면 사이에 끼인 영역이다. 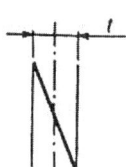	지시선의 화살표로 나타낸 각각의 선은, 그들 직선의 진위치로서 지정된 직선에 대하여 대칭으로 배치되고 0.05mm의 간격을 갖는 두 개의 평행한 직선 사이에 있어야 한다. 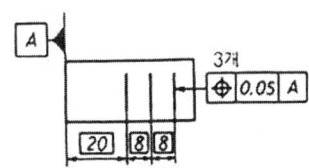

공차의 정의	도시보기와 그 해석
(3) 데이텀 평면에 대한 선의 직각도 공차	
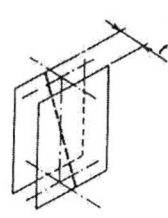 공차역의 지정이 서로 직각인 두 방향으로 실시되어 있는 경우의 선의 위치도의 공차역은, 진위치를 축선으로 하는 단면 $t_1 \times t_2$인 직 6면체 안의 영역이다. 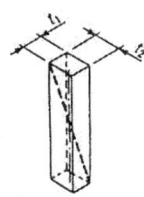 공차를 나타내는 수치앞에 기호 ψ가 붙어있는 경우의 선의 위치도의 공차역은 진위치를 축선으로 하는 지름 t인 원통 안의 영역이다. 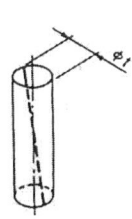	지시선의 화살표로 나타낸 축선은, 데이텀 평면 A로부터 100mm만큼 떨어진 진위치에 있어서 지시선의 화살표로 나타낸 방향에 대칭으로 0.08mm의 간격을 갖는 vudgodg나 두 개의 평면사이에 있어야 한다. 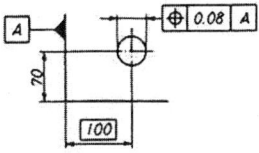 지시선의 화살표로 나타낸 축선은 데이텀 평면 A로부터 100mm, 데이텀평면 B로부터 85mm 떨어진 진위치에 있어서 지시 선의 화살표로 나타낸 방향에 대칭으로 0.05mm, 및 0.02mm의 간격을 갖는 두 쌍의 평행한 두 개의 평면으로 둘러싸인 직 6면체안에 있어야 한다. 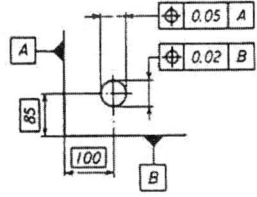 지시선의 화살표로 나타낸 축선은 데이텀 평면 A 위에 있어서, 데이텀 평면 B로부터 85mm, 데이텀 평면 C로부터 100mm의 진위치를 지나고, 데이텀 평면 A에 수직한 직선을 축선으로 하는 지름 0.08mm인 원통안에 있어야 한다. 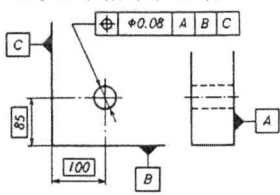 지시선의 화살표로 나타낸 8개의 구멍의 축선 상호간의 관계위치는 서로 30mm 떨어진 진위치를 축선으로 하는 지름 0.08mm인 원통안에 있어야 한다. 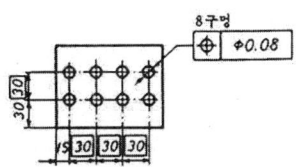

공차의 정의	도시보기와 그 해석
(4) 면의 위치도 공차 공차역은 대상으로 하고 있는 면의 진위치에 대하여 대칭으로 배치되고, t만큼 떨어진 두 개의 평행한 평면 사이에 끼인 영역이다. 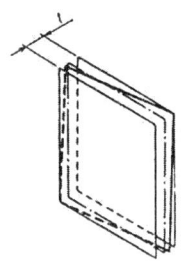	지시선의 화살표로 나타낸 평면은, 데이텀 축직선 B의 선위에서 데이텀 평면 A로부터 35mm 떨어진 위치에 있어서 데이텀 축직선 B에 대하여 105° 기울어진 진위치에 대하여 지시선의 화살표 방향에 대칭으로 0.05mm의 간격을 갖는 평행한 두 개의 평면 사이에 있어야 한다. 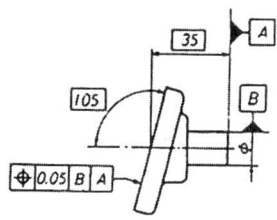

11. 동축도 공차 또는 동심도 공차

(1) 동축도 공차

공차를 나타내는 수치 앞에 기호 ψ 가 붙어있는 경우에는 이 공차역은 데이텀 축직선과 일치한 축선을 갖는 지름 t의 원통 안의 영역이다. 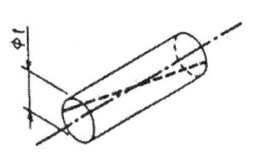	지시선의 화살표로 나타낸 축선은 데이텀 축직선 A-B를 축선으로 하는 지름 0.08mm인 원통 안에 있어야 한다. 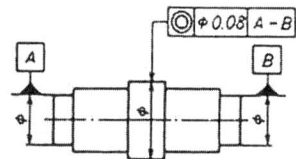

(2) 동심도 공차

공차역은 데이텀 점과 일치하는 점을 중심으로 한 지름 t인 원 안의 영역이다. 	지시선의 화살표로 나타낸 원의 중심은 데이텀 점 A를 중심으로 하는 지름 0.01mm인 원 안에 있어야 한다. 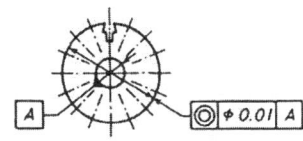

공차의 정의	도시보기와 그 해석

12. 대칭도 공차

(1) 데이텀 중심 평면에 대한 면의 대칭도 공차

공차역은 데이텀 중심 평면에 대하여 대칭으로 배치되고, 서로 t만큼 떨어진 두 개의 평행한 평면사이에 끼인 영역이다.	지시선의 화살표로 나타낸 중심면은 데이텀 중심 평면A에 대칭으로 0.08mm의 간격을 갖는 평행한 두 개의 평면 사이에 있어야 한다.
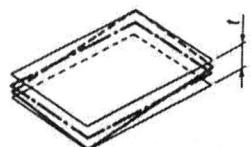	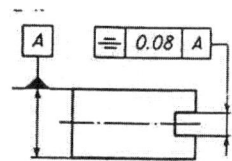

(2) 데이텀 중심 평면에 대한 선의 대칭도 공차

공차의 지정이 한 방향에만 실시되어 있는 경우에는, 이 공차역은 데이텀 중심 평면에 대하여 대칭으로 배치되고 서로 t만큼 떨어진 두 개의 평행한 평면사이에 끼인 영역이다.	지시선의 화살표로 나타낸 축선은 데이텀 중심 평면 A-B에 대칭으로 0.08mm의 간격을 갖는 평행한 두 개의 평면 사이에 있어야 한다.
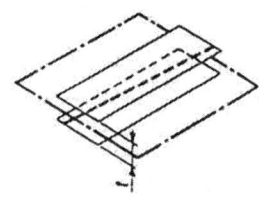	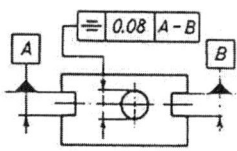

(3) 데이텀 직선에 대한 면의 대칭도 공차

공차역은 데이텀 직선에 대하여 대칭으로 배치되고, t만큼 떨어진 두 개의 평행한 평면사이에 끼인 영역이다.	지시선의 화살표로 나타낸 중심면은, 데이텀 축직선 A에 대칭으로 0.1mm의 간격을 갖는 평행한 두 개의 평면사이에 있어야 한다.
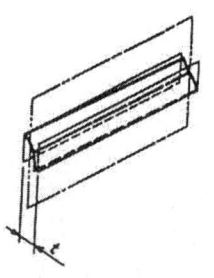	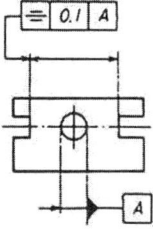

공차의 정의	도시보기와 그 해석

(4) 데이텀 직선에 대한 선의 대칭도 공차

공차의 지정이 서로 직각인 두 방향으로 실시되어 있는 경우에는, 이 공차역은 데이텀 직선(보기를 들면 두 개의 데이텀 평면의 교선)과 일치하는 선을 축선으로 한 단면 $t_1 \times t_2$의 직 6면체 안의 영역이다.	지시선의 화살표로 나타낸 축선은 데이텀 중심 평면 A-B에 대칭으로 0.08mm, 데이텀 중심 평면 C에 대칭으로 0.1mm의 간격을 갖는 두 쌍의 평행한 두 개의 평면으로 둘러싸인 직 6면체 안에 있어야 한다.
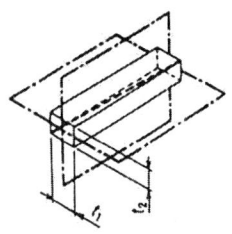	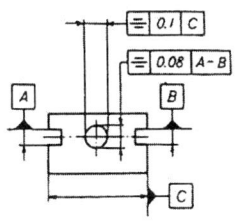

13. 원주 흔들림 공차

(1) 반지름 방향의 원주 흔들림 공차

공차역은 데이텀 축직선에 수직한 임의의 측정 평면 위에서 데이텀 축직선과 일치하는 중심을 갖고, 반지름 방향으로 t만큼 떨어진 두 개의 동심원 사이의 영역이다. 흔들림은 일반으로는 축선의 둘레의 완전한 1회전에 대하여 적용되나, 1회전 중의 일부분에 적용을 한정할 수도 있다.	지시선의 화살표로 나타내는 원통면의 반지름 방향의 흔들림은, 데이텀 축직선 A-B에 관하여 1회전 시켰을 때, 데이텀 축직선에 수직한 임의의 측정 평면 위에서 0.1mm를 초과해서는 안된다.
	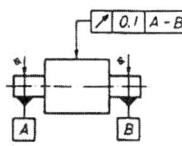
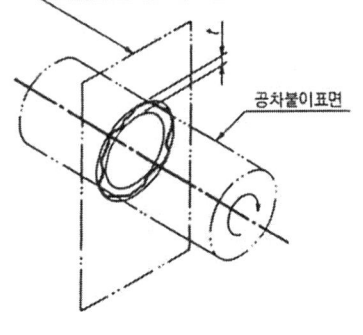	지시선의 화살표로 나타내는 원통면의 일부분[그림(a)에서는 굵은 1점 쇄선으로 나타내는 범위, 그림(b)에서는 부채꼴의 원통부분]의 반지름 방향의 흔들림은, 공차붙이 형체부분을 데이텀 축직선 A에 관하여 회전 시켰을 때, 데이텀 축직선에 수직한 임의의 측정 평면 위에서 0.2mm를 초과해서는 안된다.
	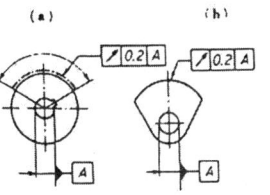

공차의 정의	도시보기와 그 해석
(2) 축방향의 원주 흔들림 공차	
공차역은 임의의 반지름 방향의 위치에 있어서 데이텀 축직선과 일치하는 축선을 갖는 측정 원통위에 있고, 축방향으로 t만큼 떨어진 두 개의 원사이에 끼인 영역이다. 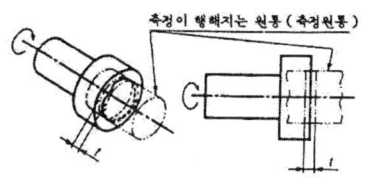	지시선의 화살표로 나타내는 원통측면의 축방향의 흔들림은, 데이텀 축직선 D에 관하여 1회전 시켰을 때, 임의의 측정위치(측정 원통면)에서 0.1mm를 초과해서는 안된다. 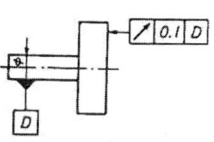
(3) 경사진 법선방향의 원주 흔들림 공차	
공차역은 데이텀 축직선과 일치하는 축선을 가지며, 그 원추면이 공차붙이 형체면과 직교하는 임의의 측정 원추면위에 있고, 면에 따라 t만큼 떨어진 두 개의 원 사이에 끼인 영역이다. 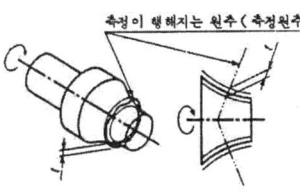 비고 : 특별히 시시 선에 의하여 측정방향의 지정이 없는 경우에 적용하며, 측정 방향은 표면에 대하여 수직방향이다.	지시선의 화살표로 나타낸 축선은 데이텀 중심 평면 A-B에 대칭으로 0.08mm의 간격을 갖는 평행한 두 개의 평면 사이에 있어야 한다. 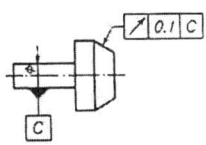 곡면 위의 모든 점의 접선에 수직한 방향의 이 곡면의 흔들림은 데이텀 축직선 C에 관하여 1회전 시켰을 때, 임의의 측정 원추면 0.1mm를 초과해서는 안된다. 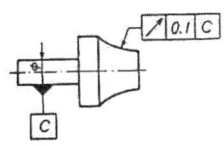
(4) 지정 방향의 원주 흔들림 공차	
공차역은 데이텀 축직선과 일치하는 축선을 가지며, 그 원추면이 지정된 방향을 갖는 임의의 측정 원추면 위에 있고, 면에 따라 t만큼 떨어진 두 개의 원사이에 끼인 영역이다.	데이텀 축직선과 α의 각도를 이루는 방향의 이 곡면의 흔들림은 데이텀 축직선 C에 관하여 1회전 시켰을 때 임의의 측정 원추면 위에서 0.1mm를 초과해서는 안된다. 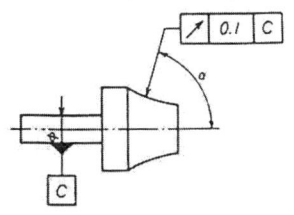

공차의 정의	도시보기와 그 해석

14. 온 흔들림 공차

(1) 반지름 방향의 온 흔들림 공차

공차역은 데이텀 축직선과 일치하는 축선을 갖고, 반지름 방향으로 t만큼 떨어진 두 개의 동축 원통 사이의 영역이다. 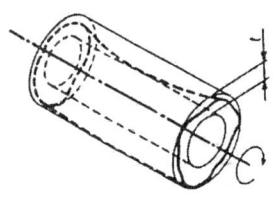	지시선과 화살표로 나타낸 원통면의 반지름 방향의 온 흔들림은, 이 원통부분과 측정기구 사이에서 축선 방향으로 상대 이동시키면서, 데이텀 축직선 A-B에 관하여 원통 부분을 회전시켰을 때, 원통 표면 위의 임의의 점에서 0.1mm를 초과해서는 안된다. 측정기구 또는 대상물의 상대 이동은, 이론적으로 정확한 윤곽선이 따르고, 데이텀 축직선에 대하여 정확한 위치에서 실시되어야 한다. 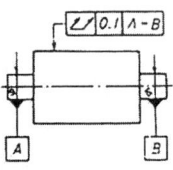

(2) 축 방향의 온 흔들림 공차

공차역은 데이텀 축직선에 수직하고, 데이텀 축직선 방향으로 t만큼 떨어진 두 개의 평행한 평면 사이에 끼인 영역이다. 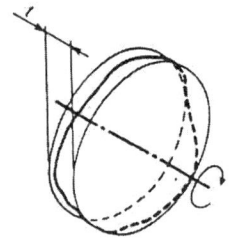	지시선에 화살표로 나타낸 원통 측면의 축 방향의 온 흔들림은, 이 측면과 측정기구 사이에서 반지름 방향으로 상대 이동시키면서, 데이텀 축직선 D에 관하여 원통 측면을 회전시켰을 때, 원통 측면 위 임의의 점에서 0.1mm를 초과해서는 안된다. 측정기구 또는 대상물의 상대 이동은 이론적으로 정확한 윤곽선에 따르고, 데이텀 축직선에 대하여 정확한 위치에서 실시되어야 한다. 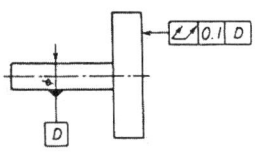

03 >>> 표면 거칠기

3.1. 표면 거칠기의 개요

제품의 표면에 생긴 작은 구간에서의 요철을 표면 거칠기(surface roughness)라 하며 이것은 공작기계나 비트의 변형, 진동 등에 의해 발생한다. 표면 거칠기가 작을수록 다듬질의 정도가 높은 것이 된다.

표면 거칠기를 나타내는 방법에는 여러 가지가 있으며 KS 규격에서는 최대높이(Rmax), 10점 평균 거칠기(Rz), 중심선 평균 거칠기(Ra)의 3가지를 규정하고 있다.

3.2. 표면 거칠기 기호의 표시방법

3.2.1. 도면 기입방법의 기본

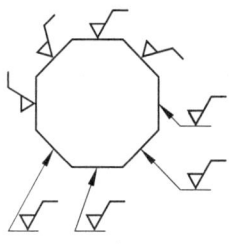
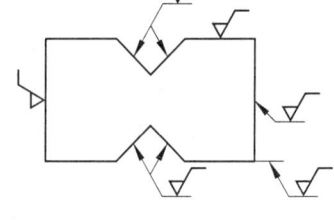
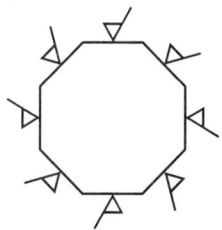
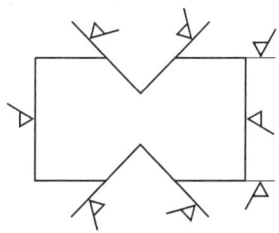

3.2.2. 면의 지시 기호에 대한 각 지시사항의 위치

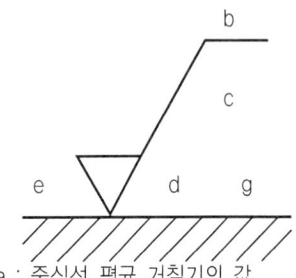
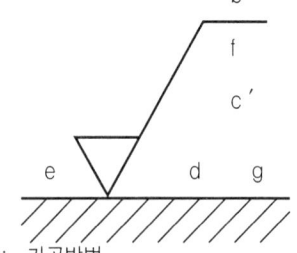

a : 중심선 평균 거칠기의 값　　　　　　　b : 가공방법
c´ : 기준길이　　　　　　　　　　　　　　d : 줄무늬 방향의 기호
f : 중심선 평균 거칠기 이외의 표면 거칠기의 값　g : 표면 파상도(ks B 0610에 따른다)

[표 8] 줄무늬 방향의 기호

기호	=	T	X	M	C	R
설명도						
의미	가공으로 생긴 줄무늬 방향이 기호를 기입한 그림의 투상면에 평행	가공으로 생긴 줄무늬 방향이 기호를 기입한 그림의 투상면에 직각	가공으로 생긴선이 2방향으로 교차	가공으로 생긴선이 다방면으로 교차 또는 방향이 없음	가공으로 생긴 선이 거의 동심원	가공으로 생긴 선이 거의 방사선

[표 9] 다듬질 기호의 표면거칠기 표준수열

기 호	표면거칠기의 표준수열		
	R_{max}	R_z	R_a
▽▽▽▽	0.8S	0.8Z	0.2a
▽▽▽	6.3S	6.3Z	1.6a
▽▽	25S	25Z	6.3a
▽	100S	100Z	25a
～	특별히 규정하지 않는다.		

비고 1. 다듬질 기호의 삼각은 정삼각형으로 한다.
　　 2. 표의 표준 수열 이외의 값을 특히 지시할 필요가 있는 경우에는, 다듬질 기호에 그 값을 부기한다.
　　 3. 지시하는 표면 거칠기의 범위가 표의 서로 다른 구간에 걸치는 경우에는, 삼각의 수는 표면 거칠기의 상한에 맞춘다.

[표 10] 다듬질 기호의 사용보기

번호	기 호	뜻
1	∿	제거 가공을 하지 않는다.
2	100S ∿	L 8mm에서 Rmax 가 100u m 보다 작은 주조 등의 면
3	50Z ▽	L 8mm에서 Rz 가 최대 50u m 인 제거 가공을 하는 면
4	▽▽▽	표 11-7에 표시하는 표면 거칠기의 범위에 들어가는 제거 가공을 하는 면 (대략 1.6a)
5	0.8a ▽▽▽	λ c 0.8 mm에서 Ra 가 최대 80u m 인 제거 가공을 하는 면
6	▽▽▽ G	표 11-7에 표시하는 표면 거칠기의 범위에 들어가는 연삭 가공을 하는 면
7	▽▽▽ G	λ c 2.5 mm에서 Ra 가 최대 1.6u m 인 연삭 가공을 하는 면

※ 비고 : 파형 기호 및 삼각기호의 수에 상당한 표면 거칠기의 값을 표제란 또는 그 근처에 표시한 경우에는, 기호 a, s, z 는 생략해도 좋다.

[표 11] 도면의 기입방법 및 다듬질 기호의 종류

기 호	다듬질 정도	거칠기	내 용
▨	주조, 압연, 단조의 자연미		일반적으로 가공은 피하고, 특히 내압력을 요하는 곳에 적용
▨	주물의 요철을 따내는 정도의 면		스패너의 자루, 핸들의 암, 주조면, 플랜지의 측면
▽ ▨	줄가공 플레이너, 선반 또는 그라인딩에 의한 가공으로, 그 흔적이 남을 정도의 거친 가공면	35-S	베어링의 저면, 펌프 등의 밑판의 절삭면, 축과 핀의 단면 다른 부품과 접착하지 않는 다듬면
		50-S	베어링의 저면, 축의 단면, 다른 부품과 접착하지 않는 거친면
		70-S	중요하지 않은 독립된 거친 다듬면
		100-S	간단히 흑피를 제거하는 정도의 거친면

기 호	다듬질 정도	거칠기	내 용
▽	줄가공, 선삭 또는 그라인딩에 의한 가공으로 그 흔적이 남지 않을 정도의 보통 가공면	12-S	커플링 등의 프랜지면, 프랜지 축 커플링의 접합면, 키로 고정하는 구멍과 축의 접촉면, 베어링의 본체와 케이스의 접착면, 리머 볼트의 취부, 패킹 접촉면, 기어의 보스 단면, 리머의 단면, 이 끝면, 키의 외면 및 키흠면, 중요하지 않은 기어의 맞물림면, 기어의 이, 나사산, 핀의 외형면 및 이외면, 기타 서로 회전 또는 활동하지 않는 접촉면 또는 접착면
		18-S	스톱 밸브 등의 밸브 로드, 핸들의 사각 구멍의 내면, 패킹의 접촉면, 기어의 림부 양단면, 보스의 단면, 부시의 단면, 키 또는 테이퍼 핀으로 고정하고 구멍과 축의 접촉면, 핀의 외형면, 볼트로 고정한 접착면, 스패너의 구경에 적합한 부분의 평면
		25-S	플랜지 축 커플링이나 벨트 등의 보스 단면, 핸들의 사각구멍내면, 풀리의 블레이드(blade)의 외형면, 접합봉의 선삭면, 피스톤의 상·하면, 차륜의 외형면
▽▽	줄가공, 선삭, 그라인딩 또는 래핑 등의 가공으로 그 흔적이 전혀 남지 않는 극히 정밀한 가공면	12-S	크로스 헤드형, 디젤 기관의 피스톤 로드, 피스톤 핀, 크로스 핀, 크랭크 핀과 그 저널, 실린더 내면, 베어링면, 정밀기어의 이의 맞물림면, 캠 표면, 기타 윤이 나는 외관을 갖는 정밀 다듬면,
		3-S	크랭크 핀, 크랭크 저널, 보통의 횡 베어링 면, 기어의 이의 맞물림면, 실린더 내면, 정밀 나사산의 면
		6-S	볼의 외면, 중요하지 않은 횡 베어링 면, 와셔의 접착면, 기어의 이의 맞물림면, 수압 실린더의 내면 및 램(ram) 외면, 콕의 스토퍼(stopper) 접촉면
▽▽▽	래핑, 버핑 등의 작업으로 광택이 나는 고급 다듬면	0.1-S 0.2-S	정밀 다듬 래핑(lapping), 버핑(buffing) 등에 의한 특수 용도의 고급 플랜지면
		0.4-S	연료 펌프의 플랜지, 피스톤 핀, 크로스 헤드핀, 고속 정밀 베어링면
		0.8-S	크로스 헤드형, 디젤기관의 피스톤 로드, 피스톤 핀, 크로스 헤드핀, 실린더 내면, 피스톤 링의 외면, 고속 베어링 면, 펌프의 플랜지

※비고 : 다듬질의 기호는 정삼각형으로써, A1~A4 용지의 도면에서 기호의 크기는 3.5mm와 0.35mm의 선 굵기로 하고 부품번호 곁에 기입되는 대표 기호는 5.0mm와 0.5mm의 선 굵기로 그린다.

| 관계지식 | 치수공차의 표시법과 기입방법 | | 치수공차 | A1040 |

① 치수 보조선

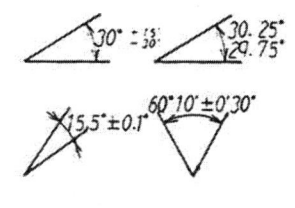

② 허용한계치수 기입방법

$$\frac{30^{+0.30}_{-0.25}}{(a)} \qquad \frac{30^{+0.04}_{0}}{(b)} \qquad \frac{30\pm 0.16}{(b)} \qquad \frac{\begin{array}{c}30.15\\29.80\end{array}}{(d)} \qquad \frac{최대\ 35.00}{(e)}$$

$$\frac{45\,H6}{(a)} \qquad \frac{45\,f\,7}{(b)} \qquad \frac{50\ s\ 6\left(\begin{array}{c}+0.059\\-0.043\end{array}\right)}{(a)} \qquad \frac{50\ s\ 6\left(\begin{array}{c}50.059\\50.043\end{array}\right)}{(a)}$$

(a) 기호기입 　　　　　　　　　(b) 기호와 수치기입

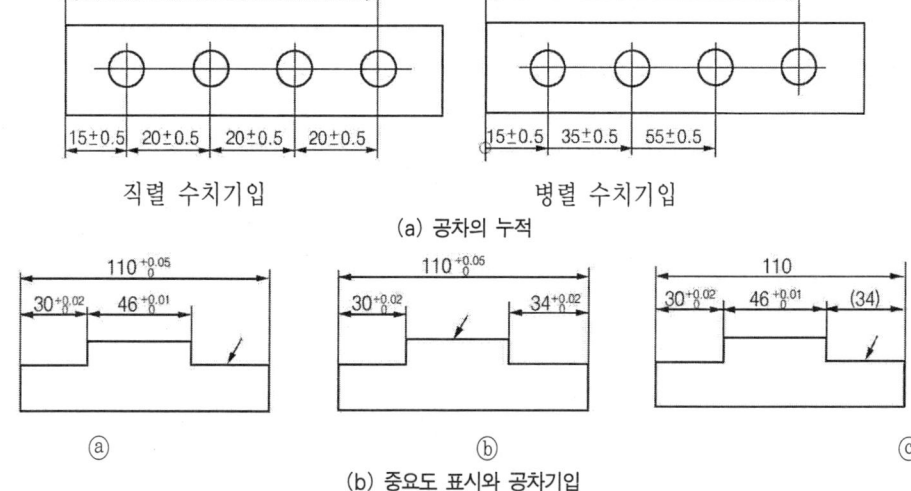

(c) 조립　　　　　　　　　　　(d) 각도

③ 치수 문자의 기입

직렬 수치기입　　　　　　　　　병렬 수치기입

(a) 공차의 누적

(b) 중요도 표시와 공차기입

| 문 제 | 지시에 따라 치수공차를 기입하시오 | | 치수공차 | B1041 |

① 공차치수를 기입하시오.　　　　② 공차치수를 조립도에 기입하시오

　　기준치수　　　허용오차

예　100　　　　+0.3　-0.1　　$100^{+0.3}_{-0.1}$

(1)　70　　　　-0.02　-0.03　　_____

(2)　⌀85　　　+0.2　0　　　_____

(3)　99.98　　　0　-0.01　　_____

(4)　120　　　+0.1　-0.1　　_____

(5)　최대허용치수　최소허용치수
　　　100.022　　　99.987　　_____

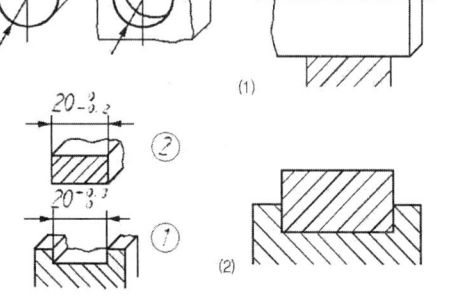

③ 다음의 끼워맞춤 조합에 대하여
(1) 끼워맞춤의 종류　　(2) 끼워맞춤의 방식　　(3) ⓐ축의 최대치수 ⓑ축의 최소치수
(4) Ⓐ구멍의 최대치수　Ⓑ구멍의 최소치수　　(5) 최대틈새　(6) 최소틈새를 구하여라

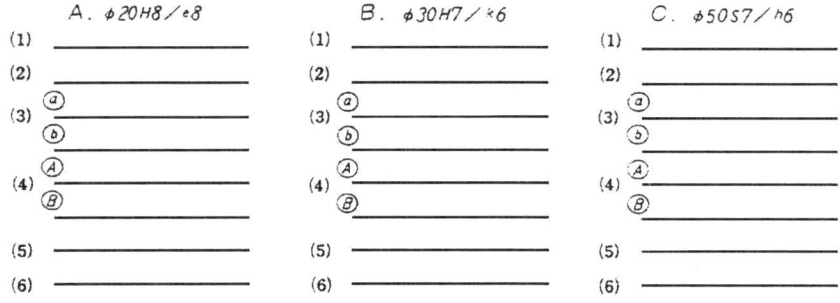

A. ⌀20H8/e8　　　　B. ⌀30H7/r6　　　　C. ⌀50S7/h6

④ 기준면 A에 대해 XX방향에 공차의 누적이 생기지 않도록 치수를 기입하시오.

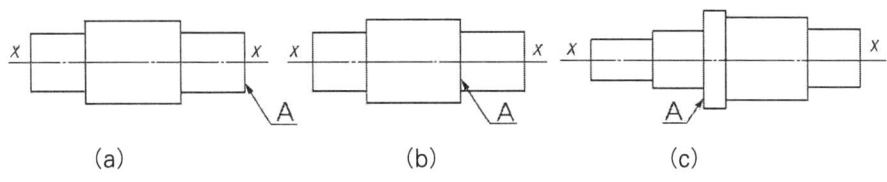

　　　(a)　　　　　　　　　(b)　　　　　　　　　(c)

관계지식	기하공차의 종류와 표시 예			기하공차	A1042
	공차역	표시 예	공차역	표시 예	

	공차역	표시 예		공차역	표시 예
① 진직도 공차		−0.1	⑧ 직각도 공사		⊥ 0.2
② 평면도 공차		⌖ 0.08	⑨ 경사도 공차		∠ 0.08 A 80°
③ 진원도 공차		○ 0.03	⑩ 위치도 공차		⊕ 0.08
④ 원통도 공차		⌭ 0.1	⑪ 동축도 공차		◎ 0.08 A-B
⑤ 선의 윤곽도 공차		⌒ 0.04 A	⑫ 대칭도 공차		⌯ 0.08 A
⑥ 면의 윤곽도 공차		⌓ 0.02	⑬ 원주 흔들림 공차		↗ 0.1 D
⑦ 평면도 공차		∥ 0.1 A	⑭ 전 흔들림 공차		⌰ 0.1 A-B

문 제	지시된 공차기호와 필요한 치수를 그림 상에 기입하시오		기하공차	B1043

① 진직도

원주의 모선에 대한 직선, 공차치 = 0.2

② 평면도

각주의 상면에 대한 공차치 = 0.1

③

원추의 축직각 단면의 외주는 원
공차치 = 0.5

④ 원통도

부품의 외주면은 원통
공차치 = 0.8

⑤ 선의 윤곽도

부품의 불규칙 윤곽선
공차치 = 0.5

⑥ 평행도

작은 구멍의 축선은 큰 구멍의 축선에 대해 평행
공차치 = 0.2

⑦ 직각도

수직면은 아래면에 대해서 직각
공차치 = 0.2

⑧

경사면은 아래면에 대해서 30° 경사
공차치 = 0.4

⑨ 위치도

우측 구멍의 위치
공차치 = 0.5

⑩ 동축도

작은 원은 큰 원에 대해 동축
공차치 = 0.8

⑪ 대칭도

노치는 중심선에 대해서 대칭
공차치 = 0.1

⑫ 원주흔들

중앙 원통면은 양단 축선에 대해 반경 방향의 흔들림
공차치 = 0.4

| 관계지식 | 면가공의 지시기호 기입방법과 주의점 | | 면가공 | A1044 |

① 면의 지시기호

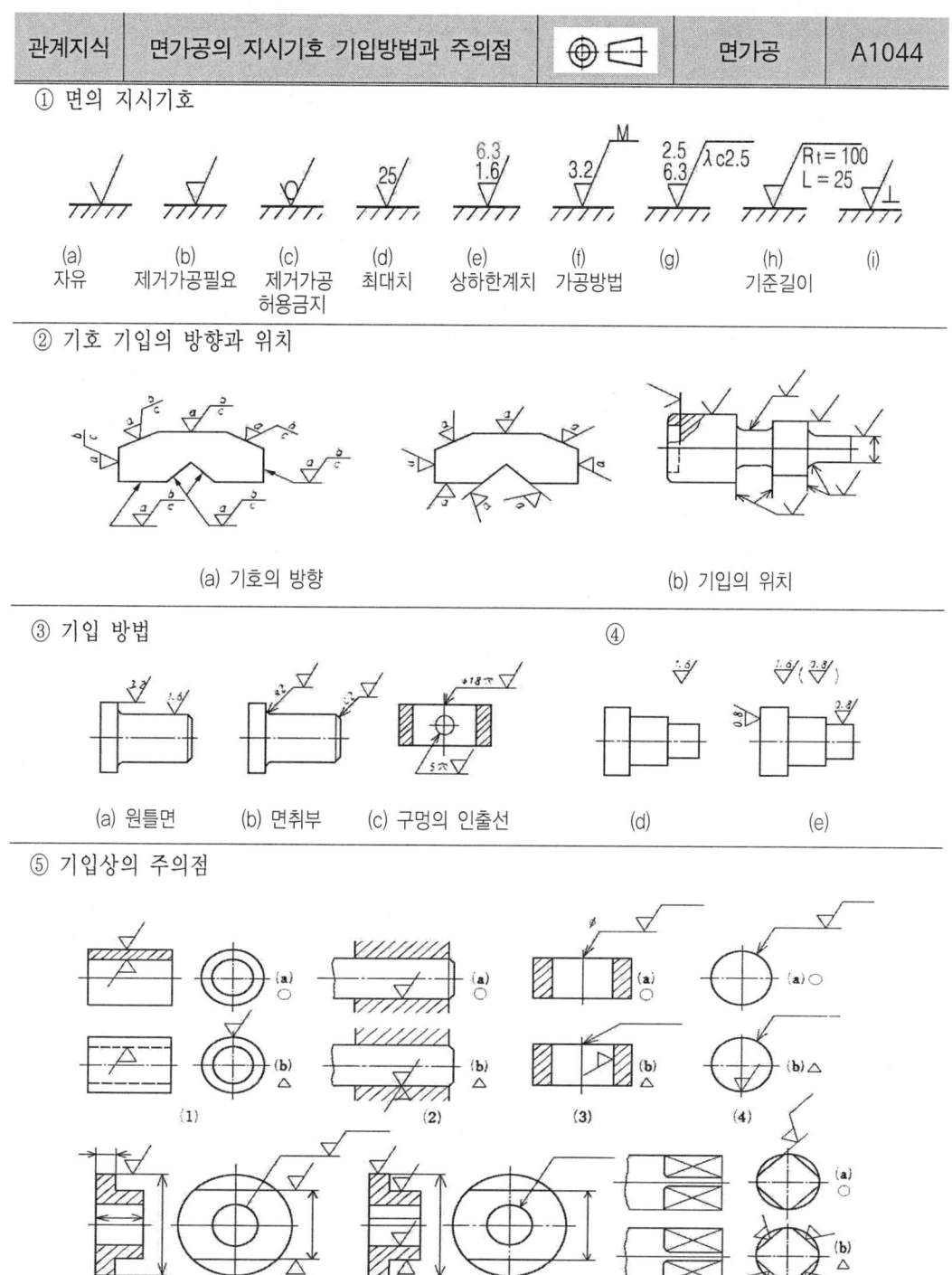

(a) 자유 (b) 제거가공필요 (c) 제거가공 허용금지 (d) 최대치 (e) 상하한계치 (f) 가공방법 (g) (h) 기준길이 (i)

② 기호 기입의 방향과 위치

(a) 기호의 방향   (b) 기입의 위치

③ 기입 방법

(a) 원틀면   (b) 면취부   (c) 구멍의 인출선

④

⑤ 기입상의 주의점

(1) (2) (3) (4)

(5) (6)

| 문 제 | 각면에 면가공 기호를 기입하시오 | | 면가공 | B1045 |

① 각면 $^a\sqrt{c}$

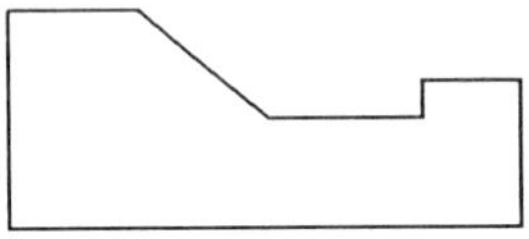

② 각면

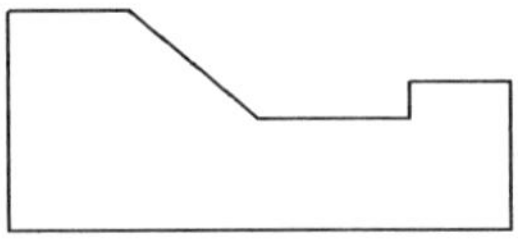

③ 모따기 A는 1.6a, 기타 6.3a

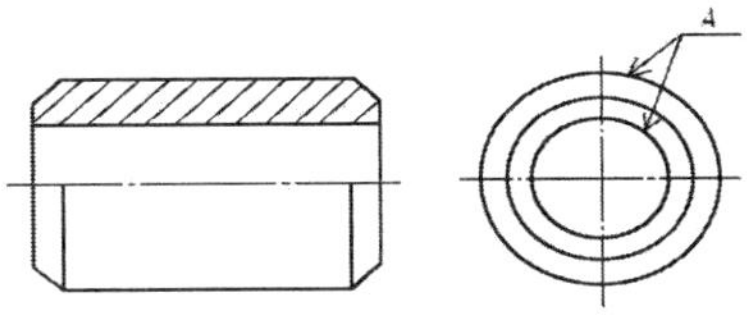

④ 모깎기 A는 1.6a 기타 6.3a

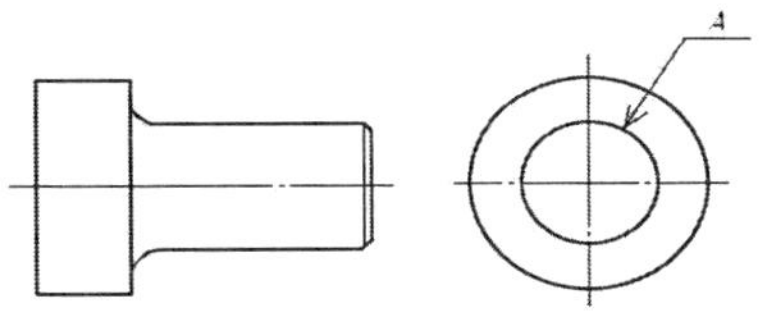

⑤

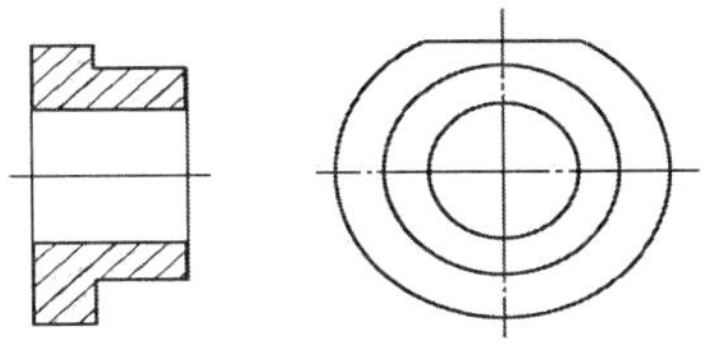

⑥ A는 1.6a, 나머지는 6.3a

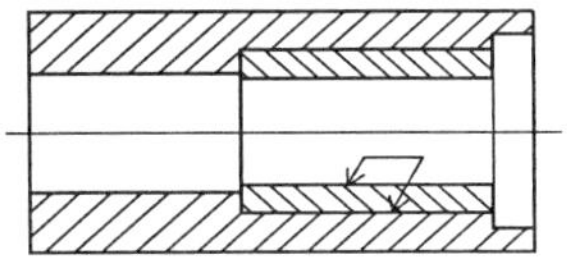

⑦ 홈 부분의 가공

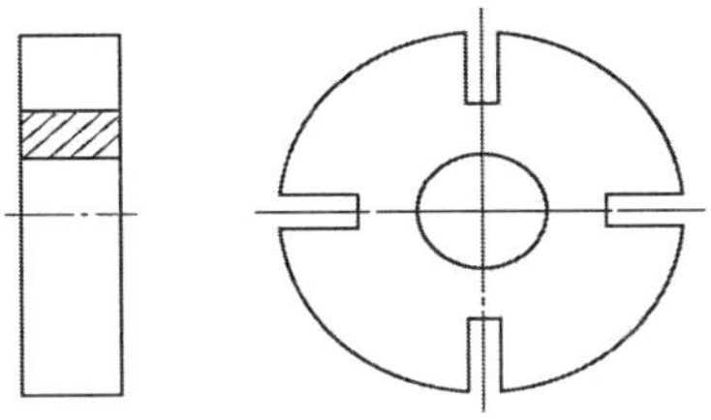

⑧ 홈의 양측은 1.6a, 나머지는 6.3a

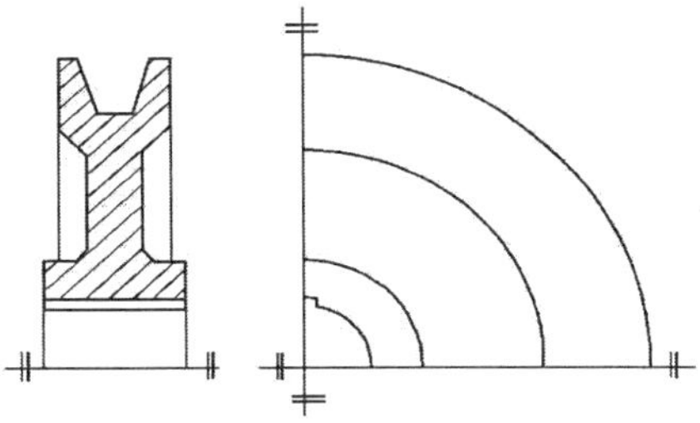

◎ 저자 소개

• 박계향 現 전남과학대학교 특수장비과 교수

기계·컴퓨터제도 실습

2013년 12월 20일 초판 인쇄
2016년 2월 25일 재판 발행

저 자	박 계 향
발 행 인	최 미 경
발 행 처	MK 도서출판 미 광
	(08338) 서울시 구로구 개봉로 17나길 33, 1층(개봉동)
	TEL: 02) 2611-3846, 2618-8742 FAX: 02) 2611-3847
	E-mail mjsbook@hanmail.net
신고번호	제25100-2012-000072호(2012.10.10)

정가 20,000원

ⓒ 미 광
• 잘못 만들어진 책은 출판사나 구입하신 서점에서 바꿔 드립니다.
• 어떠한 경우든 본 책 내용과 편집 체재의 일부 혹은 전부의 무단 복제 및 표절을 불허함. 무단 복제와 표절은 범법 행위입니다.

ISBN : 978-89-98497-10-1-93560

도서명	저자	면수	정가	비고(ISBN)
자 동 차 공 학	이철승 外 3	466	20,000	978-89-98497-14-9-93550
자 동 차 가 솔 린 엔 진	이승재 外 1	370	20,000	978-89-98497-05-7-93550
자 동 차 전기·전자 공학 1	송용식 外 3	410	20,000	978-89-98497-01-9-93550
내 연 기 관 공 학	최낙정 外 2	486	22,000	978-89-98497-04-0-93550
[통 신 회 로 를 이 용 한] 자 동 차 전 기 회 로	이용주	330	18,000	978-89-98497-07-1-93550
공 업 기 초 수 학	박정우 外 3	324	19,000	978-89-98497-00-2-93410
기 계 제 도 및 도 면 해 독	신동명 外 1	410	20,000	978-89-98497-12-5-93550
기 계 컴 퓨 터 제 도 실 습	박계향	392	20,000	978-89-98497-10-1-93560
열 역 학	이찬규 外 3	400	20,000	978-89-98497-03-3-93550
열 · 유 체 역 학	이원섭 外 1	484	20,000	978-89-98497-06-4-93550
Project를 통한 Surface실무	김태규	340	18,000	978-89-98497-11-8-93550
자 동 차 정 비 산 업 기 사	박재림 外 2	664	25,000	978-89-98497-15-6-13550
자동차 전자 제어 엔진 공학	이승재 外 1	306	19,000	978-89-98497-18-7-13550
[最新版] 기계 제도 & 도면 해독	신동명 外 2	454	22,000	978-89-98497-21-7-93550
[자동차 공학도를 위한] 대학 수학	고광호 外 1	256	18,000	978-89-98497-23-1-93410
[자 가 운 전 을 위 한] 내 차 는 내 가 고 친 다.	박광희	246	15,000	978-89-98497-19-4-13550
[Q&A로 알아보는] 자동차 관리 방법	박광희	310	19,000	978-89-98497-24-7-13550